U0479245

中国科学院大学研究生教材系列

空间碎片导论

刘 静 等 编著

科学出版社
北京

内 容 简 介

本书从空间碎片的定义与分类入手,介绍了其来源、特性、监测手段、风险评估方法,并深入探讨了空间碎片对太空环境及人类航天活动的影响以及减缓应对措施,通过对国际法规、政策及合作机制的梳理,为读者提供一个系统而全面的空间碎片知识框架。全书共 11 章,内容包括:概述、空间碎片探测定轨、空间碎片编目、航天器碰撞预警、空间事件分析、空间碎片环境建模、空间碎片被动防护、空间碎片环境减缓、空间交通管理、流星体、近地天体预警防御。

本书的撰写基于作者多年来的研究成果,同时也参考了国内外相关领域的最新进展,可作为天文学或航天相关专业本科及研究生教材,也可为从事航天科技、空间政策、环境科学等领域的研究人员、工程师和政策制定者以及学生和爱好者提供有益的参考。

图书在版编目(CIP)数据

空间碎片导论 / 刘静等编著. -- 北京 : 科学出版社, 2025.4. --(中国科学院大学研究生教材系列).
ISBN 978-7-03-081764-8

Ⅰ. V445

中国国家版本馆 CIP 数据核字第 2025T6L154 号

责任编辑:徐杨峰 / 责任校对:谭宏宇
责任印制:黄晓鸣 / 封面设计:殷 靓

科学出版社 出版
北京东黄城根北街 16 号
邮政编码:100717
http://www.sciencep.com

南京展望文化发展有限公司排版
苏州市越洋印刷有限公司印刷
科学出版社发行 各地新华书店经销

*

2025 年 4 月第 一 版 开本:B5(720×1000)
2025 年 4 月第一次印刷 印张:16 3/4
字数:330 000

定价:120.00 元
(如有印装质量问题,我社负责调换)

空间碎片导论
编写组

主 编

刘 静

编 委

程昊文　张　耀　吴相彬　江　海　甘庆波
韩乐然　庞宝君　杨　旭　李　杨　李大卫

前　言

在无垠的宇宙中，地球是人类唯一的家园，而环绕地球的太空则是我们探索未知宇宙的必经之路。自20世纪中叶以来，人类的太空活动日益频繁，从卫星发射到载人航天，从空间站建设到深空探测，我们不断拓展着对宇宙的认知边界。然而，伴随着这些辉煌成就的，是一个日益严峻的问题——空间碎片。

空间碎片，或称太空垃圾，是指绕地球轨道运行的各种废弃人造物体及其残骸。它们以极高的速度在轨道上飞行，对航天器运行安全、未来的太空任务构成了严重威胁。随着太空活动的增加，空间碎片的数量呈指数级增长，这一问题已成为全球航天界关注的焦点。

《空间碎片导论》的编写，正是为了系统性地探讨这一日益严峻的问题。本书旨在为读者提供一个系统而全面的空间碎片知识框架。作者从空间碎片的定义与分类入手，详细介绍了其来源、特性、监测手段、风险评估方法，并深入探讨了空间碎片对太空环境及人类航天活动的影响以及减缓应对措施，通过对国际法规、政策及合作机制的梳理，为读者呈现了一个多维度的空间碎片治理图景。

本书的撰写基于作者多年来的研究成果，同时也参考了国内外相关领域的最新进展。我们力求在严谨的学术基础上，以通俗易懂的语言呈现复杂的技术内容，我们希望通过科学的分析与实际的案例，帮助读者理解空间碎片的复杂性，为从事航天科技、空间政策、环境科学等领域的研究人员、工程师和政策制定者以及学生和爱好者提供有益的参考。在本书编写和审校过程中，我们得到了多位业界专家的支持与指导，他们为本书提供了宝贵的学术见解和实践经验。本书经中国科学院大学遴选作为研究生核心课程教材，获得了中国科学院大学教材出版中心资助。教材编写和出版得到中国科学院大学相关工作人员的大力支持。在此，我们向所有为本书贡献智慧与力量的同仁表示衷心的感谢。

太空是人类共同的疆域，保护太空环境是我们共同的责任。面对空间碎片这一全球性挑战，唯有通过国际合作与科技创新，才能找到维护外空活动长期可持续的解决方案。愿本书的出版能够为推动空间碎片研究与治理贡献一份力量，也愿我们共同努力，为子孙后代留下一片洁净的太空。

编者谨识

2025年1月

目 录

前言

第1章 概述

1.1 定义和来源 ……………………………………………………… 001
    1.1.1 空间碎片的定义 …………………………………………… 001
    1.1.2 空间碎片的来源 …………………………………………… 002
    1.1.3 空间碎片的增长机制和减少机制 ………………………… 006
1.2 空间碎片的数量和分布 ………………………………………… 006
    1.2.1 空间碎片数量随尺寸的分布 ……………………………… 007
    1.2.2 空间碎片数量随高度的分布 ……………………………… 007
1.3 空间碎片的危害和风险 ………………………………………… 009
    1.3.1 对航天器的危害 …………………………………………… 009
    1.3.2 对地面的危害 ……………………………………………… 010
    1.3.3 对天文观测的污染 ………………………………………… 012
1.4 空间碎片的应对 ………………………………………………… 012
1.5 小结 ……………………………………………………………… 013
复习思考题 …………………………………………………………… 013

第2章 空间碎片探测定轨

2.1 空间碎片雷达探测 ……………………………………………… 014
    2.1.1 空间碎片雷达探测能力 …………………………………… 014

2.1.2 几种典型雷达类型 …… 015
2.1.3 雷达观测数据 …… 016
2.2 空间碎片光学望远镜探测 …… 017
2.2.1 望远镜观测空间碎片的可见条件 …… 017
2.2.2 望远镜光学系统 …… 018
2.2.3 地基望远镜 …… 021
2.3 空间碎片激光探测 …… 025
2.3.1 激光测距系统的基本原理 …… 025
2.3.2 激光的发射与接收 …… 025
2.3.3 激光测距控制 …… 027
2.3.4 激光测距的精度 …… 028
2.3.5 激光测距与同步测角 …… 028
2.4 空间碎片天基探测 …… 029
2.4.1 天基探测的特点 …… 029
2.4.2 天基望远镜 …… 029
2.5 空间碎片监测网 …… 030
2.5.1 监测网的组成和任务 …… 030
2.5.2 监测网的调度 …… 031
2.5.3 监测网的部署 …… 033
2.5.4 美国空间碎片监测网 …… 033
2.5.5 国际光学观测网 …… 039
2.5.6 欧洲空间监视和跟踪网 …… 042
2.5.7 全球空间态势感知协调系统 …… 043
2.6 空间碎片定轨 …… 043
2.6.1 时间系统和参考系概述 …… 043
2.6.2 二体运动轨道根数 …… 044
2.6.3 受摄二体运动 …… 047
2.6.4 轨道确定 …… 050
复习思考题 …… 053

第 3 章 空间碎片编目

3.1 编目流程 …… 054

3.2 数据关联识别 ………………………………… 056
3.3 编目更新 ……………………………………… 059
3.4 新碎片的编目 ………………………………… 060
　　3.4.1 未关联数据处理 ………………………… 060
　　3.4.2 未关联数据的识别 ……………………… 061
3.5 编目能力指标 ………………………………… 062
3.6 轨道数据标准 ………………………………… 063
　　3.6.1 空间物体轨道数据规范 ………………… 063
　　3.6.2 美国两行根数 …………………………… 065
3.7 美国编目系统的现状 ………………………… 066
　　3.7.1 美国编目数据处理体系 ………………… 067
　　3.7.2 美国编目系统的发展 …………………… 068
3.8 欧空局空间碎片编目系统 …………………… 068
　　3.8.1 SST 的核心软件和指标 ………………… 069
　　3.8.2 SST 的功能架构和组成 ………………… 069
3.9 编目系统的发展 ……………………………… 070
复习思考题 ………………………………………… 071

第 4 章　航天器碰撞预警

072

4.1 在轨预警计算流程 …………………………… 073
4.2 轨道筛选 ……………………………………… 074
　　4.2.1 高度筛选 ………………………………… 074
　　4.2.2 轨道间最小距离筛选 …………………… 074
　　4.2.3 过交线时间筛选 ………………………… 077
4.3 交会关系预报和误差分析 …………………… 077
　　4.3.1 交会关系预报 …………………………… 077
　　4.3.2 误差分析 ………………………………… 078
4.4 交会风险估计 ………………………………… 078
　　4.4.1 碰撞判据 ………………………………… 078
　　4.4.2 碰撞概率计算 …………………………… 079
　　4.4.3 碰撞概率阈值 …………………………… 081
4.5 规避策略制定 ………………………………… 082

  4.5.1 轨道机动模型 …… 083
  4.5.2 轨道预报模型 …… 084
  4.5.3 欧洲环境卫星（Envisat）规避例子 …… 085
 4.6 发射预警 …… 086
  4.6.1 发射预警过程 …… 086
  4.6.2 发射预警与在轨预警的差别 …… 086
 4.7 国外空间碎片碰撞预警现状 …… 088
  4.7.1 美国碰撞预警现状 …… 088
  4.7.2 欧洲碰撞预警现状 …… 092
复习思考题 …… 095

第 5 章 空间事件分析
096

 5.1 轨道机动事件 …… 096
  5.1.1 轨道机动事件类型 …… 096
  5.1.2 轨道机动分类 …… 097
  5.1.3 轨道机动事件的发现 …… 098
 5.2 解体事件 …… 098
  5.2.1 典型解体事件 …… 098
  5.2.2 解体碎片分布的演化时空规律 …… 103
  5.2.3 解体事件性质分析 …… 104
  5.2.4 解体碎片轨道特征分布 …… 107
 5.3 再入陨落事件 …… 110
  5.3.1 陨落预报概念 …… 110
  5.3.2 近圆轨道寿命估计 …… 112
  5.3.3 大椭圆轨道寿命预报模型 …… 113
  5.3.4 再入预报 …… 114
  5.3.5 面积质量比估计 …… 115
 5.4 国外事件应对技术现状 …… 116
  5.4.1 美国事件应对技术 …… 116
  5.4.2 欧洲事件应对技术 …… 118
复习思考题 …… 118

第 6 章　空间碎片环境建模　119

- 6.1　空间碎片环境模型 ······ 119
  - 6.1.1　空间碎片源模型 ······ 119
  - 6.1.2　建模基本参数和概念 ······ 123
  - 6.1.3　环境模型特点和发展 ······ 124
  - 6.1.4　环境模型建模原理和流程 ······ 126
- 6.2　空间碎片环境演化模型 ······ 129
  - 6.2.1　主要的空间碎片演化模型 ······ 130
  - 6.2.2　演化模型研究的发展趋势 ······ 132
  - 6.2.3　我国空间碎片环境长期演化模型 SOLEM ······ 132
  - 6.2.4　SOLEM 模型与国际模型的主要研究结果 ······ 138
- 6.3　空间碎片环境模型研究国际热点和方向 ······ 143
  - 6.3.1　低地球轨道进行主动碎片清除的益处 ······ 144
  - 6.3.2　解决小卫星和大星座增长的潜在减缓方法 ······ 144
  - 6.3.3　发射模型建模研究 ······ 147
  - 6.3.4　影响未来环境预测的不确定性调查 ······ 148
  - 6.3.5　描述环境对 PMD 和 ADR 实施延迟的响应 ······ 150
  - 6.3.6　空间碎片环境现状评价 ······ 151
  - 6.3.7　低 LEO 大型星座对环境的影响 ······ 151
- 复习思考题 ······ 152

第 7 章　空间碎片被动防护　153

- 7.1　航天器被动防护概述 ······ 153
- 7.2　空间碎片撞击航天器的现象 ······ 154
  - 7.2.1　超高速撞击现象 ······ 155
  - 7.2.2　超高速撞击中弹丸行为 ······ 156
- 7.3　惠普尔防护结构 ······ 157
  - 7.3.1　惠普尔防护结构的发展 ······ 159
  - 7.3.2　惠普尔防护结构的应用 ······ 161
- 7.4　超高速撞击地面试验 ······ 164
  - 7.4.1　超高速撞击发射设备 ······ 165

7.4.2　撞击速度测量技术 ················· 167
　　　7.4.3　数值仿真 ····························· 169
　7.5　撞击风险评估 ································ 171
　7.6　当前研究现状 ································ 171
复习思考题 ··· 173

第8章　空间碎片环境减缓　174

　8.1　空间碎片减缓指南 ·························· 175
　8.2　空间碎片的减缓措施 ······················· 177
　　　8.2.1　控制操作性碎片 ··················· 177
　　　8.2.2　禁止在轨解体 ······················ 177
　　　8.2.3　实施碰撞规避 ······················ 178
　　　8.2.4　离轨 ································· 178
　　　8.2.5　火箭和航天器的钝化 ············· 179
　　　8.2.6　减缓效果评估 ······················ 180
　8.3　空间碎片减缓标准 ·························· 183
　　　8.3.1　当前框架 ··························· 183
　　　8.3.2　各个标准的范围 ··················· 184
　　　8.3.3　ISO 24113：2023 ················· 187
　　　8.3.4　ISO 空间碎片技术标准按照减缓措施归类　188
　8.4　空间碎片主动清除 ·························· 189
　　　8.4.1　清除策略 ··························· 190
　　　8.4.2　清除技术 ··························· 192
　　　8.4.3　空间碎片清除面临的挑战 ······· 198
复习思考题 ··· 199

第9章　空间交通管理　200

　9.1　空间交通管理基本概念 ···················· 200
　9.2　国际空间交通管理相关法律规则 ········ 203
　　　9.2.1　外空活动长期可持续性准则 ···· 203
　　　9.2.2　外空透明度与建立信任措施 ···· 204

  9.2.3 外空委空间交通管理新议程 ………………………………… 206

  9.2.4 美国国家空间交通管理政策 ………………………………… 206

9.3 空间交通管理技术措施和规则 ……………………………………… 207

  9.3.1 针对各阶段的空间交通管理 ………………………………… 207

  9.3.2 针对轨道分区的空间交通管理 ……………………………… 210

9.4 空间交通管理规则框架 ……………………………………………… 212

  9.4.1 现有可参考框架 ……………………………………………… 212

  9.4.2 空间交通管理框架基本构成 ………………………………… 213

  9.4.3 空间交通管理主要技术措施 ………………………………… 214

9.5 空间交通管理的有益尝试——空间可持续评级 …………………… 215

  9.5.1 SSR 背景情况 ………………………………………………… 215

  9.5.2 SSR 形成过程 ………………………………………………… 215

  9.5.3 SSR 主要内容 ………………………………………………… 218

  9.5.4 SSR 与 LTS 的关系 …………………………………………… 220

  9.5.5 SSR 的影响分析 ……………………………………………… 221

复习思考题 ………………………………………………………………… 223

第 10 章 流星体 224

10.1 流星体的概念 ……………………………………………………… 224

  10.1.1 流星和流星体 ……………………………………………… 224

  10.1.2 偶现流星体 ………………………………………………… 224

  10.1.3 流星雨 ……………………………………………………… 225

  10.1.4 流星体群 …………………………………………………… 225

10.2 流星体的来源 ……………………………………………………… 225

10.3 流星体的危害 ……………………………………………………… 225

10.4 流星体的分布 ……………………………………………………… 226

10.5 流星暴 ……………………………………………………………… 227

复习思考题 ………………………………………………………………… 229

第 11 章 近地天体预警防御 230

11.1 基本概念 …………………………………………………………… 230

- 11.1.1 定义 ⋯⋯ 230
- 11.1.2 轨道分类 ⋯⋯ 230
- 11.1.3 材质分类 ⋯⋯ 231
- 11.2 近地天体的威胁 ⋯⋯ 231
  - 11.2.1 近地天体撞击危害 ⋯⋯ 231
  - 11.2.2 历史撞击和危险交会事件 ⋯⋯ 232
- 11.3 近地天体监测预警 ⋯⋯ 232
  - 11.3.1 近地天体监测 ⋯⋯ 232
  - 11.3.2 近地天体预警流程 ⋯⋯ 237
- 11.4 防御应对 ⋯⋯ 239
  - 11.4.1 防御策略 ⋯⋯ 239
  - 11.4.2 近地天体应对国际组织 ⋯⋯ 239
  - 11.4.3 防御技术研究进展 ⋯⋯ 240
  - 11.4.4 近地天体防御相关航天任务 ⋯⋯ 243
- 复习思考题 ⋯⋯ 246

参考文献

247

第1章
概　述

1.1　定义和来源

1.1.1　空间碎片的定义

太空中拥有很多地面上稀缺的资源和难以创造的科学条件,如稀缺金属资源、高真空、微重力、强辐射环境等,探索太空、利用太空是人类一直以来的梦想和共同追求的事业。自1957年第一颗人造卫星斯普特尼克1号(Sputnik-1)发射以来,累计有数千颗卫星被发射到近地空间,这些卫星适应了人类对通信、导航、气象预测、海洋探测、对地遥感等各种需求,已成为人类经济生产生活密不可分的组成部分。随着科学技术的不断发展,需求的不断提升,人类航天事业蓬勃发展,太空中的空间碎片也越来越多[1]。

广义的空间物体指太阳系空间内的一切天然物体和人造物体,如图1-1所示。其中天然物体包括行星、彗星等天体,以及来源于它们的近地天体、流星体等。人造物体指人类航天活动留存在空间的物体,包括滞留在轨道上的运载火箭、航天飞机、在轨运行的航天器、深空飞行器以及遗留在月球及行星上的探测器等。狭义来看,空间物体仅指围绕地球轨道运转的物体,包括工作的航天器和空间碎片[2,3]。

根据机构间空间碎片协调委员会(Inter-Agency Space Pebris Coordination Committee,IADC)发布的《IADC空间碎片减缓指南》(*IADC Space Debris Mitigation*

图1-1　空间物体的组成

Guidelines)[4],空间碎片是指在地球轨道上的或重返大气层的无功能的人造物体,包括其残块和组件"Space debris are all man made objects including fragments and elements thereof, in Earth orbit or re-entering the atmosphere, that are non functional"。按照这个定义,空间中失效的卫星、火箭残骸、卫星的零部件、丢弃的航天服和工具、上面级推进器、固体火箭喷射物、在轨碰撞解体产生的碎块等,都属于空间碎片。

1.1.2 空间碎片的来源

空间碎片伴随着航天活动产生,主要来源于航天发射、在轨解体、特殊任务的产物、环境作用的产物等。空间碎片按照不同来源可以分成以下几类。

(1) 失效的航天器:指无法再完成其预定任务的航天器,例如,已经完成了任务且不受控的航天器,或者功能损坏不能正常工作的航天器;但不包括处于备用或待命模式等待被重新激活的航天器。

(2) 爆炸或解体产生的碎片:航天器或者卫星因爆炸或者碰撞,发生解体后产生的空间碎片。

(3) 航天活动中产生的空间碎片:航天器或者运载火箭在正常的工作中,产生或者释放出空间碎片。例如运载火箭释放的护罩或连接支架,以及发动机、固体火箭的喷射物。

(4) 运载火箭残骸:滞留在轨道上的运载火箭末级。

(5) 空间操作任务中产生的空间碎片:航天器或者宇航员在操作任务中产生的碎片。例如航天员在空间站舱外工作时扔掉的零件、工具等。

图1-2展示了六十多年来空间碎片数量的演化情况,每张小图中均是左图反映低轨空间碎片的密集程度,右图反映地球同步轨道空间碎片的密集程度,从图中可明显看出空间碎片数量的急剧增长。

1. 航天器的发射

据统计,六十多年来人类共进行发射活动6 700余次,发射卫星数量超过27 000颗(图1-3)。同时,大量负责发射卫星的运载火箭的末级,以及失效的卫星、解体的航天器碎片等太空垃圾也长久地留在了近地空间,给正常工作的卫星带来极大的威胁。近年来,多个巨型星座计划快速批量发射部署,如英国一网公司(OneWeb)、美国太空探索技术公司(SpaceX)、三星(Samsung)、波音(Boeing)等。动辄几千颗卫星被陆续发射到低地球轨道上,使得空间环境更加拥挤。

2. 在轨碰撞或解体事件

解体产生的碎片是当前空间碎片最主要的来源。截至2024年,历史上发生的解体事件超过270次,绝大部分是爆炸或不明原因的解体。此外,碰撞造成的解体事件,尤其是灾难性碰撞解体会产生大量的空间碎片。

空间碎片的平均撞击速度超过10 km/s,碰撞能量巨大。一块1 cm的空间碎

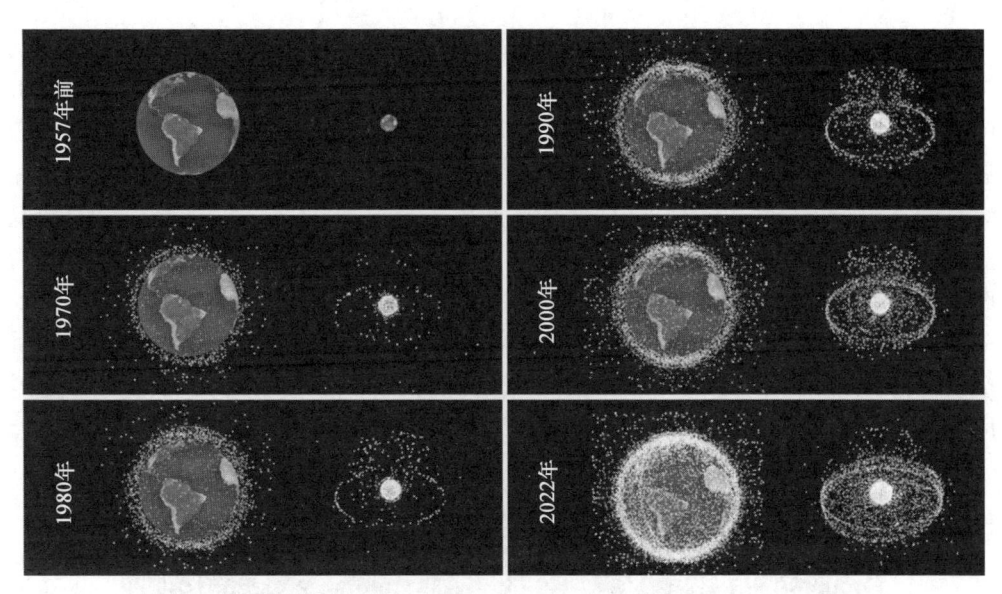

图 1-2 空间碎片数量急剧增长

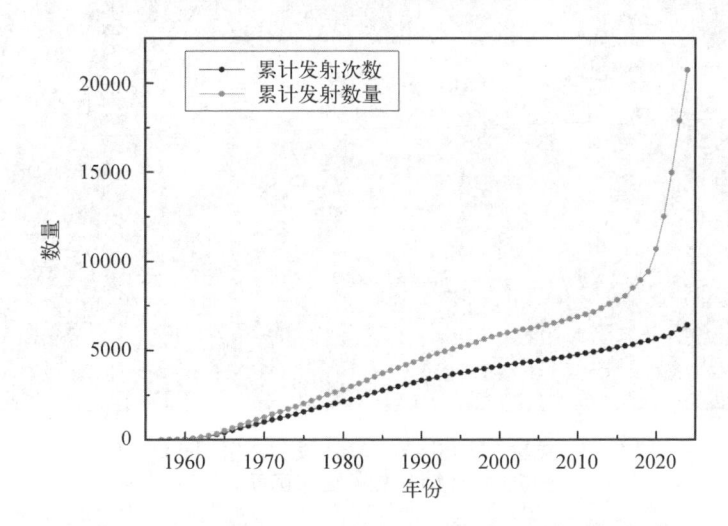

图 1-3 自1957年以来卫星发射次数和发射数量统计

片所造成的破坏,与一辆 1 吨重的轿车以 50 km/h 的速度撞击航天器的破坏能量相当。尺寸大于 1 cm 的空间碎片,一旦与航天器相撞,轻则穿透舱壁或损坏关键器件,重则发生灾难性碰撞解体,航天器粉身碎骨,产生大量解体碎片,进一步污染空间轨道资源,间接影响到其他在用航天器的安全。

1996 年 7 月 24 日上午,法国樱桃(CERISE)卫星姿态失去控制,本应稳定指向地球的卫星突然急速滚动,重力梯度杆出现问题。分析表明,当天早晨一个编号为 18208 的空间物体与樱桃卫星发生碰撞,并撞坏了卫星的重力梯度杆。2005 年 4

月,美国航空航天局空间碎片办公室公布了一次空间碎片撞击事件,撞击双方是我国长征四号火箭末级和美国雷神-博纳火箭末级,撞击地点在南极上空。此次撞击中,雷神-博纳火箭被撞出 2 块可跟踪碎片。2009 年 2 月 10 日,美国在用卫星铱星-33 和俄罗斯废弃卫星宇宙-2251 发生碰撞,碰撞产生了大量空间碎片,除跟踪编目的 2 372 个大尺寸碎片外,据估计还产生了超过 200 000 个 5 mm 以上的难以监测亦难以防护的危险碎片(图 1-4)。受损失的不仅是这两颗卫星,在解体高度附近较大范围区域运行的其他卫星都受到解体碎片的碰撞威胁。这是有史以来第一次两颗完整的人造卫星之间的碰撞事件,也正是这次事件,加深了人们对空间碎片危害的重视程度,并积极采取措施应对空间碎片及在轨卫星的碰撞风险[5]。

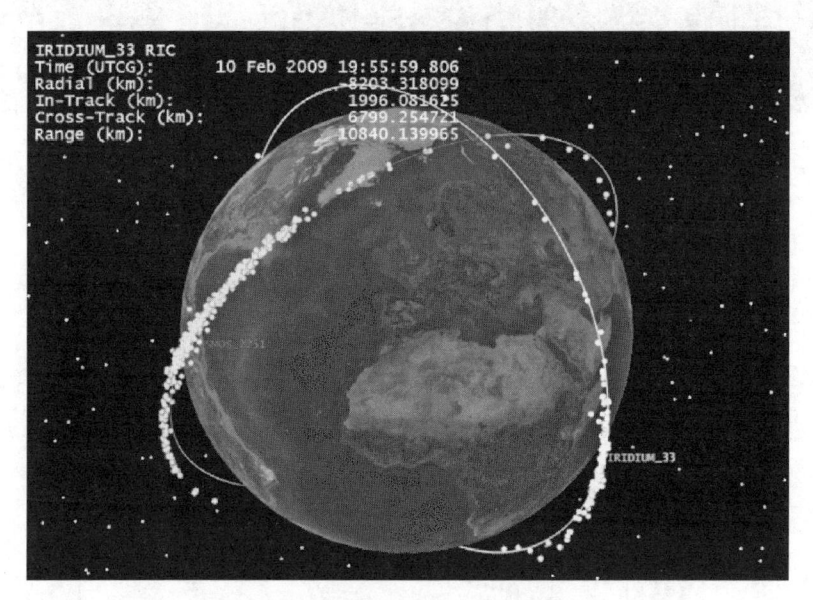

图 1-4　铱星-33 与宇宙-2251 发生碰撞 180 min 后的预测图像(STK 软件公布画面)

大部分航天器含有燃料、电池等部件,为了轨道机动和通信,这些部件不可或缺,但这也成为导致航天器解体的一个重要原因。根据 2022 年有关文献数据,航天器爆炸解体次数达 66 次,火箭残骸爆炸解体次数达 57 次[6]。

2015 年 11 月 25 日,美国国家海洋和大气管理局(National Oceanic and Atmospheric Administration, NOAA)气象卫星 NOAA-16 因电池原因导致爆炸解体。该卫星重 474 kg,解体前运行在倾角 98.9°、高度 850 km 的近圆轨道上。此次解体产生的编目碎片超过 400 个,这些碎片分布在 500~1 300 km 高度范围内,该高度恰是低轨卫星密集分布区域,这将对在轨卫星的安全构成威胁。

3. 钠钾冷却剂液滴

20世纪90年代监测发现一类大量存在的空间物体,具有金属特性且密度接近于水,尺寸接近5.6 cm,轨道倾角接近65°,高度为900~950 km。后研究表明这些目标特性与钠钾合金液滴一致,这种合金液滴常作为冷却剂用于俄罗斯雷达型海洋侦察卫星(Radar Ocean Reconnaissance Salellite,RORSAT)的代号为BUK的核反应堆。1970年10月至1988年3月,共有31颗RORSAT卫星发射升空,反应堆核心泄漏事件共16次。据估计,这16次泄漏事件中共有208 kg的钠钾冷却剂被释放入太空,大部分液滴或因蒸发而消失或因大气阻力坠入大气层,最终仍停留在轨道上的大约只有50 kg。因RORSAT卫星不再发射,故钠钾液滴成为空间碎片历史性的不可再生来源。

4. 韦斯特福铜针簇

与钠钾液滴一样,韦斯特福铜针簇(Westford Needles)也是一个历史性的不可再生的空间碎片来源。韦斯特福铜针簇是20世纪60年代航天器米达斯4号和米达斯6号释放的薄铜线偶极天线,是无线电通信试验的一部分,其目的是在高度约3 600 km的近极轨倾角附近布置一个无线电频率反射偶极天线层。这个试验由一个直径12.8 cm、长度32 cm的圆柱体执行,它包含了上百万个直径25.4 μm和17.8 μm、长度为1.78 cm的铜针。然而释放任务并不成功,形成了铜针簇(第一次试验40 000个,第二次试验1 000个)。美国空间司令部记录了大约150个铜针簇。目前仍有个别铜针簇在轨。

5. 航天器表面退化和撞击溅射物

从在轨暴露试验[例如在长期暴露装置(Long Duration Exposure Facility,LDEF)、航天飞机(Space Transportation System,STS)搭载载荷上进行的试验]可知,航天器表面在严苛空间环境下会发生退化,特别是在低地球轨道(low Earth orbit,LEO)区域。平均大气环境中,原子氧是高度750 km以下轨道的主要元素。它与大多数表面材料发生反应,金属表面将生成一层氧化层,可能产生裂纹而最终剥落。聚酰亚胺的化学键将被原子氧破坏,导致CO和CO_2的逸出。与捕获的原子氧同时作用将导致耐氧层下表面腐蚀,微小洞穴增加,并可能产生凹槽,最终导致分离。

表面退化的另一个原因是远紫外辐射,且经常和原子氧一起作用。暴露在紫外线辐射下会使表面材料中的聚合物变脆,聚合物在紫外和远紫外光谱范围内具有较宽的吸收带,它们通过激活电子消耗吸收的能量,将导致分子键断裂。这个过程会增加材料的脆变,并增强微破碎作用。

此外,小微粒与航天器或火箭表面碰撞会产生碰撞喷射物和剥落分裂的碎片。

6. 固体火箭发动机熔渣和粉尘

固体火箭发动机燃烧所产生的氧化铝(Al_2O_3)熔渣和粉尘是最主要的非解体

性空间碎片来源。固体火箭燃料通常加入铝粉来稳定燃烧过程,这些铝粉中约99%在助推过程中以直径在 1~50 μm 的 Al_2O_3 粉尘喷气流的形式进入空间。由于设计的约束,喷气流在释放的过程中有少部分进入燃烧室与喷管相连的喉部。在燃烧过程中,驻留的 Al_2O_3、熔解的铝液滴以及一些热绝缘垫材料熔在一起,最终形成直径可达 0.1~30 mm 的熔渣微粒。

1.1.3 空间碎片的增长机制和减少机制

从空间碎片数量的演化机制来看,导致空间碎片增长的因素主要有[7]:
(1) 航天器的发射,包括运载火箭末级、有效载荷,以及与飞行任务相关的物体;
(2) 机动操作,如固体燃料火箭发动机的点火;
(3) 解体,或称碎裂,主要由爆炸和碰撞造成;
(4) 物体表面材料的退化、溅射;
(5) 材料的逸漏和释放。

可导致空间碎片减少的因素主要有以下几点。
(1) 在大气阻力等作用下的自然轨道衰减。低轨道或者近地点较低的大椭圆轨道,受到地球高层大气的影响,不断地减少能量,逐渐降低轨道,当运行到 120 km 以下高度区域时,会加速下降直至进入地球稠密大气层。大部分碎片受大气摩擦会被烧毁,但偶尔会有一些未被烧蚀殆尽的大碎片将掉落到地面。据统计,平均每天有一个编目碎片陨落。目前自然轨道衰减是空间碎片最主要的减少因素。
(2) 从轨道上回收,利用发射航天器对一些重要的空间碎片进行抓捕,并将其脱离轨道,使其能快速进入大气层陨落。
(3) 主动离轨,航天器任务末期,依靠其剩余推进剂,使其进行可控路径的安全再入。
(4) 碎裂成小碎片,这种方式是将危险碎片进行烧蚀解体,使其微小颗粒化,化整为零,降低其对在轨卫星的威胁。这种方式的缺点是可能会使小尺寸碎片数目激增。

1.2 空间碎片的数量和分布

截至 2024 年,地球轨道上的空间碎片质量已将近 13 500 吨,绝大部分来自 10 cm 以上的空间物体。由美国空间监测网跟踪观测的 10 cm 以上的在轨空间物体大约有 39 000 个。其中由 Space-Track.org 公开发布的约 30 000 个,其余约 9 000 个空间物体或因来源不明或因数据保密而未公开发布。这些空间物体中 90% 左右是空间碎片,并且数量仍在逐年增加,图 1-5 为自人类开始太空活动以来公开编目的空间物体数量增长图。

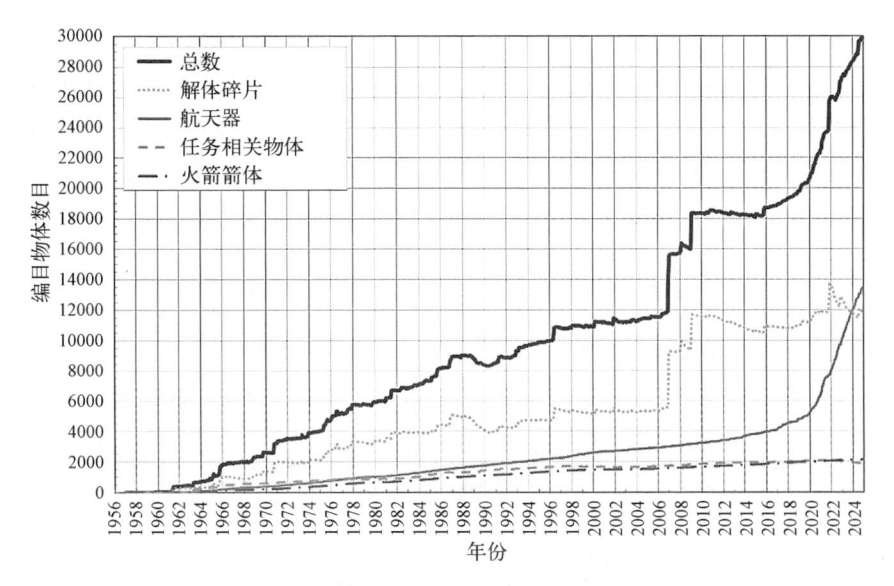

图 1-5 公开编目的空间物体数量增长图

1.2.1 空间碎片数量随尺寸的分布

空间碎片的特征尺寸从微米级及以下，一直到几十米及以上均有分布。根据尺寸大小可将其分为三类：一类是尺寸在 10 cm 以上的，称为大空间碎片，能被地基监测设备监测到，航天器一旦与此类碎片发生碰撞，将会彻底损坏，甚至完全解体，产生数以万计的小尺寸碎片；一类是尺寸在 1 mm 以下的，称为小空间碎片，只能通过天基直接探测，或者分析回收物的表面获取其信息，此类碎片可通过航天器表面加固防护材料进行防护；还有一类碎片称为危险碎片，尺寸介于前两者之间，目前尚无有效的观测方法，这类碎片数量比大空间碎片多，对航天器的损坏能力比小空间碎片大，十分危险。不同尺寸碎片数量情况如表 1-1 所示。

表 1-1 不同尺寸碎片数量情况

类 型	尺 寸	数 量	数量百分比	质量百分比
大碎片	>10 cm	约 30 000	<0.1%	>99%
危险碎片	1~10 cm	约 500 000	<1%	<1%
小碎片	<1 mm	约 100 000 000	>99%	<0.1%

1.2.2 空间碎片数量随高度的分布

由于轨道高度在很大程度上决定卫星的功能应用，导致不同轨道高度的航天活动频率不同,所以空间碎片在空间中的分布与轨道高度有很大关系。编目物体空间密度随轨道高度的分布规律如图1-6所示。由图1-6可知,空间碎片的密集区域包括:LEO,即轨道高度2 000 km以下;中地球轨道(medium Earth orbit,MEO),即轨道高度20 000 km附近;地球静止轨道(geostationary Earth orbit,GEO),即轨道高度35 786 km附近。

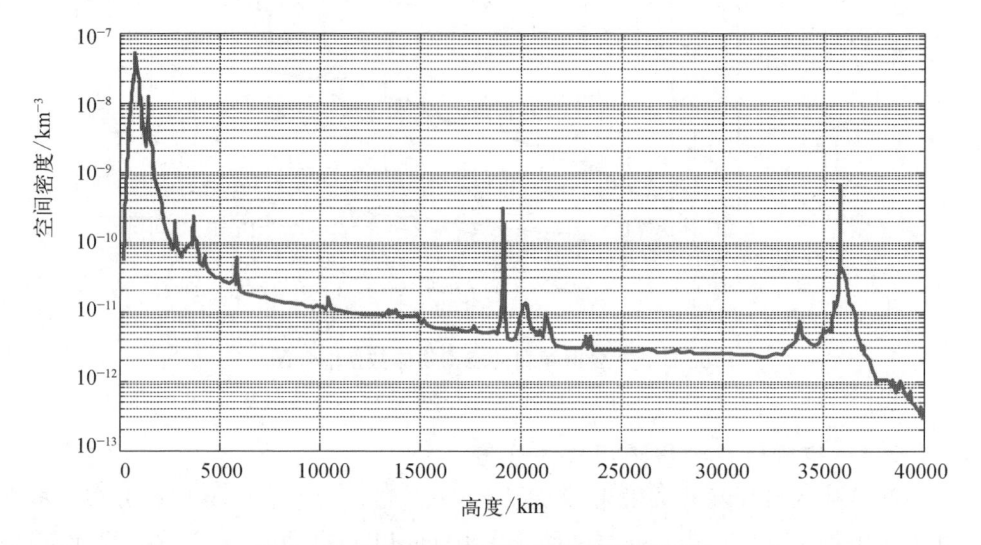

图1-6 编目物体空间密度随轨道高度分布

除此之外,在轨碎片的空间密度随着碎片尺寸的减小而迅速增加,如图1-7所示,模型仿真显示,碎片尺寸下降一个数量级,碎片的数量上升一到两个数量级。

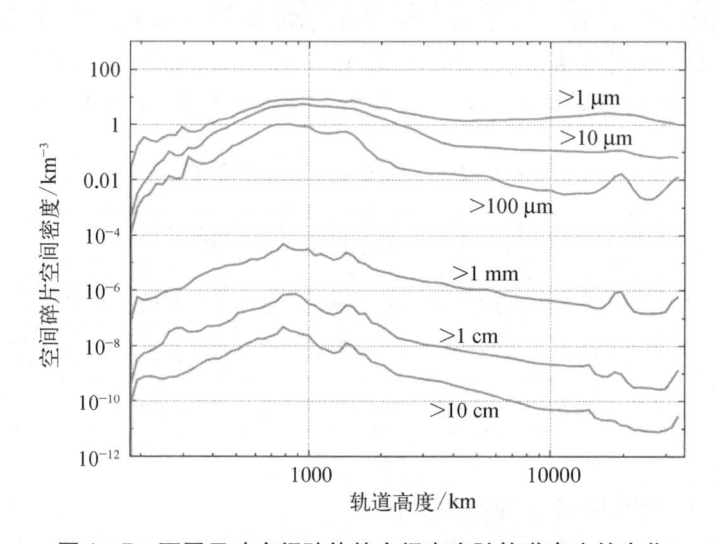

图1-7 不同尺寸空间碎片的空间密度随轨道高度的变化

包括美国航空航天局(National Aeronautics and Space Administration，NASA)、欧洲航天局(European Space Agency，ESA，简称欧空局)在内的主要航天机构均将更小尺寸空间碎片编目作为该领域的主要发展目标。要实现小尺寸空间碎片的编目，一方面需要进一步提高探测设备的性能；另一方面需要对数据处理方法进行全面改进，以适应激增的碎片编目数量。

1.3 空间碎片的危害和风险

1.3.1 对航天器的危害

空间碎片对航天活动的威胁来自空间碎片与航天器之间的高速碰撞，影响碰撞危害程度的主要因素是空间碎片的尺寸。大于 1 cm 的空间碎片撞击航天器，导致航天器结构严重损坏，甚至引起航天器解体。空间物体运动速度大约是 7.9 km/s，如果两个空间物体迎面相撞，相对速度最高可接近 16 km/s，直径 1 cm 的空间碎片撞击动能相当于一辆高速行驶的轿车撞击，航天器如果遭遇这样的碰撞，受到的损伤将是致命的。表 1-2 为地面仿真试验得到的不同尺寸弹丸撞击铝板后形成的撞击坑。

表 1-2 弹丸撞击铝板的效果

单位直径	撞击坑深度/mm	穿透的铝板厚度/mm	穿孔的直径/mm
1 mm	2.17	4.8	4.7
5 mm	11.9	26.1	23.3
1 cm	24.7	44.4	46.5
10 cm	28.1	54.3	465.6

历史上，空间碎片的碰撞导致卫星失效事件多次发生。其中部分典型的撞击事件如表 1-3 所示[8-11]。

表 1-3 部分典型撞击事件统计

卫星	时间	后果	
日本太阳 A 卫星	1991 年 8 月	望远镜可视区损伤	失效
欧空局奥林巴斯(Olympus)通信卫星	1993 年 8 月	服务中断	失效

续　表

卫　星	时　间	后　果	
美国 SEDS-2 绳系卫星	1994 年 3 月	实验终止	失效
美国 MSTI-2 军用卫星	1994 年 3 月	捆扎电缆短路,失联	失效
法国 CERISE 电子侦察卫星	1996 年 7 月	重力梯度稳定杆断裂	异常
美法联合卫星 Jason-1	2002 年 3 月	轨道异常,电流扰动	异常
欧洲 Meteosat-8 卫星	2007 年 7 月	轨道改变	异常
美国铱星-33 通信卫星	2009 年 2 月	解体	解体
俄罗斯 BLITS 地理测绘卫星	2013 年 1 月	自旋稳定速度上升	异常
厄瓜多尔飞马座立方体卫星	2013 年 5 月	寿命终止	失效
欧空局哨兵 1A 卫星	2016 年 8 月	轨道、姿态变化,太阳翼受损	异常
印度 MICROSAT 卫星	2019 年 3 月	故意解体	解体

此外,碰撞产生的解体碎片还会逐步扩散,影响附近轨道上空间系统的安全,如图 1-8 所示。小于 1 cm 的空间碎片也可能会击穿航天器的防护罩,造成航天器关键部件不能正常工作。毫米级以下碎片的撞击累积效应将导致航天器性能下降或功能失效。受这些小尺寸碎片的影响,航天飞机每次飞行都需要更换玻璃;美国发射的长期在轨暴露装置 LDEF 上,肉眼可见的撞击坑数量超过 32 000 个。

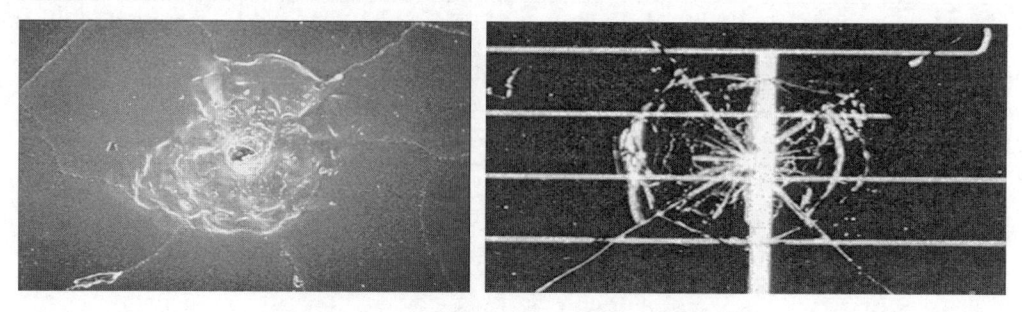

图 1-8　航天飞机舷窗撞坑及 LDEF 撞击坑[1]

1.3.2　对地面的危害

运行到较低地球轨道的空间物体受大气阻力作用,最终会陨落至地球表面。空间物体的陨落分为两类:有控再入与无控再入。通常有控再入过程中,可控制航天器等空间系统沿着安全的路线落入无人区;而无控再入时,航天器的运动受难以准确预报的大气的影响,也难以提前预报陨落的准确时间与位置。

陨落至地面的空间碎片可以分为钝化物质、有毒物质与放射性物质,相应的风险则包括大型航天器的撞击风险、有毒物质的环境污染风险、核污染风险等。

1. 大型航天器的撞击风险

大型航天器陨落至地面带来的危害主要原因在于高速运动的大质量物体对地面的撞击,历年陨落的空间物体数目统计如图 1-9 所示,图中 UI 代表未确认;RM 代表火箭任务相关物体;RD 代表火箭碎片;RF 代表火箭解体碎片;RB 代表火箭体;PM 代表载荷任务相关物体;PD 代表载荷碎片;PF 代表载荷解体碎片;PL 代表载荷。一般而言,每年陨落的空间碎片约 400 个,太阳活动峰年将超过 1 000 个。

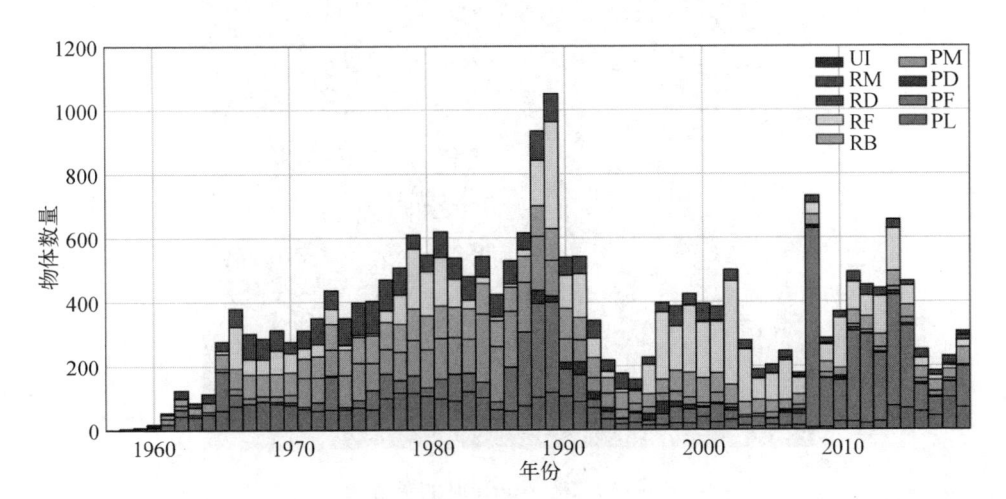

图 1-9 历年陨落的空间物体数目统计

陨落物体高速撞击到地面,可能威胁地面的人员与财产安全。当陨落物体的轨迹与飞机航线交叉时,还对飞机的安全构成威胁。2001 年和平号空间站陨落解体,碎片散落在太平洋 6 000 km×200 km 区域;2014 年俄罗斯质子火箭残骸坠落黑龙江齐齐哈尔的农田上。1997 年,一位名叫 Lottie Williams 的美国女士在户外被一个不明物体撞击肩膀,事后发现这是一个火箭残骸形成的碎片,她也成为首个被空间碎片击中的人。

2. 有毒物质的环境污染风险

载有剩余燃料的火箭末级,含有毒性化学物质,陨落至地面后,有毒物质扩散,对地面人员健康与环境构成威胁。2008 年 1 月,美国通告其失控卫星 USA-193 即将无控再入大气,卫星携带 453 kg 有毒燃料对地面人员与环境构成威胁。另外,早期发射的部分卫星上搭载了核动力系统,核动力卫星一旦进入陨落过程,很可能对大气与地面造成辐射污染。

1.3.3　对天文观测的污染

对天文工作者而言，随着近地轨道上的卫星数量越来越多，获得一个开阔而黑暗的天空视野的机会正变得越来越小。密歇根州立大学天文学家、美国天文学会前主席梅根·多纳休（Megan Donahue）表示，"SpaceX 的星链（Starlink）卫星的可见程度着实让每一个人都大吃一惊……对于天文学家来说，天空中布满这种光带是一件非常恐怖的事情。"图 1 - 10 为 2019 年美国天文学家拍到的天文图像（亚利桑那州）Starlink 的星轨。此类星轨将对天文观测造成严重影响。2024 年联合国外空委员会科技小组委员会启动"黑暗与宁静天空和巨型星座"的五年期议题。

图 1 - 10　Starlink 的星轨

1.4　空间碎片的应对

为了应对大大小小不同尺寸空间碎片的威胁，国际上早已针对空间碎片探测、环境数据库、防护及减缓展开大量研究，并已经将各种应对措施用于航天实践。

一是主动规避。对于尺寸较大的空间碎片（厘米级以上），航天器必须采取主动躲避措施。如国际空间站（International Space Station，ISS）每年为躲避空间碎片的撞击规避飞行数次，世界各国为躲避空间碎片撞击每年实施的在轨航天器机动规避也达到数十次。我国一些重要和高价值卫星也为躲避空间碎片多次实施机动变轨。

二是被动防护。对于微小空间碎片（毫米级以下），航天器需在设计阶段采取相应的防护设计。如国际空间站上安装了数百种用于抵御空间撞击的防护结构，最大可抵御 1 cm 碎片的撞击；我国载人航天器、天宫一号和重要卫星也已应用空间碎片研究成果采取了相应的防护设计措施,有效提高了航天器抵御空间碎片撞击的能力。

三是减缓和清除。一方面,在航天活动中尽量减少空间碎片的产生,抑制空间碎片增长速度,另一方面开展空间碎片主动清除,保护外空环境清洁。目前,在减缓方面,大多航天大国的离轨钝化技术已成熟,并进行了广泛工程实施;在清除方面,美欧等提出了许多概念并已开展演示验证。

1.5 小　　结

本章介绍了空间碎片领域的一些基本概念。空间碎片的主要来源包括失效的航天器、运载火箭残骸、爆炸或解体事件产生的碎片以及操作性碎片。地球轨道上运行的空间物体绝大部分是空间碎片。随着航天器的频繁发射及解体事件的发生,空间碎片数量持续增加,其中在 2 000 km 以下的 LEO 区域、20 000 km 高度的 MEO 区域和 35 786 km 高度的 GEO 区域中空间碎片数量明显多于其他区域。这些空间碎片可能与在轨其他物体发生碰撞,产生更多碎片,严重威胁在轨航天器的运行安全。一些失效的卫星及火箭残骸经过稠密大气层并未完全燃烧,陨落到地面,对人员和财产构成威胁。为了应对空间碎片的潜在威胁,需要对较大碎片进行观测,有效预测其轨道并在必要时对航天器进行变轨机动以规避碰撞风险,一些重要的航天器需要部署防护结构以应对微小碎片的撞击,为了减少空间碎片的产生,遏制数量增长趋势,保护外空环境的清洁,必须采取减缓或清除措施。

复习思考题

1. 什么是空间碎片？其主要来源都有哪些？
2. 空间碎片对在轨卫星以及地面的危害分别有哪些？
3. 空间碎片主要分布在哪些轨道高度？
4. 为了有效保护在轨航天器的运行安全,应采取哪些措施？

第 2 章
空间碎片探测定轨

空间碎片探测是传感器以主动或者被动的方式获取空间碎片反射的电磁或者光信号,以得到其运动和自身固有特性参数的过程。按照传感器类型分类,主要有雷达、望远镜、激光测距系统等。按照传感器部署位置分类,主要有地基和天基等。

空间碎片定轨是利用各类型天地基传感器获取的观测数据,基于轨道运动基本规律和最优估计理论,确定空间碎片的轨道及相关动力学参数的过程。空间碎片的轨道参数是开展碰撞预警、再入预报等应用和空间碎片减缓清除的基础数据。

2.1 空间碎片雷达探测

空间碎片雷达探测是采用"主动"方式进行探测。其基本原理是由雷达发射机发出一束无线电波,电波发射到空间碎片后被反射,再由雷达接收机接收,获取空间碎片特性信息[12]。

雷达波段的选择对空间碎片探测有重要的影响,通常选择在电离层截止频率以上,大气、水汽和电离层都不会阻挡电磁波传播的波段,以实现全天候探测。

2.1.1 空间碎片雷达探测能力

空间碎片雷达的探测能力随着距离的增加而迅速下降,与探测目标距离的四次方成反比,雷达探测最大距离可以用雷达方程来表征:

$$R = \left[\frac{P_t G_t G_r \lambda^2 \sigma F_t^2 F_r^2}{(4\pi)^3 (S/N)(k_0 T_0 B F_n L)} \right]^{\frac{1}{4}} \quad (2-1)$$

式中,R 为雷达探测的最大距离;P_t 为发射天线峰值功率;G_t 为发射天线增益;G_r 为接收天线增益;λ 为波长;σ 为目标的雷达后向散射截面积;F_t 为从发射天线到目标的方向图因子;F_r 为从接收天线到目标的方向图因子;S/N 为检测信噪比;k_0

为玻尔兹曼常数；T_0 为接收机绝对温度；B 为接收机带宽；F_n 为接收机噪声系数；L 为损耗。

从上述方程中可以看出影响雷达探测空间碎片能力的要素可以分为三类：

（1）雷达设备参数，包括发射天线峰值功率、发射天线增益、接收天线增益、工作波长、检测信噪比、接收机带宽、系统噪声温度、接收机噪声系数和系统损耗，这些都是雷达设备的固有参数，一旦设备建成后，这些参数基本不变；

（2）目标散射特性参数，主要包括目标的尺寸、形状、姿态等，在雷达方程中反映出来的是目标的雷达后向散射截面积；

（3）大气环境参数，主要是指雷达传播过程中水汽等对雷达传播造成的损耗，在雷达方程中反映为从发射天线到目标的方向图因子和从接收天线到目标的方向图因子两项。

2.1.2 几种典型雷达类型

1. 相控阵雷达

相控阵雷达的天线由规则布置在一个平面上的大量发射单元组成，每个发射单元都可以独立控制发射电磁波的相位，如图 2-1 所示。

如果所有发射单元的相位都相同，电磁波束指向与天线平面垂直的方向。如果相邻发射单元有一个相位差，电磁波束的等相位面发生倾斜，电磁波束方向也随之改变。

相控阵雷达可以通过调节天线阵上各个单元发射的电磁波相位来改变波束方向，而不需要转动庞大的天线阵列，因此可根据观测策略灵活变换工作模式。其工作模式有：

（1）单波束跟踪模式，将所有发射单元的发射能量都集中在一个波束上，功率大，能够探测较远距离上较小的碎片；

图 2-1 相控阵雷达

（2）多波束跟踪模式，形成多个波束同时测量多块碎片，实现多个目标监测；

（3）扫描模式，快速改变波束方向，对预定的空域进行扫描，完成搜索和发现任务。

2. 机械跟踪雷达

机械跟踪雷达是通过机械转动天线来改变波束指向，对波束内的单个目标进行距离、方位、俯仰和速度的测量,德国跟踪和成像雷达(Tracking and Imaging Radar, TIRA)如图2-2所示。

机械跟踪雷达可以在某个目标经过测站时调整方位角和仰角来进行跟踪测量,这种雷达通过保持对已发射雷达脉冲的最大接收增益来跟踪目标。

为了提高探测能力,往往采用较大尺寸的天线。机械跟踪雷达通过机械方法驱动天线转动,实现天线波束在方位和仰角二维的扫描,适合于对单个已知目标的精密测量,不具备多目标跟踪能力。

图2-2 典型的机械跟踪雷达
(德国TIRA雷达)

3. 电磁篱笆

空间碎片监测的理想要求是能够及时测量所有碎片并快速进行编目,简单而有效的方法是在需要监测的空间编织一张无形的网,所有通过这张网的碎片都能被记录。电磁篱笆就是这样一类雷达设备。雷达天线发出的电磁波不是一条细细的波束,而是构成一个薄薄的面,像是一个"篱笆"。如果这个篱笆是沿着纬圈布置,那么倾角高于篱笆所在纬度的空间碎片都会穿越这个篱笆,穿越时反射雷达的电磁波由接收机接收,就可以获得碎片信息。

电磁篱笆厚度很薄,空间碎片穿越时只获取稀疏点位信息,常规的定轨方法无法唯一地确定轨道,需要将前后几次穿越的数据集合起来一同确定轨道。为了满足一次穿越定轨的要求,也提出过双屏电磁篱笆和圆锥形篱笆,这两种篱笆一次穿越就可以获得两个弧段信息,一次过顶即可确定空间碎片的初始轨道,非常适合新碎片的发现和编目。

2.1.3 雷达观测数据

通过对空间碎片质心运动的探测,雷达可以获取四个维度的数据,其中两个维度是雷达测角数据,第三个维度是测距数据,第四个维度是测速数据。

从定轨的角度而言,雷达测距数据会比测角和测速数据精度更高,因此在用于空间碎片轨道确定的过程中,精度保证主要依靠雷达测距数据,而雷达测角数据通常会给较低权重,主要用于保证数据处理的稳定性。测速数据可作为补充,在数据不足时发挥作用。

2.2 空间碎片光学望远镜探测

空间碎片受到太阳光照射,会将光线反射,反射的光线被望远镜的光学系统接收后汇聚成像,望远镜就可以获得空间碎片的点像信息。在空间运动的空间碎片和恒星的点像信息可被望远镜同时获得,通过识别每幅图像中的恒星和空间碎片,并根据恒星与空间碎片的相对位置,可以确定空间碎片的精确角位置。这就是望远镜观测空间碎片的原理。

望远镜通过接收空间碎片反射的太阳光来实现空间碎片的探测,望远镜的探测能力与探测距离的二次方成反比,与雷达相比,探测能力随着距离增加的衰减比较缓慢,因此望远镜在中高轨空间碎片探测方面相较于雷达更具有优势。

2.2.1 望远镜观测空间碎片的可见条件

望远镜观测空间碎片通常需要满足三个条件。

首先,空间碎片需要被太阳光照射到。由于空间碎片本身并不发射足以被探测到的信号,因此只有被太阳照射到的时候,才能够接收并探测空间碎片的漫反射光信号。空间碎片受太阳照射条件是由空间碎片、太阳的地心位置关系决定的。空间碎片反射太阳光的强弱与太阳—空间碎片—望远镜之间的夹角有关,这个角被称为相位角,如图2-3所示。当相位角越接近0°,望远镜能够接收到的光信号越多。相位角离0°越远,反射的太阳光越弱,越难被探测到。这条规律可以被应用在望远镜对地球同步轨道卫星的观测中。望远镜可以始终选择太阳位置矢量相反的方向观测地球同步轨道带的空间碎片,这样可以保持相位角始终处于0°附近,能够探测到更小尺寸、更暗弱的空间碎片。

第二,望远镜需要处于当地的黑夜。可以用太阳仰角来判断是否满足该条件。太阳仰角又称地平高度角,是望远镜-太阳位置矢量与当地水平面的夹角。当太阳

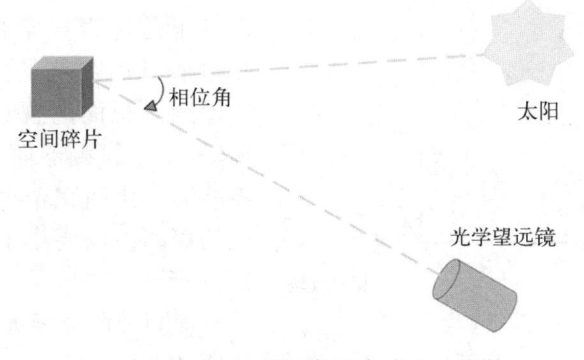

图2-3 太阳相位角定义

仰角取值为负时，太阳位于地平线以下，当地位于夜半球。太阳仰角越低，夜天光越暗，越适合于在天光背景中提取出空间碎片反射的光信号。

对中高轨空间碎片的探测通常在太阳仰角比较低的时候开始，这时天光已经基本或完全暗下来，更有利于观测距离较远的、反射的光信号更暗弱的中高轨空间碎片。对于低轨空间碎片的观测却通常在晨昏时段，天光背景并没有处于最佳的观测条件。这是因为低轨空间碎片在深夜出现在望远镜可观测天区时，无法被太阳照射到，只有在晨昏时段，才能够反射太阳光，具备可探测条件。由于低轨空间碎片相较于中高轨碎片离观测设备更近，同尺寸碎片亮度会更高，因此即使在天光背景较强的条件下，仍然可以有效观测空间碎片。对于特别亮的空间碎片，也可以实现白天观测，但由于天光背景非常强，需要特殊的光学设计实现天光背景抑制。

第三，望远镜还需要在晴夜进行观测，也就是夜空少云、少水汽。与雷达相比望远镜最大的劣势在于其观测需要依赖天气条件。天空的云层会阻挡空间碎片反射的光信号，因此需在无云遮挡的方向观测。

2.2.2 望远镜光学系统

望远镜光学系统的作用是将望远镜接收到的空间碎片光信号聚集到探测器上，实现空间碎片的探测。光信号汇聚的点称为光学系统的焦点，不同入射角度光信号汇聚的点形成的平面称为焦面。光学系统有如下几个关键性指标，影响空间碎片的观测效能，列举如下。

口径，望远镜接收入射光面积的等效直径。口径越大，接收入射光的能力就越强，越容易探测到暗弱的、尺寸较小的空间碎片。大多数望远镜存在中心遮拦，会遮挡一部分光线的接收，因此在计算望远镜光学效率的时候必须将中心遮拦的影响去除。

视场，光学系统同一时刻能够成像的天区张角。其中仅考虑光学系统光路设计形成的能够保证像质的视场张角称为光学视场。光学视场张角乘以焦距就是焦面大小。望远镜探测器靶面的视场张角称为探测视场，由于探测器面积大小和形状并不能够与焦面完全吻合，往往能够实现的探测视场要小于光学视场，如图2-4所示。

探测视场与望远镜焦距 f、探测器尺寸 d 满足关系式：

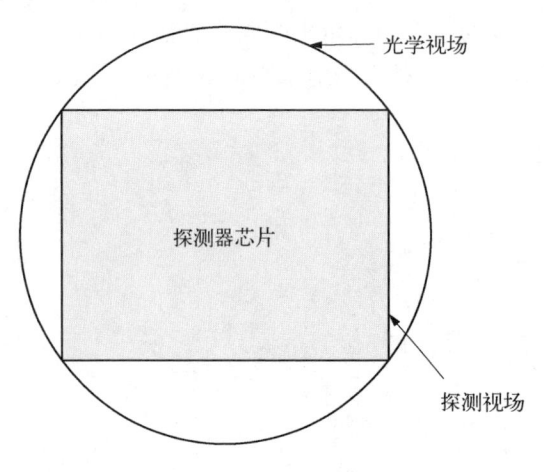

图2-4 光学视场与探测视场示意

$$\text{FOV} = \frac{d}{f} = D^{-1}\frac{d}{f/D} \qquad (2-2)$$

式中,D 为望远镜口径;f/D 为望远镜焦比(焦距与口径的比值)。望远镜焦比值很难做小,因此对于大口径望远镜,要实现大探测视场,往往需要安装大尺寸探测器。

成像波段范围。由于望远镜中透镜对不同波段的折射率不同,反射镜镀膜对不同波段的反射效率不同,光学系统无法做到全波段成像;并且现代光学系统常用的探测器电荷耦合器件(charge coupled device,CCD)和互补金属氧化物半导体(complementary metal oxide semiconductor,CMOS)都只能够在一定波段范围内保证较高的量子效率,因此光学系统设计总是针对特定的波段范围。大多数用于观测空间碎片的光学系统都采用可见光波段作为成像波段。通常情况下成像波段范围越宽越容易实现暗弱空间碎片的探测。

像质,光学系统汇聚光信号的能量集中度。在空间碎片观测中通常要求光学系统能够将接收到的空间碎片辐射能量的 80%,集中在光电探测器的几个像元范围以内(如 2×2 像元)。光学系统像质是决定望远镜极限探测能力和探测精度的重要因素。

极限星等,在一定条件下能够探测到的最暗弱目标的亮度度量。极限星等受曝光时间、仰角、信噪比阈值、天光背景条件的影响。一般而言,口径越大极限星等越高;像质越高极限星等越高。

像元分辨率,探测器单个像元尺寸与焦距的比值。像元分辨率是衡量望远镜角分辨率的指标。像元分辨率影响望远镜探测精度。

光学系统汇聚的光信号最终都要在探测器上转换成电信号,并记录为图像数据,用于后续的数据处理,包括目标检测、天文定位等。探测器类型主要包括 CCD 和 CMOS。CCD 探测器由一系列感光单元组成,每个单元可以看作是光敏二极管(用于感应光线)和电容器(用于存储电荷)的结合体,可以捕获光信息。当光线照射到探测器时,光子转化为电子,这些电子在电荷转移过程中被逐行移动到输出放大器,然后转换为数字信号。CCD 探测器通常提供较高的图像质量,具有更好的信噪比和动态范围。它们在低光照条件下表现良好,但 CCD 探测器读取速度较慢,通常需要机械快门,不适合高速拍摄和连续拍摄,同时对制冷要求较高,通常需要真空制冷。CMOS 探测器的每个像素单元不仅包含光敏二极管,还集成了放大器和 A/D 转换器,允许每个像素独立处理和转换信号。CMOS 探测器可实现更快的读取速度,电子快门控制曝光,更适合高速连拍,其对制冷要求较低,可不必真空制冷。早期的 CMOS 探测器在图像质量和噪声控制上可能不及 CCD,但现代的高端 CMOS 探测器已经克服了这些问题。

望远镜光学系统有几种经典的结构,在空间碎片探测中适用于不同的任务场景。

1. 折射式

折射式望远镜是通过一组透镜实现光信号的汇聚。如图 2-5 所示，光线经过折射式望远镜各个透镜的时候会由于透镜面型和材料的不同发生折射，最终实现成像。

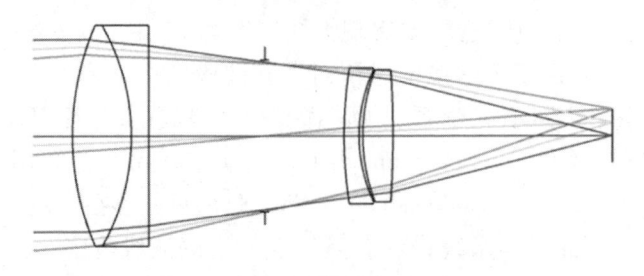

图 2-5　折射式望远镜光学系统

折射式望远镜容易实现大视场，非常有利于空间碎片的搜索。但折射式望远镜往往存在色差，影响最终的成像质量，这是由于不同波长的光线在经过透镜时折射率不同，因此光学系统无法在宽波段范围内实现较好的成像质量。

折射式望远镜由于透镜材料的制备、加工、检测都比较难，导致望远镜口径通常较小，一般在 50 cm 以下，因此收集光信号的能力较弱，以致探测暗弱空间碎片存在局限性。

2. 卡塞格林式

卡塞格林式望远镜是望远镜通过主镜和次镜实现光信号的汇聚。如图 2-6 所示，光线最终在主镜后端的焦点上汇聚，实现成像，具有结构简单的优点。卡塞格林式望远镜能够较好地控制像差（即实际成像与理想成像之间的偏差），尤其是其改进的光学设计结构 R-C 式望远镜。

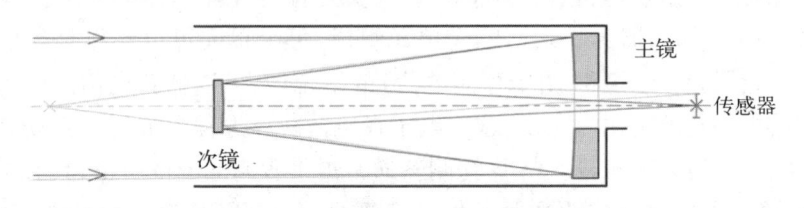

图 2-6　卡塞格林式望远镜光学系统

卡塞格林式望远镜光学系统主镜可以做得很大，但是通常光学系统焦距都比较长。因此一定尺寸的探测器靶面能够实现的探测视场比较小，适合用作空间碎片的跟踪望远镜。

3. 主焦点式

主焦点式望远镜光学系统通过主镜和一组改正镜实现光信号的汇聚。如图 2-7 所示，光线最终在光学系统前端的焦点汇聚，实现成像。

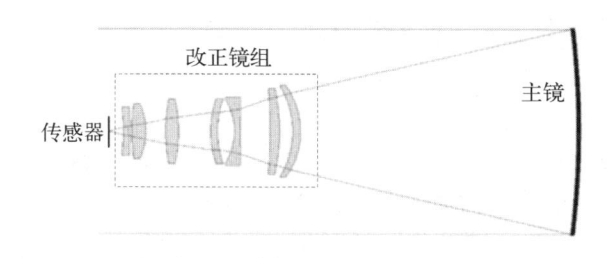

图 2-7　主焦点式望远镜光学系统

主焦点式望远镜光学系统在口径一定的情况下能够实现较短的焦距,可以做到口径的 1.5 倍以内。因此在探测器靶面尺寸一定的情况下能够实现较大的探测视场,能够作为搜索型望远镜,实现较高的搜索效率。主焦点系统前端有一组透镜作为改正镜,为了实现大视场,透镜组每一片透镜材料的选取和面型的设计是难点。此外大口径的主焦点式望远镜,改正镜组的尺寸也会增加。大尺寸透镜的加工难度很高。另外由于存在一组结构复杂透镜组成的改正镜组,因此和折射式望远镜类似往往无法做到较宽的成像波段范围。

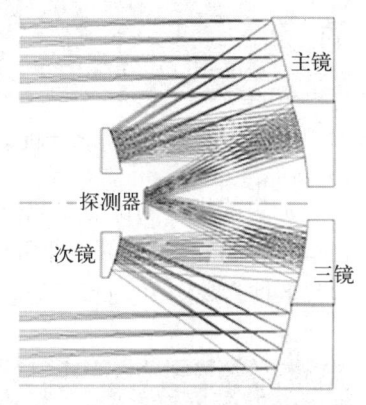

4. 同轴三反式

同轴三反式望远镜光学系统主要通过主镜、次镜和三镜实现光信号的汇聚,如图 2-8 所示,光线最终在光学系统内部的焦点汇聚,实现成像。

同轴三反式望远镜光学系统在口径一定的情况下能够实现非常短的焦距,可以做到口径的 1 倍。因此在探测器靶面尺寸一定的情况下能够实现非常大的探测视场。同轴三反式望远镜主要依靠三个反射镜实现成像,因此容易实现较宽的成像波段范围。但同轴三反式望远镜次镜尺寸往往较大,导致光学系统存在比较严重的中心遮拦,影响光学系统的集光能力。

图 2-8　同轴三反式望远镜光学系统

2.2.3　地基望远镜

当前绝大多数空间碎片望远镜是地基望远镜,本节对地基望远镜特有的机架结构和控制系统特点进行简要介绍,并讨论地基望远镜对站址的要求。

望远镜实现空间碎片观测必须通过调整望远镜指向,使得空间碎片位于望远镜的探测视场内,并且控制探测器(相机)完成曝光。为此,望远镜光学系统必须装配在一个机架(又称为转台)上,并由一个控制系统实现机架的指向控制和相机控制。

1. 望远镜机架

常见的空间碎片望远镜的机架都有两个相互垂直的旋转轴,实现不同角度的空间指向。根据旋转轴安装方向的不同，望远镜机架可以分为赤道式、地平式和水平式三种。

1）赤道式机架

赤道式机架如图2-9所示，有一个轴方向固定与地球自转轴平行，这个轴被称为赤经轴；与赤经轴垂直的另一个轴被称为赤纬轴。

图2-9　赤道式机架

图2-10　恒星跟踪模式下的观测图像

赤道式机架的优点是只需要固定赤纬轴、控制赤经轴以15(″)/s的速度沿恒星视运动方向旋转，就可以非常容易地实现恒星跟踪。恒星跟踪模式，通常被用于空间碎片的搜索观测中。此时恒星背景成点像，空间碎片成拉长的星象，如图2-10所示。

与搜索观测相对的是跟踪观测，此时望远镜转动速度和方向与空间碎片视运动速度和方向一致，如图2-11所示，在观测图像上，空间碎片成点像，恒星成拉长星象。赤道式机架存在观测盲区，位于赤经轴方向。当空间碎片运动至极轴附近时，空间碎片的视运动在赤经方向上分解的角速度趋向于无穷大，导致无法跟踪。赤道式机架的赤经轴必须与地球自转轴平行，因此安装角度与测站纬度相关。

2）地平式机架

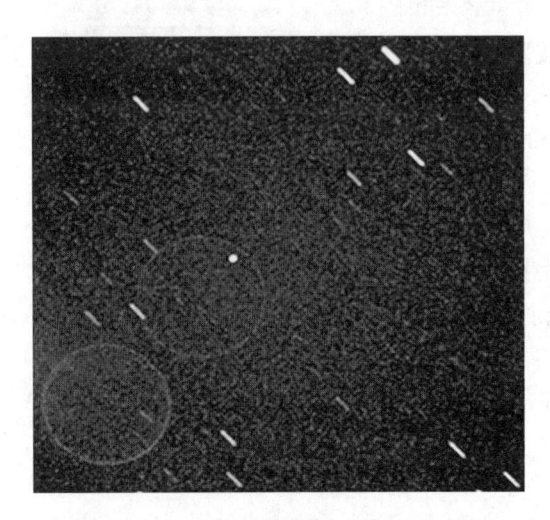

图2-11　目标跟踪模式下的观测图像

地平式机架如图2-12所示，有一

个轴固定指向天顶方向,这个轴被称为方位轴;与方位轴垂直的另一个轴被称为俯仰轴。

地平式机架无论跟踪恒星还是跟踪空间碎片通常需要两个轴同时旋转,需要将观测目标的视运动分解到方位和俯仰两个方向,再控制方位、俯仰轴按照分解的角速度同步运动实现跟踪。地平式机架同样存在观测盲区,位于天顶方向。当空间碎片运动至天顶附近时空间碎片的视运动在方位方向上的分解角速度趋于无穷大,导致无法跟踪。地平式机架比较容易实现大的承重,因此大多数 1 m 以上口径的望远镜系统采用地平式机架。

图 2-12 地平式机架

3) 水平式机架

水平式机架有一个轴固定与当地水平面保持平行,如图 2-13 所示。

与地平式机架类似,水平式机架跟踪恒星和空间碎片时需要根据观测目标的视运动速度分解到两个轴的角速度分量,控制两个轴运动实现跟踪。水

图 2-13 水平式机架

平式机架的观测盲区位于与水平面平行的轴方向上,因此盲区位于地平线附近,此时观测仰角接近 0°,此时大气吸收、扰动等效应都非常严重,通常不会安排空间碎片观测。因此水平式机架的最大优点就是在实际使用中,一般不用考虑盲区效应的影响。

2. 望远镜的控制

望远镜要实现空间碎片的观测需要控制机架、相机、圆顶及其他机构在一定的时序下,精确完成望远镜调焦、指向、跟踪、拍摄等动作。

望远镜控制需要望远镜高精度地记录相机曝光时刻和时长。空间碎片的运动速度可超过 7 km/s。因此很小的时间偏差会带来较大的位置偏差,带入最终的定轨结果中。空间碎片观测中通常要求时间精度达到 10~100 μs,以将时间误差导致的位置误差控制在 1 m 以内。

望远镜控制的主要任务之一就是实现望远镜在规定的时序下完成一系列指向,使得跟踪的恒星或者空间碎片始终处于视场的固定位置。这样一方面可以实

现对观测目标的长期稳定跟踪，另一方面在相机曝光过程中可以实现空间碎片光信号在相机靶面的同一区域进行信号积分，提高系统极限探测能力。

控制望远镜的跟踪可以分为开环跟踪和闭环跟踪。开环跟踪是指跟踪过程中控制系统并不根据图像的反馈来调整跟踪指令，完全按照事先设定好的跟踪序列完成跟踪。这种跟踪模式控制简单，但不适用于跟踪引导误差较大的情况，此时跟踪目标可能逐渐偏离出视场，导致观测失败。闭环跟踪是指跟踪过程中控制系统会根据图像中跟踪目标的位置偏差对原先的控制序列进行实时修正，保证目标始终位于视场内的固定位置。

望远镜控制的另一个主要任务是控制相机工作。包括控制相机在设定参数下完成开始曝光、结束曝光、图像读出等动作。还需要将曝光的精确时间信息、机架指向信息以及其他附属信息写入图像的头文件中，为后续的图像处理提供必要信息。

此外，望远镜控制通常还包括调焦控制、圆顶控制、镜头盖、滤光片控制、环境监测设备控制等。

3. 望远镜站址要求

地基望远镜对站址要求较为严格，主要包括以下几点。

（1）晴夜数。空间碎片反射的太阳光，无法穿透云层，因此必须晴夜才可实现探测。晴夜数是望远镜发挥探测效能的重要限制性条件，一般要求站址晴夜数在每年250天以上。在确定站址之前，需要对当地中长期气象资料进行仔细分析。必要时，要部署观云设备以掌握站址附近的"小气候"。如云层分布是否随不同季节日夜更替有一定规律，是否有利或不利于夜间观测等。此外，晴夜数随季节更替的影响，还需要放到整个监测网的角度来考虑，在某一区域站址进入雨季时，是否其他区域测站正处于旱季，使得整体监测效能不出现过大的波动。

（2）天光背景。空间碎片光学探测，一般要求信噪比在4左右。其中信号就是接收到的空间碎片反射的太阳光，而噪声的主要来源就是天光背景。如果天光背景过亮，则严重影响望远镜的极限探测能力。因此望远镜通常部署在人烟稀少，城市灯光污染影响较小的区域。除了城市灯光，月光也是主要背景噪声来源之一。因此在制定观测计划时，需要尽量规避月光的干扰。

（3）视宁度。影响空间碎片成像质量的不仅是望远镜的光学系统。地基望远镜接收的光信号，需要经过大气折射才能够被探测到。大气湍流，会导致大气的折射率存在抖动，使得探测目标所成的像也会随之抖动，导致被探测到的光信号无法在探测器的同一区域积分，降低整个系统的极限探测能力。视宁度是天体成像质量受地球大气扰动影响的一种量度，用角度表示。天文领域一般要求站址的视宁度在2″以内。即使在同一个测站，视宁度也随着测站环境以及周边建筑发生明显变化，因此许多测站配备有专用的视宁度监测仪。

（4）其他。望远镜的设计运行需要还需要考虑测站的温度范围、海拔、风力风向等因素。例如,望远镜光学系统设计需要仔细分析温度变化造成的光学系统各组件位置关系变化和自身形变,是否会显著降低光学系统的成像质量;望远镜电子控制系统在设计时,需要评估所选用的电子元器件(如电感、电容等)是否能够适应高海拔的低压环境;望远镜机架在设计时需要分析在一定风速条件下,望远镜是否还能够实现对空间碎片的稳定跟踪。

2.3 空间碎片激光探测

现有各类空间碎片探测手段中,激光测距系统是精度最高的。利用激光测距系统获取的高精度测距数据,可以计算出精确空间碎片轨道,从而对空间碎片的碰撞风险进行最终的评估确认,为受威胁卫星的规避决策提供关键信息输入。

2.3.1 激光测距系统的基本原理

激光测距系统的基本探测原理与雷达类似。通过向空间碎片发射一束激光,接收空间碎片反射回波,记录其间激光传播的时间间隔,计算时间间隔对应的光传播距离实现激光测距。因此,激光测距系统的极限探测能力也满足雷达方程。但由于激光的波长更短,要实现的测距精度更高,因此在激光测距系统设计中,对设备各部件精度、数据记录和处理精度有更高的要求,并采取针对性设计。

传统的激光测距系统,测距目标上安装有角反射镜,能够将接收到的激光反射回激光测距系统的接收端。然而针对空间碎片的激光测距,接收的是材质和形状不规则的空间碎片的漫反射激光回波,由于漫反射的反射率较低,并且向多个方向反射,其中只有严格朝向激光接收方向的回波才能够被有效探测到,因此往往需要较大功率激光器和较大口径的激光接收系统才能够获取有效回波信号。激光器功率的提升、激光接收口径的增加都会增加激光测距系统的研制成本,因此需要在投入与收益间取得平衡。当前空间碎片激光测距系统,一般应用于低轨空间碎片的激光测距,测距距离在几百至几千公里。

2.3.2 激光的发射与接收

激光的发射与接收是完成激光探测的主要环节,下面就发射与接收过程中的主要设备及其特性进行介绍。

1. 激光器的脉宽

激光器是产生激光的设备,是激光测距系统的核心部件。空间碎片激光测距系统一般采用脉冲式激光器。激光器按照固定的频率发出激光脉冲,每一个脉冲持续的时间被称作脉宽。可以根据脉宽的不同,对激光器进行分类。在空间测距领域常用的有纳秒激光器和皮秒激光器。顾名思义,纳秒激光器脉宽为纳秒级,皮秒激光器脉宽为皮秒级。

2. 激光器的功率和频率

激光器的另一个重要指标是发射功率,是指激光器在一定时间内的平均发射功率。通过发射功率、发射频率和脉宽就可以换算出每一个发射脉冲对应的能量和功率。以发射功率 100 W、频率 100 Hz、脉宽 10 ns 激光器为例。每一个脉冲的能量为 1 J,该脉冲能量在 10 ns 内释放,因此每一个脉冲的功率为 10^8 W,如果脉宽是 10 ps,脉冲的功率将会增加到 10^{11} W。由此可以看出,在一个脉冲内激光器的瞬间功率将会达到非常高的数值。因此在激光器及激光发射光路设计的时候必须考虑到如此高的功率对器件的损坏作用。由于空间碎片探测往往需要大功率激光器,因此单脉冲能量就会相对较高,如果选择皮秒激光器,单脉冲的功率将会是纳秒激光器的 1 000 倍,研制难度非常大。因此空间碎片测距所采用的激光器一般为纳秒激光器。

3. 激光器的寿命

那是否把激光器的频率做高,就可以降低单脉冲功率,进而规避脉冲能量过高造成的器件损坏问题了吗?回答这个问题,就必须考虑另一个激光器指标——寿命。激光器的寿命受到总发射次数的限制。例如,激光器在出厂的时候标定的寿命为 10^9,仍然假设激光器的频率是 100 Hz,就意味着当激光器工作了 10^7 s 后(约 116 天)后,将出现明显的能量衰减甚至无法工作。如果将频率增加至 1 000 Hz,此时激光器的工作寿命仅为 11.6 天。

4. 激光发散角

为了实现有效探测,需要激光经过几百至几千公里的长距离传播,仍然具有较高的能量密度,这样才能够使得空间碎片的反射能量较高,完成回波的探测。为此,发射出的激光必须有非常小的发散角。为此,除了要求激光器本身出光光束具有非常低的发散角以外,还需要在发射光路中加入扩束系统,进一步压缩发散角。利用高斯光束的传播特性,即光斑直径与发散角成反比,扩束系统通过扩大激光光束直径,从而达到压缩发散角的目的。

5. 激光器的波长

用于空间碎片探测的激光器波长通常为 532 nm 和 1 064 nm。由于单光子能量与波长成反比,因此如果激光器总功率一定,那么 1 064 nm 激光器在单位时间内发出的光子数就是 532 nm 激光器的两倍。激光测距是通过对回波光子进行计数来实现探测的。因此从这个角度来说 1 064 nm 激光器由于会产生 2 倍的光子数,因此有利于实现更高的探测效率。与此同时,1 064 nm 激光光束在大气传播中的吸收效应明显小于 532 nm,进一步提高了 1 064 nm 在探测效率上的优势。过去由于针对 1 064 nm 探测的光子接收探测器技术不成熟,因此大多仍然采用

532 nm 激光器进行激光测距,但是随着技术的进步,1 064 nm 激光测距已成为发展的方向。

6. 激光接收光学系统与光子探测器

接收激光的光学系统基本上是一台望远镜,通过指向空间碎片,接收其反射的激光光子。并通过光学系统实现光子的汇聚,通过探测器进行反射光子的记录,完成测距。激光光子汇聚的能力与接收的口径平方成正比。要尽量发挥出激光测距系统的极限探测能力,需要光学系统有足够高的光学效率。首先,需要光学系统的中心遮拦较小,其次需要光学系统中每一个反射面具有较高的反射率。对于激光测距系统而言,不要求具备大视场,比较容易设计出遮拦比较小的光学系统。反射面的反射率主要通过镀膜实现,由于激光接收的是单色光,在技术上比较容易实现对特定波长入射光的高反射率。

通过光学系统汇聚的空间碎片反射光子,最终会被光子探测器记录。为了发挥激光测距系统的极限探测能力,光子探测器必须非常灵敏。这必然会带来许多噪声,需要通过数据处理将信号从噪声中准确提取出来。一般情况下,每秒能够接收到约 5 个光子,就可以判定为有效探测。由此可以判断,如果激光的脉冲频率为 100 Hz,那么每一个脉冲返回的平均光子数达到 0.05 个就可以完成测距。光子探测器必须与激光发射的波长相匹配。近年来 1 064 nm 激光测距技术的进步主要得益于相应波长光子探测器技术突破。

2.3.3 激光测距控制

激光测距系统必须经过一系列控制操作才能够获取精确的测距数据。测距控制主要解决两件事情:精确方向上的激光发射与接收、高精度时间记录。

前面提到,为了对小尺寸空间碎片进行探测,需要将激光的发散角尽量压缩,才能使得到达空间碎片表面及反射的激光能量密度较高,从而更容易被探测到反射光子,完成激光测距。但这样会带来另外一个难题,就是如果激光发射方向与空间碎片的方向存在偏差时,激光将无法照射到空间碎片。需要在激光测距过程中实时修正激光发射方向与空间碎片方向的偏差。修正包括目标闭环与光尖闭环(图 2-14)两个过程。目标闭环通过对空间碎片进行光学成像,计算空间碎片方向与激光测距系统发射光路光轴方向的偏差,并实时对偏差进行修正。此时,预报的空间碎片位置偏差及激光测距系统指向偏差就会被修正。由于目标闭环需要空间碎片光学可见,因此一般情况下空间碎片激光测距与光学探测一样,需要测距系统处于夜晚,而空间碎片位于地影之外。在一些特殊情况下,如果空间碎片的预报精度非常高,可以在空间碎片位于地影时或测距系统处于白天时进行探测。光尖闭环主要修正的是激光器出光方向不稳定或大气折射造成的偏差,通过探测激光发射光束在大气中的后向散射来准确记录激光的实际发射方向,从而计算发射方

图 2-14　目标闭环和光尖闭环情况下成像情况

向与空间碎片方向上的偏差，实现偏差的修正。

由于测距的结果是将激光脉冲发射时刻与光子接收时刻的时间间隔乘以光速，激光测距的精度由时间间隔记录精度决定。因此相比于绝对时间精度，激光测距系统更关注时间间隔的记录精度。因此激光测距系统中应配备一个高精度时钟，同时还需要通过事件计时器配合高精度时钟记录激光脉冲发射和接收时刻的精确时间间隔，用于测距距离的计算。

2.3.4　激光测距的精度

影响测距精度的误差源有很多，分为随机误差和系统误差。

随机误差来自激光脉冲宽度、事件计时器计时误差、主波信号探测误差、回波信号探测误差和空间碎片形状效应。其中激光脉冲宽度引入的误差和空间碎片形状效应造成的误差占主导。激光器脉冲宽度影响着时间测量的不确定度，对于脉宽为 Δt 的激光器来说，其对单程测距的误差影响为 $\Delta L = kc\Delta t/\sqrt{N}$。其中，$c$ 为光速；N 为接收到的回波光子数；系数 k 与脉冲形状、探测方法或信号处理算法相关。而形状效应原因是空间碎片表面的激光反射点与空间碎片质心的偏差，大致上与空间碎片的等效半径相当。形状效应误差与激光测距系统本身无关。可以看出如果激光测距系统采用皮秒激光器，测距精度会大幅提升，但是皮秒激光器很难做到大功率，目前并不是空间碎片激光测距的常规选择。

系统误差主要来自光电时延、大气延迟。其中光电时延通过测量地靶进行改正，大气延迟使用修正模型进行改正，但仍会存在改正残差。

2.3.5　激光测距与同步测角

传统的激光测距系统只能够获取精确的测距数据。然而对于空间碎片监测而言，如果单个设备仅有一维的测距数据，很难确定 6 个轨道根数。因此过去激光测距系统都需要通过组网联合探测,才能够利用高精度的激光测距数据实现精密定轨。为了提高激光测距系统在空间碎片探测方面的适用性,在激光测距的同时加入测角功能的方案逐渐被采纳。

由于激光测距系统在汇聚接收到反射激光光子时也会对空间碎片进行光学成像,因此很容易想到,光学成像信息通过相机进行记录,就可以像一般望远镜一样对空间碎片实现测角。为了不影响原本的激光测距功能,可以在激光测距系统的接收光路中加入分光镜,将激光发射的波长与其他波长的光进行分光,一路分光用于测距,一路分光用于测角,两者可以同步进行。但由于激光测距系统接收光学系统视场都很小,因此利用激光测距系统的光学观测一般用于空间碎片跟踪,而不用于搜索,除非采用特殊的光学设计,实现焦点切换,将光学探测焦点切换到主焦点等容易实现大视场的焦点上,但这会增加光学系统的研制成本和风险。

2.4 空间碎片天基探测

2.4.1 天基探测的特点

绝大多数的空间碎片探测设备都是地基设备,但是地基设备有三个无法克服的困难[13,14]:

(1) 地基设备探测空间碎片受地域条件的限制,需要被动地等待空间碎片过境(空间碎片运动至测站地平线以上),因此需要大范围多点部署来提高探测覆盖和时效;

(2) 地基设备探测受到大气干扰,大气会吸收空间碎片的探测信号,导致探测能力的衰减;严重时,如云层对望远镜观测的影响,甚至会导致完全无法观测;此外,大气的折射会导致探测精度的下降;

(3) 地基设备只能对空间碎片实现远距离探测,极限探测尺寸和分辨率,都受到探测距离的限制。

天基探测设备本身位于外太空,不受地域限制,探测空间碎片不受到大气的干扰。天基探测设备可以通过轨道机动等方式主动靠近空间碎片实施探测,显著提高极限探测尺寸和分辨率。可通过合理的星座设计有效提高探测覆盖和时效。上述优点使得天基探测近年来成为空间碎片探测的一个发展趋势。

2.4.2 天基望远镜

天基探测设备由于受到技术和经济条件的限制,通常要求耗电量小,设备重量轻。这导致并不是所有的地基设备类型都可以相对应地研制部署于天基设备。例如大型雷达设备,耗电量极高,有些甚至需要配备专门的供电站以保障雷达设备的运行。因此不可能通过卫星的太阳能电池板实现大型雷达供电。

目前最常见的天基探测设备是中小口径天基望远镜。中小口径望远镜设备供电要求较低，太阳能电池板供电就可以满足要求。设备本身的重量较小，发射成本不高。此外，多年来国内外卫星遥感和空间天文项目的开展，为天基望远镜探测空间碎片积累了成熟技术和经验。

天基望远镜的设计特别需要注意对杂散光的抑制。杂散光最主要来源是太阳光，探测视场外的太阳光非常强烈，天基望远镜机械结构表面的多次反射进入传感器，形成强烈噪声，导致探测效率急剧降低。因此有些天基望远镜专门配备遮光板，以遮蔽太阳光的入射。

天基望远镜观测需要考虑太阳和地球两个主要的干扰源。即使在光学设计阶段充分考虑了杂散光的抑制，仍然需要在制定观测计划的时候，需要使观测方向与干扰源保持一定的角距，以避免过多的噪声影响观测信噪比。

天基望远镜系统的设计必须考虑数据传输的问题。天基望远镜获取的大量的原始图像数据无法传输至地面应用系统，这就要求主要的原始图像处理工作必须在星上完成。提取图像中的空间碎片信号，最后将通过天文定位得到的空间碎片精确的赤经赤纬信息传至地面。为了帮助判定天基望远镜是否工作正常，有时需要将部分的原始图像或压缩图像下传至地面应用系统，供专业运行人员分析。

天基望远镜按照轨道分，有低轨天基望远镜和高轨天基望远镜。低轨天基探测器可以对低轨区域空间碎片进行探测。相对于地基望远镜，低轨天基探测器对某一颗特定的空间碎片可以实现更高的观测频次，并且有接近探测的机会，因此可以实现更小尺寸空间碎片的探测。低轨天基望远镜还可以对高轨空间碎片进行探测，由于不受地域的限制，可以非常容易地实现对地球同步带的全覆盖探测，而地基望远镜要达到同样的目标，必须通过3~4台望远镜在中低纬度地区沿经度均匀部署才可以实现。高轨天基望远镜通常是对高轨空间碎片进行监测，一般情况下部署于亚地球同步轨道(略低于地球同步轨道高度)，这样可以对地球同步轨道带空间碎片进行循环探测，由于探测距离近，可以探测地球同步轨道区域小尺寸的空间碎片。

2.5　空间碎片监测网

2.5.1　监测网的组成和任务

空间碎片数量众多，运动于多个轨道上，不同轨道的最佳观测地理位置和时间窗口不同。单个设备同时观测空间碎片的数量有限，需要通过统一调度实现多设备协同观测。空间碎片观测有时效性要求，空间碎片状态数据随时间推移不确定性会增加,需要即时观测,保证数据精度,准确感知风险,采取应对措施。因此,需要由部署在不同区域的多个观测设备构成的观测系统来实现对大量空间碎片的观测、数据更新和编目管理,这个观测系统称为空间碎片监测网。

空间碎片监测网一般由以下几个部分组成:

(1) 调度系统,是监测网中枢系统,针对复杂的空间碎片观测需求,规划制定以时间和设备为序列的观测计划,用于调度监测网中各观测设备执行观测任务;

(2) 控制系统,是观测设备的指挥系统,可将观测任务转化为设备可识别的控制指令,控制单台设备执行观测任务;

(3) 观测设备,是监测网的关键要素,可根据观测指令,利用主动或被动方式获取空间碎片信号;

(4) 数据处理系统,是监测网中的数据收集和处理中心,按照标准化协议,将观测设备提取的空间碎片信号汇集起来并处理成空间碎片的状态信息;

(5) 测站基础设施支持系统;

(6) 水电路网后勤保障。

空间碎片监测网的任务分为对低轨道和高轨道的空间碎片进行轨道普测和精测以及特征观测。

普测是空间碎片的搜索和发现的过程。观测设备针对特定空域进行探测,获取该空域中的多个空间碎片观测数据。普测关注的是未知空间碎片的搜索发现,目的是尽可能发现更多的空间碎片并获取其初始轨道,或更新已知空间碎片的轨道数据,以能够维持空间碎片的动态轨道编目库。

精测是利用精度较高的设备或若干台设备对某些特定的空间碎片进行高频次或者多点位跟踪,以更多更精确的观测数据实现轨道精密确定,用于对重点关注空间碎片的跟踪观测。

低轨观测是对轨道高度低于 2 000 km,轨道周期为 90~100 min 的空间碎片进行观测,要求观测数据获取时效高,低轨空间碎片轨道运动状态的不确定性随时间推移增加迅速,需要高频次观测。高轨观测针对轨道周期 12~24 h 的中高轨碎片,由于中高轨道碎片运动状态的不确定性随时间推移增加较慢,观测频次需求相较于低轨观测较低。

特征探测是直接观测或者利用数据系列来推算和判断空间碎片除质心运动状态以外的本体固有特征。例如成像探测,或者光变曲线(计算自旋周期)、光谱(计算材料特性)、光度(计算尺寸)等探测都属于特征探测。

2.5.2 监测网的调度

监测网调度通俗来讲就是要决定用什么设备,在什么时候,观测哪一个空间碎片。具体技术环节如下。

1. 空间碎片观测需求的确定

监测网计划制定的首个环节就是要确定哪些空间碎片需要观测。因为空间碎片数量众多,而观测设备在一段时间内可观测的碎片数量有限,因此需根据一定的原则对需要观测的空间碎片进行优先级排序。在编目系统实际运行的过程中需要综合考虑可识别性和风险研判两个方面的需求。首先需要考虑空间碎片编目的可观测和可识别要求。空间碎片的轨道误差越接近空间碎片的可观测和可识别临界值,其观测优先级越高。在实际操作过程中,由于通常监测网都会配备跟踪捕获能力较强的监测设备(如大视场望远镜),因此这里主要考虑可识别要求。

其次需要考虑空间碎片碰撞预警要求。对于存在交会风险的空间碎片,由于需要对碰撞风险进行进一步判定,需要更高精度的轨道信息,这些碎片也会被设定较高的优先级。

2. 空间碎片的可探测时段计算

在选定并根据需求设定了不同优先级的待观测空间碎片后,接着要做的是计算空间碎片的可探测时段。

首先,仅考虑设备—空间碎片相对位置关系(对于望远镜和激光测距设备还需要考虑太阳的位置),计算监测网中每一个探测设备对空间碎片的可探测时段。然后,加入对空间碎片本身特性的考虑,例如空间碎片的尺寸是否在设备的探测极限范围内,空间碎片的轨道精度能否满足设备的捕获跟踪要求等。最后,计算出每一个探测设备对每一个待观测碎片的可探测时段。

3. 优化生成观测计划

经过上述两个环节,得到了时间上未经去重的观测计划。生成观测计划的最后一个环节就是通过优化算法解决去重的问题,产生一个符合空间碎片编目和预警需求的观测计划。这是一个复杂的优化过程。首先需要定义什么是更优的观测计划。通常考虑的因素包括以下几点。

(1)待观测空间碎片的优先级。在确定哪些空间碎片需要观测的环节已经为每个碎片的观测优先级进行了量化。可定义探测更多更高优先级空间碎片的观测计划是更优的。

(2)地基设备观测仰角。由于受到大气扰动的影响,观测仰角越低越严重。可定义探测更多高仰角空间碎片的观测计划是更优的。

(3)单次跟踪观测的时长。通常情况下单次跟踪观测的时间越长,定轨精度越高。但定轨精度提高的效果会随着观测时长的增加而逐渐减弱。因此,为保证空间碎片观测的效费比,要求设备单次跟踪探测累积到一定时长后,就可以截止,执行对另一个空间碎片的观测任务。这个时长需要根据定轨效果而定,具体与空间碎片轨道与定轨模型相关。

(4)其他需要考虑的因素。如全网观测设备的任务均衡度、不可预测的天气因素等。

综合考虑上述因素,定义一个量化度量观测计划优化程度的函数,可称为优化函数,是观测计划优化的首要步骤。可根据优化的侧重点不同对上述因素加不同的权重。

在明确了优化函数后,下面就是利用优化算法对观测计划进行优化。具体的优化方法非常多,常见的有动态规划法、神经网络法、粒子群算法等,各种方法的共同点就是利用某种特定的策略找到优化函数的局部最优解,只是不同的方法找到最优解的效率各有差别,所得到的局部最优解与全局最优解的接近程度不同。

2.5.3 监测网的部署

监测设备部署原则是:

(1) 地理经度分散部署,扩大空域覆盖范围,提高观测时效,但地基探测的部署会受国土范围的限制;

(2) 地基和天基结合,地基和天基各自发挥优势,互为补充。

上述部署原则可用于指导监测网的设计,但是最终的设计是否能够满足量化的能力要求,需要监测网的效能评估技术作为支撑。

监测网的效能评估技术是指通过对观测设备观测能力、部署方式、协同观测过程的仿真实现观测网能力的量化评估。具体包括:观测设备能力评估,监测网能力评估,以及设定调度模式后对任务效果的仿真评估。

监测网发展趋势包括:

(1) 极限探测能力越来越强,低轨由 10 cm 向 1 cm 发展,中高轨由 50 cm 向 10 cm 发展;

(2) 搜索探测能力越来越强,单设备同一时刻能够探测的空域范围越来越大;

(3) 探测精度越来越高,实现优于 1 m 的探测精度;

(4) 雷达向中高轨区域延伸,望远镜向低轨区域延伸;

(5) 天基观测技术越来越成熟,应用越来越广泛;

(6) 观测设备的自动化程度越来越高;

(7) 不同国家和组织之间的观测合作越来越深入;

(8) 商业化空间碎片监测公司迅速发展;

(9) 对空间碎片特征的观测越来越受到关注。

2.5.4 美国空间碎片监测网

美国空间监测网由一系列天地基雷达和光电观测设备组成,如图 2-15 所示,支撑联合太空作战中心(Combined Space Operations Center,CSpOC)对空间碎片(含在用卫星)的跟踪和发现工作。自1957年苏联发射首颗人造地球卫星以来,美国空间监测网就一直持续对空间碎片进行探测,是目前世界上运行时间最长,编目空间碎片数量最多的空间监测系统。

图 2-15 美国空间监测网

美国空间监测网(Space Surveillance Network,SSN)的所属设备可以分为三类:
(1)专用监测设备(将空间碎片探测作为首要任务);
(2)兼用监测设备(将空间碎片探测作为次要任务);
(3)协作监测设备(不受 CSpOC 指挥,在完成自身任务后,进行空间碎片探测工作)。

美国空间监测网(SSN)中地基观测设备是空间碎片观测的主力设备,在地理经度和纬度分布上形成了较好的区域覆盖,监测网中各设备分工协同,雷达负责低轨空间碎片观测,光学望远镜负责中高轨空间碎片观测;天基观测设备与地基设备协同工作[13],对地基观测能力起到有力的补充。

下面将对美国空间碎片监测网的几套主要设备进行简要的介绍。

1. 空间篱笆

空间篱笆是典型的普测型雷达观测系统,对空间碎片分布最为密集的低轨区域进行搜索探测和跟踪。因空间篱笆在空间碎片监测网中起到的重要作用,美国的新一代空间篱笆系统的研制部署早在2006年就启动论证工作,并于2015年开始建设。

空间篱笆的最终设计包括两个覆盖互补的雷达站和一个空间篱笆控制中心(图2-16)。这两个测站都支持任何高度(包括GEO)的搜索任务。空间篱笆系统与现有的SSN无缝集成,为外部用户提供服务。

新一代空间篱笆能够形成灵活的波束分布。在实现传统空间篱笆搜索屏的同时,能够对重点关注的空间碎片进行跟踪,以获取更长弧段的观测数据支持轨道确定。

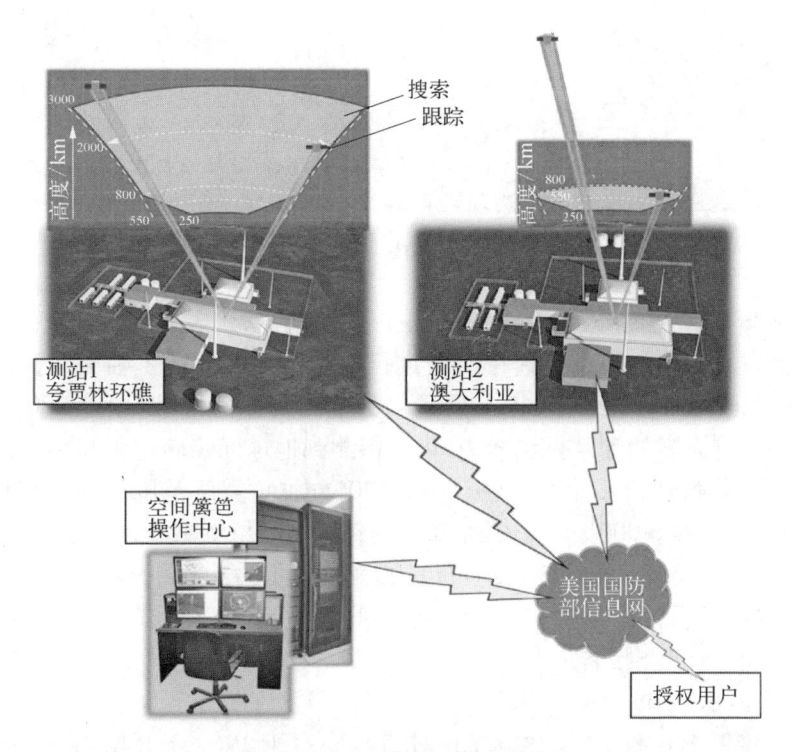

图2-16 空间篱笆系统架构

新一代空间篱笆系统2020年逐渐投入运行,使得美国空间碎片监测网的能力得到显著提升,对低轨空间碎片的探测尺寸达到2~5 cm,通过长期的观测数据累积,有望将空间碎片探测和编目数量提升至10万~20万个。

2. AN/FPS-85相控阵雷达

AN/FPS-85相控阵雷达(图2-17)主要任务是完成空间目标探测、跟踪、识别和编目,并兼顾潜射导弹预警,是美国空间监测网的主力雷达设备。AN/FPS-85相控阵雷达位于佛罗里达州艾格林空军基地,使用模拟相控阵体制,发射和接收阵面分开,阵面倾斜角45°。这部雷达1969年起开始承担跟踪地球轨道目标任务,自那时起这部雷达一直每天24 h、每周7天工作。

图2-17　AN/FPS-85相控阵雷达

AN/FPS-85相控阵雷达装在一个楔形建筑物内,该雷达含有数千个独立的发射单元,能以百万分之一秒的速率对空进行电子扫描。雷达主轴面对墨西哥湾朝正南方向排列,能够探测低轨道上的大多数空间物体,可同时跟踪200个近地目标,并且还具有有限的深空探测能力,可以探测到地球同步轨道卫星。在跟踪多个已知目标的同时,还可搜索0°～90°仰角、120°方位角宽度范围内的未知目标。该雷达对轨道高度在3 000 km以内、雷达散射截面大于-35 dBsm的碎片的检测概率达99%。AN/FPS-85相控阵雷达可以跟踪空间司令部编目90%的目标;能为空间司令部提供卫星目标位置和速度数据,可靠度达到99%。该雷达通常在24 h内可产生10 000份观测报告。

3."干草堆"(Haystack)雷达

"干草堆"(Haystack)雷达设备由林肯实验室于1960年开始建设,于1964年投入使用,代表了毫米波雷达系统的革新,由美国空军管理。1970年,为了促进射电天文的发展,Haystack与东北无线电观测公司签订协议,交由麻省理工学院运管。在Haystack建成的最初十年里,其主要用于行星天文观测,如观测月球、金星、火星和水星的反射特性;观测月球表面的地貌,为阿波罗登陆月球寻找合适的着陆地点;观测火星表面,以支持火星登陆计划;通过精确测量穿越太阳附近空间的水星反射的雷达回波往返时间,验证爱因斯坦广义相对论的第四条假定等。

为了满足国际空间站附近的空间碎片监测需求,NASA提议建立自己的空间碎片专用雷达,进行空间碎片方面的研究。美国国防部提议NASA使用Haystack

来进行空间碎片研究。NASA 与北美空军司令部达成协议,由北美空间司令部向 NASA 提供 Haystack 空间碎片数据。自 1990 年起,开始收集数据。按照协议要求,NASA 在 Haystack 附近,投资建设了 Haystack 辅助雷达(HAX 雷达)。1994 年 3 月开始,HAX 为 Haystack 提供补充数据。

NASA 从 1990 年 10 月开始使用 Haystack,HAX 雷达从 1994 年 3 月开始记录空间碎片的尺寸、高度和倾角。此外,在 1994 年和 1995 年,NASA 还领导了空间飞行、空间碎片雷达校准球(Orbital Debris Radar Calibration Spheres, ODERACS)试验。试验目的是验证 Haystack 的定标,以及验证 NASA 的约翰逊航天中心(Johnson Space Center, JSC)的数据处理程序。

最初,为了节约成本,Haystack 与 HAX 共用同一套处理与控制系统,如图 2-18 所示。2002 年,HAX 需要与 Haystack 同时进行空间碎片探测,HAX 增加了处理与控制系统,成为一部独立完整的雷达。

图 2-18 Haystack 与 HAX 雷达

为了满足高分辨率成像需求,2012 年完成了雷达的升级改造工作,升级后 Haystack 更名为 Haystack 超宽波段成像雷达(Haystack Ultrawideband Satellite Imaging Radar, HUSIR),天线的工作频率 100 GHz,雷达图像分辨率提高十倍。图 2-19 为 2012 年升级前后 Haystack 的成像比较。

4. 地基深空光电监测系统

美国地基深空光电监测系统(Ground-based Electro-Optical Deep Space Surveillance, GEODSS)为美国空间碎片监测网提供 60% 的中高轨空间碎片的监测数据。因此 GEODSS 对中高轨尤其是 GEO 轨道空间碎片的监测、对美国空间碎片

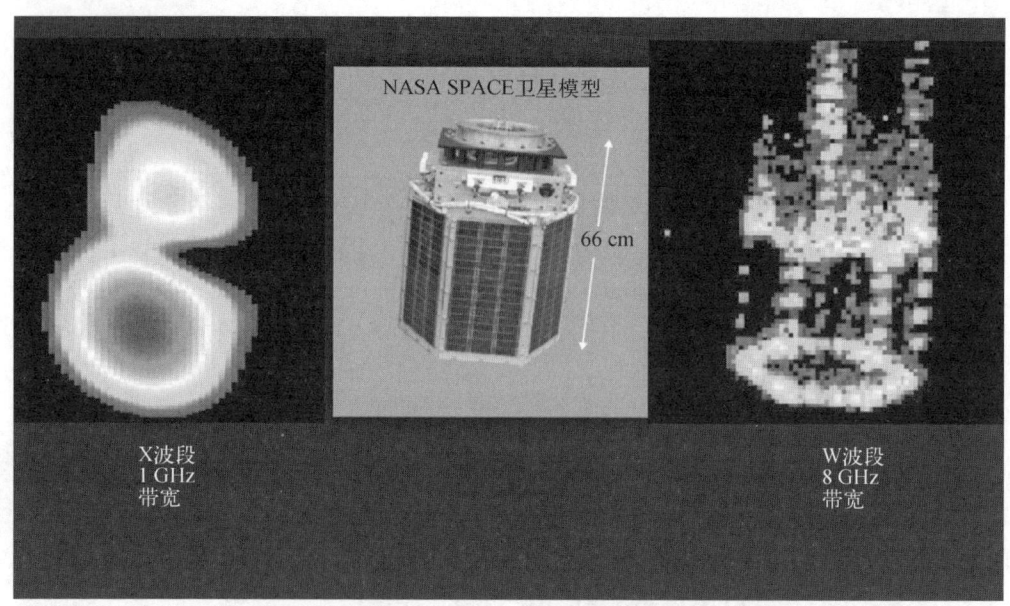

图 2-19　Haystack 与 HUSIR 成像比较

监测网的空间碎片编目发挥着非常关键的作用。

GEODSS 分布于 3 个台站，分别位于夏威夷的毛伊岛（Maui）、美国本土新墨西哥州的索科罗（Socorro）和印度洋的迭戈·加西亚岛（Diego Garcia Atoll）。每一个台站放置 3 台望远镜，因此 GEODSS 共由三套配置相同的望远镜组成。光电设备效能的发挥与设备所处站址的天气情况密切相关。除去风速和月光的影响因素，位于 Maui 和 Socorro 的望远镜约有 50% 的天数可以观测，而 Diego Garcia Atoll 的望远镜有不到 40% 的天数适合观测。

GEODSS 所属望远镜的观测模式可以分为两种。一种是恒星跟踪模式，另一种是目标跟踪模式。在曝光时间选为 0.37 s 时，在恒星跟踪模式下，望远镜的极限探测星等为 17.9，相当于 GEO 轨道上尺寸 36 cm 的空间碎片亮度（漫反射表面，反照率 0.1，相位角 0°）；在目标跟踪模式下，望远镜极限星等为 18.5，相当于 GEO 轨道上尺寸 22 cm 的空间碎片亮度（漫反射表面，反照率 0.1，相位角 0°）。

GEODSS 所属望远镜在对空间碎片的跟踪探测中每 20 s 能够获取 4 组观测数据，即按夜平均观测时间 8 h 计算，望远镜每天能够完成 5 760 组观测数据的获取。考虑到望远镜观测的前期准备及过程中的停顿时间，GEODSS 系统的单台设备在理想状态下每天晚上能够完成 4 600 组观测数据的获取。考虑到 GEODSS 每个观测弧段包含 4 组观测数据，则单台望远镜每小时能够跟踪观测 144 个弧段。同样是在理想观测条件下，GEODSS 望远镜标称的天区搜索能力能够达到每小时 840 平方度。

5. 天基空间监视系统

为了完善地面系统,美国于 1996 年发射了中段空间试验(Midcourse Space Experiment,MSX)卫星。MSX 上搭载的主要设备有:空间红外成像望远镜(Spatial Infrared Imaging Telescope Ⅲ,SPIRIT Ⅲ)、紫外和可见光照相机和天基可见光传感器,主要任务是导弹中段的发现跟踪和预警。该项目 1997 年完成技术验证,并开始将项目和技术融入空间目标监视系统中,1998 年正式运行,2008 年退出使用。MSX 验证了新一代导弹预警和防御所用探测器技术,收集和统计了有价值的背景和目标数据,其成熟技术都将转换到新一代天基空间监视系统上。

2002 年美国在已有 MSX 的基础上迅速开始天基监视系统的研制工作。美国计划发射多颗天基监视系统卫星组成星座,提供及时的太空态势感知能力,满足未来争夺制天权行动的需要。2002 年美军提出转型路线图,同年 9 月《美国国家安全战略》指出保护卫星及其空间能力是确保美国向全球快速部署军事力量的关键所在,提出美国必须拥有空间态势感知能力,同时强调空间态势感知是最优先发展的能力。

2010 年 9 月 25 日,首颗天基空间监视系统(Space Based Surveillance System,SBSS)卫星发射成功。卫星按计划进入 630 km 高的圆轨道。该系统在 2013 年完全形成能力。下一步计划发射的 SBSS Block 20 由 4 颗卫星组成,稳定性更好,而且位于高轨道上,更利于监视高轨道卫星。

SBSS 运行在低地球轨道,由一系列用于发现、确定和跟踪空间目标(包括空间潜在威胁及轨道碎片)的光学传感器卫星组成。和地面现有的空间监视网无缝衔接,最终建成功能强大且具有较强实时性的天地一体化空间监视系统,能及时探测到深空中的微小目标。

2.5.5 国际光学观测网

国际光学观测网(International Space Optical Network,ISON)是由俄罗斯凯尔迪什应用数学研究所(Keldysh Institute of Applied Mathematics,KIAM)牵头组织建成的基于天文望远镜的监测网络[13,14]。该网络从 2001 年首次获得观测数据以来,通过自身发展和国际合作的方式发展成为一个颇具规模的光学监测网络,对中高轨空间目标的编目数量已经超过美国编目系统公布的目标数量,总量已经超过 700 个[15,16]。

1. ISON 的历史和主要目的

2001 年凯尔迪什应用数学研究所受俄罗斯科学院委托建立空间碎片信息收集、处理和分析中心(Center on Collection,Processing and Analysis of Information on Space Debris,CCPAISD),并组织建立 ISON,2005 年进入常规观测阶段。ISON 的初始阶段使用旧望远镜进行观测,后续研制了专用的望远镜、控制和数据处理软

件,以提高观测效率[16]。ISON 的运行目的如下:

(1) 基于对大批量中高轨空间碎片进行跟踪观测和搜索发现,为研究并估计中高轨空间碎片的真实环境提供数据支撑,以达到验证并修正当前中高轨空间碎片环境模型的目的;

(2) 基于对中高轨空间碎片的观测数据确定空间碎片的物理特征,并发现未知的空间碎片,确定碎片来源,进一步增加中高轨空间碎片编目库的碎片数量,并完善编目碎片的物理特征和来源信息;

(3) 完成中高轨卫星的碰撞预警,基于不断完善的中高轨空间碎片编目数据库,为在轨运行的中高轨卫星提供全面的碰撞预警服务;

(4) 基于监测数据和数据处理结果增进对中高轨空间碎片运动模型以及轨道演化模型的研究;

(5) 对小行星进行跟踪观测和搜索发现,参与全球小行星搜寻计划,并为小行星中心(Minor Plantary Center, MPC)提供光学观测数据。

2. ISON 的发展

(1) ISON 支持研制了 12 型 80 台套专用望远镜系统,12 型望远镜主要技术参数如表 2-1 所示;

表 2-1　ISON 支持研制望远镜光学系统主要技术参数

名称	口径/mm	焦距/mm	视场/(°)	探测器尺寸/mm
VT-53e	125	204	10	36
VT-78a	192	296	7	36
TGSH-200	200	307	7	36
SRT-220	220	507	4	36
ORI-22	220	510	4	36
GAS-250	250	735	2.85	36
ORI-25	250	625	3.35	36
SANTEL-400A	400	1 200	1.75	36
ORI-40	400	920	2.25	36
ORI-50	500	1 160	2.5	50
ORI-50ML	500	970	2	36
SANTEL-650A	650	1 300	2.2	50

（2）ISON 为观测运行及数据处理研制了一套软件系统,包括时间同步、相机控制、望远镜控制、图像处理等功能,能够支持部署在全球的望远镜系统自动执行观测计划,在设备端完成观测图像处理,将天文定位结果（赤经-赤纬）数据传送至数据处理中心；

（3）对俄罗斯多个观测站址以及包括阿根廷、巴西、玻利维亚、委内瑞拉、墨西哥、保加利亚、意大利、蒙古国在内的多个国际台站进行了考察和分析评估,并与多个国家的研究机构开展了观测合作。

3. ISON 望远镜执行的观测计划

参与 ISON 的望远镜数量约为 100 台套。根据望远镜的技术特点,开展 5 类观测：

（1）使用 220~250 mm 口径、3.5°~4.4°视场望远镜开展 GEO 区域常规频次搜索（每天 2 次）任务；

（2）使用 180~192 mm 口径、7°~8°视场望远镜开展 GEO 区域高频次搜索（每天 10 次）任务；

（3）使用 500~750 mm 口径、2°~2.2°视场望远镜开展 GEO 暗弱目标搜索；

（4）使用 250 mm 口径望远镜开展 GEO、大偏心率轨道（highly elliptical orbit, HEO）区域亮目标（亮于 15.5）跟踪；

（5）使用 400~800 mm 口径望远镜开展 GEO、GTO（地球同步转移轨道）暗弱目标（暗于 15.5）跟踪。

除了以上 5 类典型观测任务,还会额外利用小口径望远镜开展低轨空间碎片跟踪和大椭圆轨道碎片搜索。

4. 四个技术部门

（1）电机和软件工程部门：负责 ISON 望远镜的电机维护和观测设备后端数据处理软件的工程研发工作；

（2）光学与装配工程部门：负责 ISON 光学设备的设计、安装调试以及日常维护运行；

（3）观测计划制定和数据处理部门：负责 ISON 监测网空间碎片观测计划的制定和对观测数据的处理,完成空间碎片的定轨、预报、新碎片的发现和来源确认工作；

（4）光学观测新技术研究部门：负责空间碎片和近地小行星光学观测技术的研究和拓展工作。

5. ISON 观测数据的汇集处理

ISON 观测的空间碎片数量约为 7 000 个,其中 2 000 多个仅由 ISON 自身发现并编目,每年积累观测超过 200 万个观测弧段。

ISON 通过其位于凯尔迪什应用数学研究所的空间碎片信息收集、处理和分析中心来处理和分析这些数据。具体作用包括：

（1）负责安排 ISON 仪器和处理所有获得的信息；

（2）维护空间物体（包括空间碎片和在用航天器）、空间事件（发射、解体、再入等）的数据库；

（3）基于每日观测数据,掌握 GEO 区域最新情况,并向用户提供信息服务（如危险交会分析结果、原始观测数据、轨道数据和星历数据等）。

2.5.6 欧洲空间监视和跟踪网

欧洲空间监视和跟踪（European Space Surveillance and Tracking, EUSST）项目由法国、德国、意大利、西班牙、英国于 2015 年发起,波兰、葡萄牙、罗马尼亚 2019 年起加入,并得到了其他欧洲国家的广泛支持。

EUSST 项目的职责包括：监测太空目标、提供空间态势感知、发展跟踪技术和应对太空安全挑战。EUSST 项目的核心任务之一是通过技术手段跟踪各种类型的太空物体,从活卫星到废弃的火箭级,以及更小的碎片和微小残骸。通过这种系统的跟踪,EUSST 有望有效降低空间碰撞的风险,为运行中的卫星和飞行器提供预警和规避决策支持。

EUSST 包括三个主要功能：传感器、处理和服务提供。来自成员国的传感器提供数据,经处理分析后提供给联合数据库,并最终提供目录；由运营中心（operation center, OC）生成三种服务产品。服务框架如图 2-20 所示。

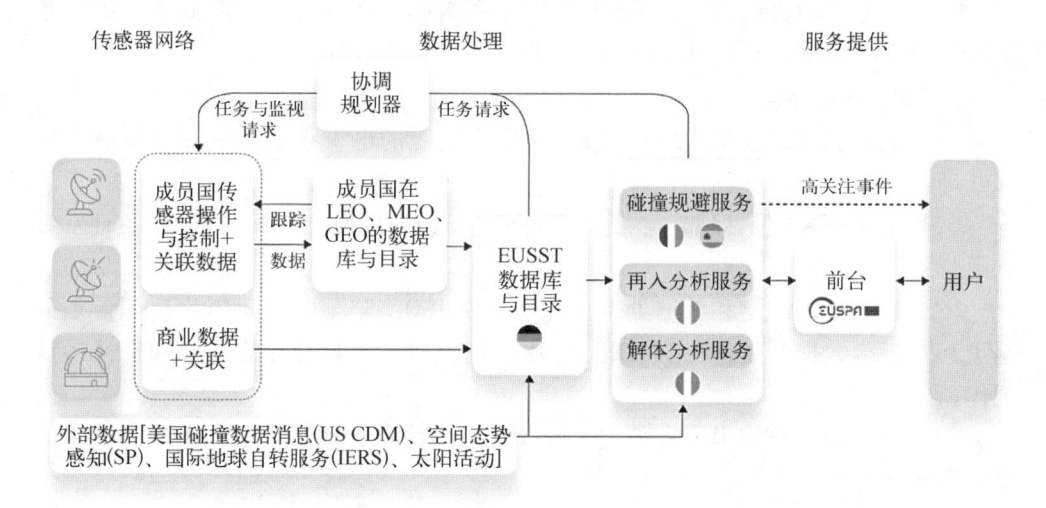

图 2-20 欧州空间监视和跟踪服务框架

传感器用于搜索和跟踪所有轨道（LEO、MEO、HEO 和 GEO）空间物体的状态。该网络目前由成员国的 44 个传感器组成,主要包括 6 套雷达设备（4 个搜索,8 个跟踪）、38 套望远镜设备（18 个搜索,16 个跟踪）和 4 套激光设备（https://www.

eusst. eu/about-us/)。

处理功能旨在通过一个通用数据库协调不同运营中心之间的数据共享,并处理来自欧盟 SST 传感器的数千个日常测量值。这些数据构成了未来将用于服务的欧盟 SST 目录的基础。德国负责托管欧盟数据库并生成未来的欧盟目录。

服务提供职能部门负责通过安全门户(SST 服务提供门户)向授权用户提供三种 SST 服务——碰撞规避(collision avoidance,CA)、再入分析和解体分析,该门户由欧盟航天计划署(European Union Agency for the Space Programme,EUSPA)管理,充当前台。超过 190 个组织正在接受这些服务,400 多颗卫星因此受到保护,免受碰撞风险。目前,法国和西班牙的运营中心负责碰撞规避服务,而意大利运营中心负责再入分析和解体分析服务。

此外,EUSST 还致力于发展监控技术,以更好地识别、分类和预测太空物体的运行轨迹。这种全面的态势感知对于规划太空任务和预防潜在的空间碎片威胁至关重要。通过引领先进的监控技术和数据共享标准,EUSST 旨在促进外空环境的有效管理,以支持未来的太空探索和利用。

EUSST 项目通过全面、跨机构的努力,愿景是成为欧洲空间交通管理系统的前导者,以建立自主的能够保护依赖通信、导航和观测等天基应用的欧洲经济、社会和公民的能力,确保太空活动的安全性、可持续性和有效性。

2.5.7　全球空间态势感知协调系统

美国商务部的太空商务办公室正在开发太空交通协调系统(Traffic Coordination System for Space,TraCSS),为全球民用和私人航天器运营商提供太空态势感知信息和服务,以支持太空飞行的安全和可持续性。该协调系统的目标是,通过与其他国家进行密切协调,致力于维持一个开放和透明的系统,减少航天器操作者接收到潜在交会事件的冲突信息的可能性。

2.6　空间碎片定轨

2.6.1　时间系统和参考系概述

描述空间碎片的轨道运动状态必须在明确的时间系统和坐标系中进行。下面分别介绍空间碎片定轨中常用的时间系统和坐标系[15]。

1. 时间系统

世界时(universal time,UT)是根据地球自转测定的时间系统。根据天文观测直接测定的世界时,记为 UT0。加上引起测站子午圈位置变化的地极移动的修正,就得到对应平均极的子午圈的世界时,记为 UT1。由于地球自转并不均匀,世界时并不是均匀的时间尺度。

原子时(temps atomique international,TAI)作为计时基准可以保证时间尺度的均匀性。原子时的初始历元规定为1958年1月1日世界时0时,秒长定义为铯-133原子基态的两个超精细能级间在零磁场下跃迁辐射9 192 631 770个周期所持续的时间。这是一种均匀的时间计量系统。全世界大约有20多个国家的不同实验室分别建立了各自独立的地方原子时。国际时间局(Bureau International de l'Heure,BIH)比较、综合世界各地原子钟数据,最后确定的原子时,称为国际原子时,简称TAI。原子钟的精度可以达到每100万年才误差1 s。这为天文、航海、宇宙航行提供了强有力的保障。

协调世界时(universal time coodinated,UTC)是一种均匀时间系统,它依据原子时,却又参考世界时,是我们日常生活使用的时间系统。从1972年起,UTC用原子时秒长发播,但要求它与UT1之差不超过0.9 s。为达到此目的,必须调整UTC的整秒数,并规定只在1月1日或7月1日零时将原子钟拨慢或拨快1 s,这就是所谓的闰秒或跳秒,在引用UTC时必须注意这一点。

2. 地球参考系

空间碎片定轨中最常用的参考系包括下列几个。

1) J2000.0参考系(J2000.0 reference system)

以地球质心为原点,历元J2000.0平赤道为$X-Y$平面,历元J2000.0平春分点为X轴指向的右手参考系。

2) 地心天球参考系(geocentric celestial reference system,GCRS)

以地球质心为原点,由2000年国际天文学联合会(International Astronomical Union,IAU)决议B1.3定义的右手参考系。

注:GCRS坐标轴指向与J2000.0参考系接近,相差约为0.02″。

3) 国际地球参考系(international terrestrial reference system,ITRS)

以地球质心为原点,地球赤道面为$X-Y$平面,本初子午线为X轴指向的右手参考系,与地球自转严格同步,是由国际地球自转服务(International Earth Rotation Service,IERS)负责定义和实现的协议地球参考系。

参考系之间的转换涉及地球自转、极移、岁差、章动效应的计算,具体可以使用IAU的基础天文标准(Standards of Fundamental Astronomy,SOFA*)库实现。

2.6.2 二体运动轨道根数

如果将空间碎片轨道运动简化为仅受到地心引力作用,并且地心引力进一步简化为质点引力,此时空间碎片轨道运动就被理想化成了二体运动。在地心天球参考系中,空间碎片的二体运动方程为

---

* http://www.iausofa.org.

$$m\ddot{r} = -\frac{GMm}{r^3}r \qquad (2-3)$$

式中，m 和 M 分别为碎片及地球的质量；G 为万有引力常数；r 和 r 分别为碎片的地心位置矢量及地心距。由此可得

$$\ddot{r} = -\frac{\mu}{r^3}r, \quad \mu = GM \qquad (2-4)$$

严格来说，地球和碎片构成的系统中，地心坐标系并不是严格的惯性坐标系，碎片的运动方程中应该加入碎片对地心（坐标系原点）的牵连加速度。但由于这一项影响非常小，也就是碎片与地球的质量比 m/M，因此没有必要考虑。

运动方程式（2-4）可以求解得出 6 个独立的积分常数，从而得到二体运动完整、封闭的分析解。求解上述微分方程的过程在很多专著中都会介绍，如文献[15]，这里仅介绍主要结论。

1. 角动量守恒

二体问题对应的运动满足角动量守恒，即碎片运动的轨道角动量守恒。这意味着碎片轨道的轨道面是不变的，由此可以确定两个定向参数，定义为轨道倾角 i 和轨道升交点赤经 Ω。同时轨道运动的角动量大小也是不变的，定义为 h：

$$h = r^2\dot{\theta} \qquad (2-5)$$

式中，r 和 θ 为空间碎片所处位置的极坐标。

2. 运动积分

在将二体运动退化为平面问题后，求解式（2-4）可以得到二体运动对应的曲线，也就是形如下式的圆锥曲线方程：

$$r = \frac{h^2/\mu}{1 + e\cos(\theta - \omega)} \qquad (2-6)$$

式（2-6）为圆锥曲线表达式，式中，h^2/μ 为圆锥曲线半通径，记为 p；e 和 ω 是两个积分常数，分别为圆锥曲线偏心率和近地点幅角（从轨道升交点起量）。圆锥曲线公式中的半通径 p 和角动量大小 h 是等价的，都可以作为积分常数。如果是椭圆运动，则半通径存在下面的关系：$p = a(1 - e^2)$，因此对于椭圆运动，可以使用椭圆半长径 a 作为积分常数，替代轨道角动量 h 或圆锥曲线半通径 p。

3. 活力公式和 Kepler 定律

由运动方程的解可以推导出下面的式子：

$$v^2 = \dot{r}^2 + r^2\dot{\theta}^2 = \mu\left(\frac{2}{r} - \frac{1}{a}\right) \qquad (2-7)$$

式(2-7)被称为活力公式,经过简单的移项很容易发现,这个式子反映的是二体运动中的能量守恒。

对于椭圆轨道,由前面的结论可以很容易验证开普勒(Kepler)定律中的第一和第二定律,并且得到单位时间扫过的面积为 $h/2$,考虑到椭圆总面积 $S = \pi ab$ 和周期 T,不难得到:

$$\frac{h}{2} = \frac{S}{T} \Rightarrow \frac{\sqrt{\mu a(1-e^2)}}{2} = \frac{\pi a^2 \sqrt{1-e^2}}{T} \quad (2-8)$$

稍加整理即可得到:

$$n^2 a^3 = \mu \Leftrightarrow \frac{a^3}{T^2} = \frac{\mu}{4\pi^2} \quad (2-9)$$

式中,n 和 T 分别为椭圆轨道的平运动角速度和周期。公式(2-9)表示轨道周期和轨道半长径的换算关系。Kepler 定律原始的结论是通过总结太阳系各行星的绕日轨道规律提出的,但这一结论对于二体问题是普遍成立的,因此空间碎片绕地球轨道也满足这样的关系。

前面的积分常数描述了二体运动下轨道的形状和指向,但是只有五个变量,但还差一个对运动本身的描述。从活力公式出发,通过引入辅助量偏近点角 E,可以得到描述二体运动下椭圆轨道任意时刻位置的方程:

$$E - e\sin E = M \equiv n(t - \tau) \quad (2-10)$$

该方程称为 Kepler 方程,式中,E 和 M 分别为椭圆运动的偏近点角和平近点角;τ 为碎片过近地点的时刻。已知 M 求解偏近点角 E 的过程可以通过简单的迭代过程实现,对于空间碎片的椭圆轨道,求解过程使用简单迭代或者牛顿(Newton)迭代法都可以。

综上,在二体运动模型下,空间碎片在一个不变椭圆上做周期运动。对椭圆轨道上运动的描述可以用六个开普勒根数表示,如图 2-21 所示。

(1) 半长轴 a:椭圆轨道长轴的一半,有时可视作平均轨道半径。

(2) 轨道偏心率 e:为椭圆扁平程度的一种量度,定义是椭圆两焦点间的距离与长轴长度的比值。

(3) 轨道倾角 i:即轨道平面与赤道平面之间的夹角,用于描述轨道的倾斜程度。

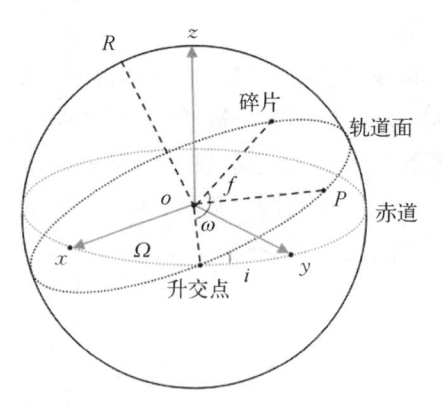

图 2-21 轨道参数

（4）升交点赤经 Ω：升交点赤经是指卫星轨道的升交点与春分点之间的角距。

（5）近地点角距 ω：是指地心—升交点矢量与地心—近地点矢量之间的夹角，决定了轨道近地点方向。

（6）近点角：几何上最容易表示的近点角是真近点角 f，表示的是从近地点矢量方向到空间碎片的位置矢量夹角。但真近点角的变化并非均匀，因此引入平近点角 M。即假设空间碎片在辅助圆上进行匀角速度圆周运动，周期与椭圆轨道运动周期相同。近地点到假设的圆周运动位置方向之间的夹角为平近点角。

2.6.3 受摄二体运动

摄动指一个天体绕另一个天体按二体问题的规律运动时，因受其他天体的吸引或其他因素的影响在轨道上产生的偏差，这些作用力与中心体的引力相比是很小的，因此称为摄动。天体在摄动作用下，其坐标、速度或轨道要素都产生变化，这种变化成分称为摄动项[16]。引起卫星轨道发生摄动的主要力学因素（图 2-22）如下[16]。

地球非球形摄动。这是由于地球质量分布不均匀造成的。地球非球形摄动包括带谐项和田谐项。带谐项用 $J_n(n=2,3\cdots)$ 表示，反映地球引力在纬度方向上的不均匀，与地球自转无关，表征了引力场沿南北方向的不均匀性；田谐项用 $J_{lm}(l=2,3,\cdots;m=1,3,\cdots,n)$ 表示，反映地球引力在经度和纬度方向上的不均匀，与地球自转相关，表征了引力场沿南北和东西方向的不均匀性。

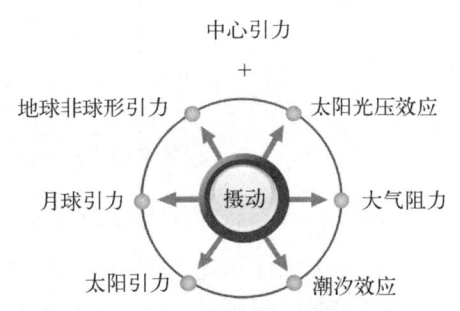

图 2-22 引起卫星轨道发生摄动的主要力学因素

潮汐摄动。潮汐摄动是地球形变造成的引力场变化，包括固体潮、海潮、大气潮、自转形变附加位。

日、月引力摄动。日、月引力的影响主要是由于太阳和月球对卫星的引力作用引起的。与地球引力场摄动一样，日、月引力摄动也属于保守力作用。

大气阻力摄动。高层大气分子与空间碎片表面撞击产生的动量交换。大气阻力摄动是导致低轨空间物体陨落的最重要因素。

太阳光压摄动。卫星受到太阳光照射时，光子与卫星产生动量交换形成作用力，称为太阳辐射压力，简称光压。

摄动力分为保守力和非保守力。空间碎片轨道运动受到的保守力产生的加速度与空间碎片本身性质无关，可以精确建模；而受到的非保守力产生的加速度与空间碎片本身性质和空间环境有关，难以精确建模。例如，大气阻力摄动加速度与空间碎片面积质量比、大气密度相关。

低轨空间碎片所受保守力产生的加速度随高度的变化如图 2-23 所示，其中纵轴加速度采用归一化单位（距离地心平均赤道半径处中心引力加速度为单位一）。

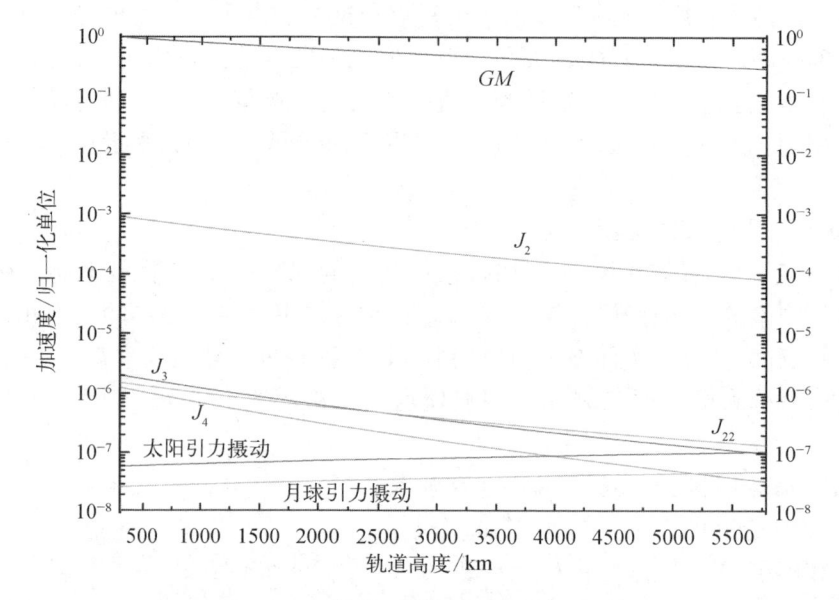

图 2-23　低轨区域保守力随高度变化

中高轨空间碎片所受保守力产生的加速度随高度的变化如图 2-24 所示。

相较于二体运动方程，受摄运动方程是一个非常复杂的非线性常微分方程组，无法得到严格解析解，在实际工作中通常采用数值和分析两种方式得到逼近的近似解。

分析表明保守力对轨道根数变化的作用包括：半长轴、偏心率、倾角周期变化；升交点赤经、近地点幅角、平近点角长期累积变化和周期变化。

非保守力对轨道根数变化的作用包括：大气阻力——所有根数具有长期累积变化、平近点角具有 t^2 项累积变化；光压——所有根数具有周期变化。

1. 数值法

数值积分（积分器）求解运动方程，常用的数值法包括单步法和多步法。

单步法：通过 t_i 时刻的状态计算 t_{i+1} 时刻的状态。特点是计算较慢，可变步长，例如龙格-库塔（Runge-Kutta）法[15]。

多步法：通过 t_{i-n+1}，t_{i-n+2}，$\cdots$，t_i 计算 t_{i+1} 时刻的状态，特点是计算较快，通常不可变步长，例如亚当斯（Adams）法。

数值法求解受摄运动方程，精度较高，但由于需要逐步积分，因此长时间预测轨道运动状态需要的计算量也较大。另外数值法计算会引入两种误差，影响精度。

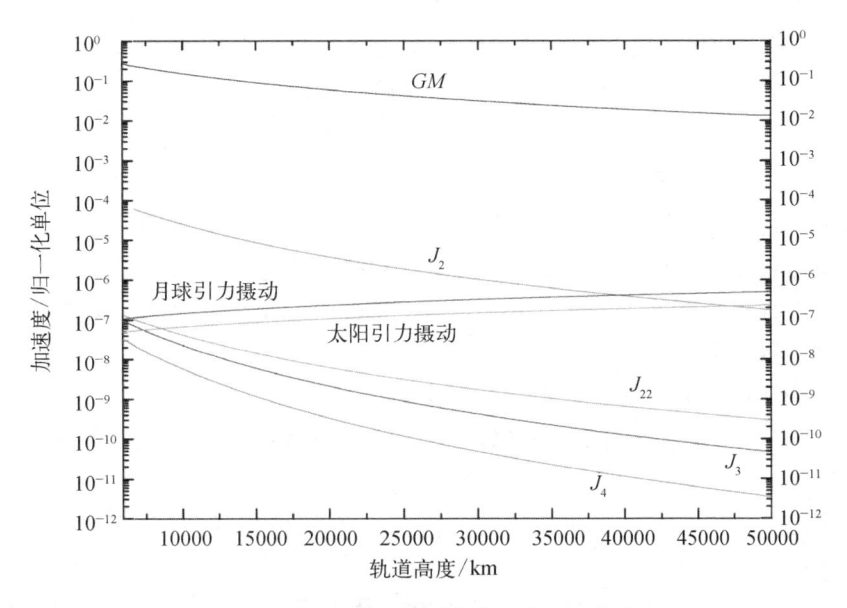

图 2-24 中高轨区域保守力随高度变化

其中截断误差是由数值积分器的阶数截断导致的误差,舍入误差是由于计算机字长导致的误差。

2. 分析法

利用摄动力远小于中心引力的特点,通过构造小参数幂级数近似解,来实现受摄运动方程的求解。由于不需要一步一步数值积分,因此分析法可以直接计算出未来任意时刻的轨道运动状态,因此计算效率比数值法高,但很难实现高精度。

对于受摄二体运动,地球中心引力和 J_2 构成的系统决定了空间碎片运动的主要部分,这个系统虽然无法像二体问题一样获得完整结果,但依然可以通过摄动法[16]、正则变换[17,18]等方法得到空间碎片轨道的小参数幂级数解[19]。不同方法在轨道状态量、解的表达等方面不完全相同,但本质都是一致的。J_2 项的摄动分析解揭示了空间碎片在一阶摄动加速度作用下最主要的变化特征,即其轨道在升交点赤经、近地点幅角和平近点角三个角度上有长期变化,表示为

$$\Omega_1 = -\frac{3J_2}{2p^2} n\cos i$$

$$\omega_1 = \frac{3J_2}{2p^2} n\left(2 - \frac{5}{2}\sin^2 i\right) \quad (2-11)$$

$$M_1 = \frac{3J_2}{2p^2} n\left(1 - \frac{3}{2}\sin^2 i\right)\sqrt{1-e^2}$$

其中,采用了归一化单位;$n = a^{-3/2}$;地球引力场扁率项系数 $J_2 = 1.0826 \times 10^{-3}$。$J_2$ 项摄动不产生对轨道半长轴、偏心率和倾角的长期项。

2.6.4 轨道确定

轨道确定:基于动力学方程,利用空间碎片轨道测量数据确定在某一时刻空间碎片轨道运动参数的过程。其中,轨道运动状态用空间碎片位置和速度矢量或可等价转换为位置和速度矢量的参数表示;在轨道确定中轨道运动参数也可包含轨道动力学模型参数。

轨道确定可以分为初轨计算和精密定轨两类。

初轨确定:不需要轨道运动参数初始值,只利用测量数据实现轨道运动参数确定的过程。

精密定轨:利用轨道运动参数初始值和轨道测量数据,对轨道运动参数进行改进的过程。

精密定轨通常采用精度较高的动力学方程和分布于多个轨道周期的观测数据,因此轨道确定精度较高。

从 20 世纪 60 年代起,定轨精度从百米级逐渐发展为分米级,21 世纪,精度提高至厘米级~毫米级。定轨精度提高的因素包括计算能力、测量精度和力模型精度。

精密定轨的输入包括空间碎片初始轨道运动参数(如开普勒根数、大气、太阳光压等效面积质量比等)和轨道测量数据。

要实现精密定轨,必须在数学上将定轨时刻轨道运动参数与观测时刻的轨道测量数据联系起来。这就涉及两个方程。第一个方程是将定轨时刻的轨道运动参数和观测时刻的轨道运动参数联系起来。第二个方程则是将观测时刻的轨道运动参数和轨道测量数据联系起来。这两个方程分别可以表示为

$$\dot{X} = F(X, t), \quad X(t_k) \equiv X_k \quad (2-12)$$

式中,X 为 t 时刻的轨道运动参数,用 n 维向量表示;X_k 为定轨时刻轨道运动参数的初始值。

$$Y_i = G(X_i, t_i) + \varepsilon_i, \quad i = 1, \cdots, l \quad (2-13)$$

式中,Y_i 为 t_i 时刻的观测量,用 p 维向量表示;ε_i 为观测量 Y_i 的测量误差。在通常情况下,式(2-12)和式(2-13)这两个方程都是非线性的,难以求解,因此需要将定轨时刻轨道运动参数和观测量用一个线性方程组联系起来。

将轨道运动参数的参考值(即先验值或初值)和真实值分别记为 X^* 和 X,当一段时间内轨道运动参数的参考值和真实值之间差别不是很大的情况下,可以将式(2-12)在轨道运动参数的参考值处进行泰勒展开,仅保留线性项,就完成了式(2-

12)的线性化过程。同样的道理,可以通过将测量方程式(2-13)在轨道运动参数的参考值处进行泰勒展开,并仅保留其中的线性项来完成对式(2-13)的线性化过程。

为了方便表达,引入两个小量:

$$x(t) = X(t) - X^*(t) \quad (2-14)$$

$$y(t) = Y(t) - Y^*(t) \quad (2-15)$$

式中,Y^* 为由轨道运动参数参考值 X^* 计算得到的观测量的理论值:

$$Y^* = G(X^*, t) \quad (2-16)$$

式(2-14)中的 x 可以称为轨道运动参数的改正值,而式(2-15)称为残差。由式(2-14)可以得到关系:

$$\dot{x} = \dot{X} - \dot{X}^* \quad (2-17)$$

将式(2-12)和式(2-13)在轨道运动参数的参考值处进行泰勒展开得

$$\dot{X}(t) = F(X, t) = F(X^*, t) + \left[\frac{\partial F(t)}{\partial X(t)}\right]^* x(t) + O(x^2) \quad (2-18)$$

$$Y_i = G(X_i, t_i) + \varepsilon_i = G(X_i^*, t_i) + \left[\frac{\partial G}{\partial X}\right]_i^* x_i + O(x_i^2) + \varepsilon_i \quad (2-19)$$

式中,符号 $[\ ]^*$ 表示括号内的函数值为自变量取 X^* 时的值。考虑到 $\dot{X}^* = F(X^*, t)$,$Y_i^* = G(X_i^*, t_i)$,并且忽略掉泰勒展开式中的高阶项得

$$\dot{x} = A(t)x(t) \quad (2-20)$$

$$y_i = \widetilde{H}_i x_i + \varepsilon_i \quad (2-21)$$

式中,

$$A(t) = \left[\frac{\partial F(t)}{\partial X(t)}\right]^*, \quad \widetilde{H}_i = \left[\frac{\partial G}{\partial X}\right]_i^* \quad (2-22)$$

至此就完成了线性化的过程。由于在线性化过程中利用了泰勒展开式,因此必须保证泰勒展开式的收敛性,这就要求轨道运动参数的参考值不能过于偏离真实值,也就是说精密定轨需要一个不太差的轨道运动参数参考值。为了得到轨道运动参数某种统计意义下的最优估计值,首先需要利用式(2-20)将定轨时刻和观测时刻的轨道运动参数改正值 x 联系起来,然后还需要利用式(2-21)将观测时刻的轨道运动参数改正值 x_i 和残差 y_i 联系起来。

精密定轨就是利用式(2-20)和式(2-21)实现定轨时刻轨道运动参数改正

值计算,并改正轨道运动参数的参考值 X^*,使其逼近真实值 X 的过程,此时测量量理论值 Y^* 逼近实测值 Y,残差 y 的统计值逼近极小值。实现精密定轨的基本流程如图 2-25 所示。

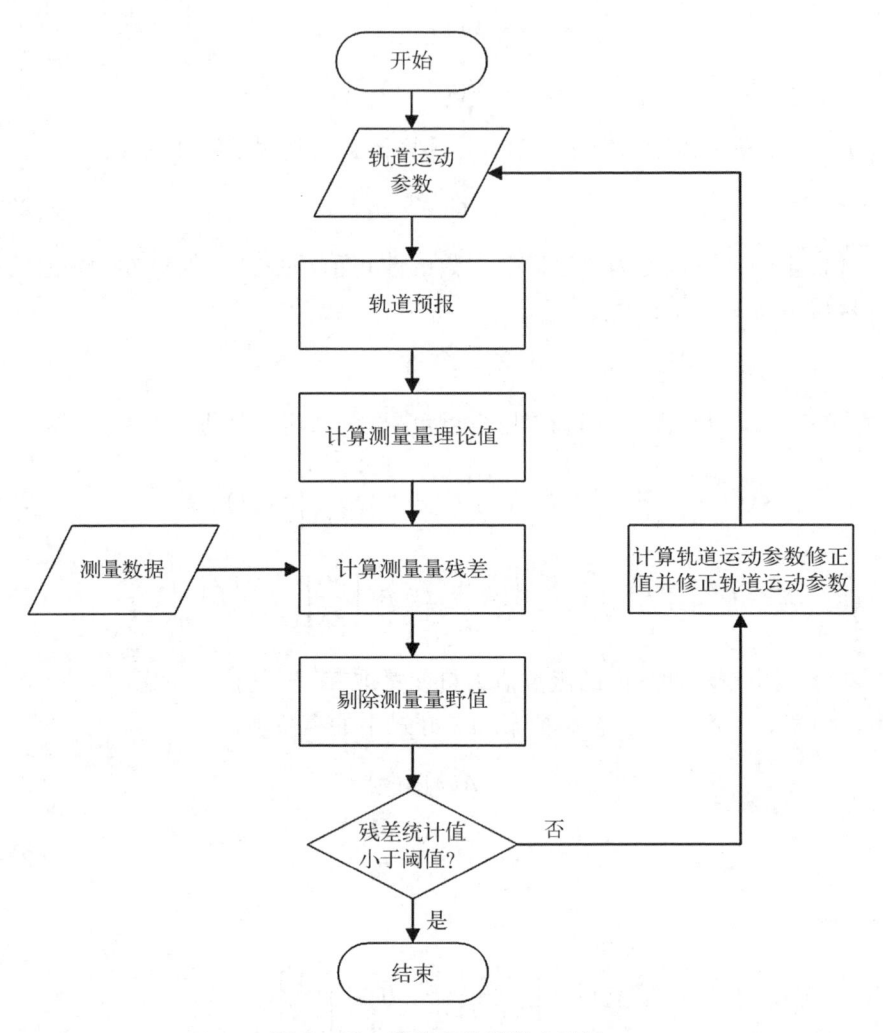

图 2-25 精密定轨的基本流程

在精密定轨的基本流程中,常用超出 3 倍测量量残差均方根作为判断测量量野值的标准。

轨道预报:以初始轨道运动参数或上一次迭代修正后的轨道运动参数为初值,求解动力学方程,计算每个测量时刻的轨道运动参数。

计算测量量理论值:根据轨道预报得到的每个测量时刻的轨道运动参数,通过测量方程,计算每个测量时刻的测量量的理论值。

计算测量量残差：将每个测量时刻的实际测量值与测量量的理论值相减，得到每个测量时刻的测量量残差。

剔除测量量野值：剔除测量量残差异常值，被剔除的测量量残差所对应的轨道测量数据不应用于精密定轨。通常情况下，被剔除的测量量残差大小明显超过了先验的或者估计的测量误差大小。

判断残差统计值小于阈值：计算测量量残差的统计值（如均方根），判断是否小于阈值或判断迭代次数是否大于预先设定的最大迭代次数（阈值的设定一般与轨道确定精度相当）。如果判断为是，当迭代次数超过设定上限，则批处理精密定轨失败，否则精密定轨成功，输出最后一次修正后的轨道运动参数。

计算轨道运动参数修正值并修正轨道运动参数：利用测量量残差，通过式(2-20)和式(2-21)，计算轨道运动参数修正值（具体会用到最优估计理论，如最小二乘估计、最大似然估计等，具体方法在轨道确定相关专著中均有详细描述，此处不再详细展开）。将轨道运动参数上一次迭代值（如果是第一次迭代则为初值）加上轨道运动参数修正值，得到修正后的轨道运动参数。

精密定轨精度主要受探测数据精度、轨道预报模型精度以及探测数据分布这三个因素影响。探测数据精度与精密定轨精度呈正相关关系。轨道预报模型精度的影响趋势与探测数据精度一致。探测数据的时间分布对精密定轨精度的影响具有两面性。当时间分布过短，如远小于一个轨道周期时，类似于通过空间碎片椭圆轨道运动中一小段探测数据来反演整个椭圆运动的特征参数，在此过程中，微小的测量误差会被放大，从而降低定轨精度。而当时间分布过长，如大于100个轨道周期，轨道预报模型难以在如此长的时间跨度内维持足够精度，引入的误差将远超测量误差，同样会导致定轨精度下降。因此，为获取理想的精密定轨精度，通常采用观测数据时间分布在合适区间，即几个至几十个轨道周期范围内的数据。

精密定轨过程最后会产生一个协方差矩阵，表征精密定轨后空间碎片轨道参数的精度，决定了空间碎片编目数据应用的置信程度。但是由于测量误差、轨道预报模型误差的定量评估目前很难做到准确，因此准确生成协方差矩阵仍然是一个难点。然而协方差矩阵在后续观测计划制定、探测识别、碰撞概率计算等过程中非常关键，因此是空间碎片领域的一个重点研究问题。

复习思考题

1. 利用光学望远镜开展低轨空间碎片通常在晨昏时段（太阳仰角0°以下，较为靠近0°附近），从空间碎片光学望远镜探测条件出发，分析其原因并作图说明。

2. 从空间碎片激光探测流程看，激光测距观测对天光、地影和天气的要求是什么？

3. 空间碎片轨道运动主要受到哪些摄动力影响？其中哪些是保守力、哪些是非保守力？初轨计算和精密定轨的主要区别是什么？

第 3 章
空间碎片编目

空间碎片编目又称编目管理,指的是按照一定的规则和标准登记空间碎片的轨道信息、物理特征信息和其他信息。编目信息是包含在轨空间碎片轨道信息的数据,可以据此预报任意时刻该碎片的位置和速度,用来评估未来空间态势。由于预报模型存在误差,随着时间增长,预报精度也会逐渐降低。要保持预报精度,必须连续探测空间碎片,根据探测数据持续更新轨道数据。广义的编目信息还包括空间碎片的其他特征信息,例如国别、尺寸、构型、质量和姿态稳定方式等。这些信息可以帮助辨认碎片类型,确定其特征。

由于空间碎片不能按照合作目标的方式去获得精确的位置数据,因此跟踪探测和编目空间碎片是件十分困难的事情。特别是空间碎片数量巨大,增加了数据处理的难度。想要在短时间内从无到有建立全部空间碎片的编目信息是不可能的,但由于空间碎片是没有机动力的,且空间碎片遵循一定的轨道运动规律,其探测数据的关联识别准确率较高,将两颗空间碎片的探测数据混淆的情况基本很少。因此还是可以在一段时间内循序渐进,逐步建立空间碎片的编目信息,实现空间碎片的编目管理。

建立全部可探测空间碎片的编目信息是一件长期而复杂的工作:等待新的探测数据,进行数据关联识别和确定轨道的工作,不断地重复循环下去,直至完成全部空间碎片的编目。值得庆幸的是大部分 10 cm 以上空间碎片的编目信息数据库已经建立了[例如美国的两行根数(Two Line Elements,TLE)数据库等],在此基础上逐步建立新发现空间碎片的编目信息数据库工作量便不是那么大了。

编目面临的较大困难是,当空间有异常事件(爆炸解体事件或碰撞事件等)发生时,会产生大量新的探测数据,空间碎片编目管理系统的数据处理压力陡增。但是由于近年来计算机技术的飞速发展,目前已经可以有效处理这类事件。

3.1 编目流程

空间碎片编目管理系统的数据处理流程(图 3-1)主要包含以下内容:

(1) 对探测数据进行关联识别；
(2) 轨道确定,更新数据库的轨道根数；
(3) 进行空间碎片物理特征(尺寸、构型、图像、姿态等)的分析处理；
(4) 制定设备的探测计划[20]。

其数据处理流程如图 3-1 所示。

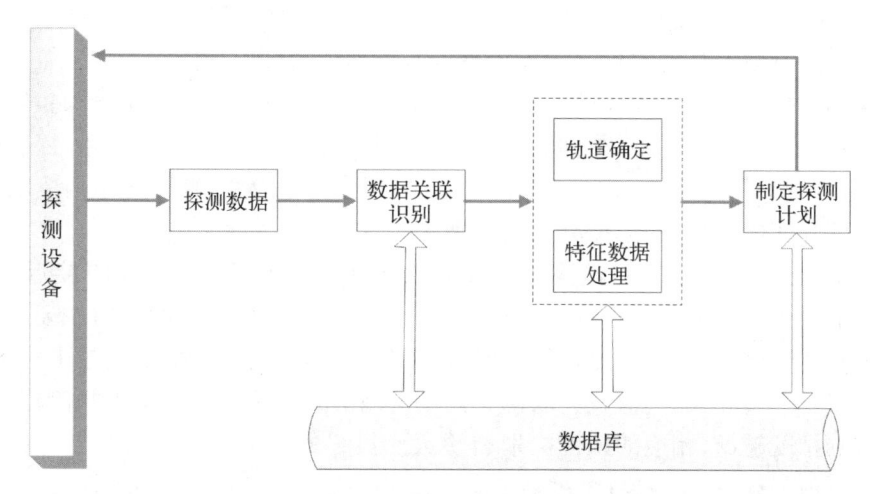

图 3-1 空间碎片编目管理系统的数据处理流程

探测数据关联识别是数据处理中的核心环节。处理方法是,基于基本编目产生理论探测数据,与实际探测数据进行比对,当比对结果满足某一阈值时,则认为探测数据与编目物体关联识别成功。该环节的关键在于关联阈值设置,阈值基于理论值与实际探测值的误差分析确定。误差取决于两个方面:① 探测设备产生的数据误差;② 轨道预报误差(包含了初值误差)。在阈值确定过程中,需要综合考虑这两个方面。

轨道确定是数据处理的重要环节。在探测数据不变的情况下,轨道根数精度依赖于轨道确定过程中使用的预报模型精度。

探测设备不但能够获得空间碎片的轨道测量数据(测角、测距、测速等),同时也能获得其物理特征探测数据。例如通过雷达设备可以获得雷达回波幅度数据,宽带雷达成像数据,通过光学设备可以获得光学成像数据,空间碎片视星等数据等。通过对特征探测数据的处理可以获得空间碎片的尺寸、形状、图像、姿态等的特征信息,用于空间碎片的辅助识别和编目的工作。

为了实现少数设备探测大量的空间碎片,制定科学的设备探测计划是极为必要的。为充分发挥设备的作用,设备之间需要进行任务划分,给每个设备制定合适的探测计划。这样能够避免探测设备产生冗余探测和遗失探测的情况,确保在有限的探测资源下,空间碎片编目管理系统能够探测和编目更多的空间碎片。

当探测数据与编目数据库的碎片关联识别失败后,则变成了关联识别失败的数据,针对这类数据的分析处理是发现空间异常事件的重要途径。

3.2 数据关联识别

空间碎片编目管理的核心内容是数据关联识别,又称目标关联,是指将获取的空间碎片探测数据与已编目空间碎片进行匹配确认的过程。

探测数据识别最基本的操作就是将已编目空间碎片轨道通过轨道预报和坐标变换过程转换成观测时刻的空间碎片观测量计算值,与空间碎片的实际探测值进行比较,当观测量的计算值与实测值"接近"的时候,认为探测数据与相应的已编目空间碎片匹配成功,完成探测数据识别。

探测数据识别最关键、最困难的就是设定判断计算值与实测值"接近"的阈值。阈值的设定需要考虑计算值和实测值的误差。其中计算值的误差主要来源于空间碎片的轨道误差,轨道更新得越慢,轨道预报期就越长,预报误差越大,计算值的误差就越大,相应的阈值就会取得更大。实测值的误差主要来源于观测误差,观测设备的精度越低,相应的阈值会取得更大。最终的判断阈值需要综合考虑计算值和实测值的误差。

如图 3-2 所示,以典型的方位角 A-仰角 E-斜距 ρ 型探测数据说明阈值的计算方法[20],其中下标 p 代表测量量预报值。

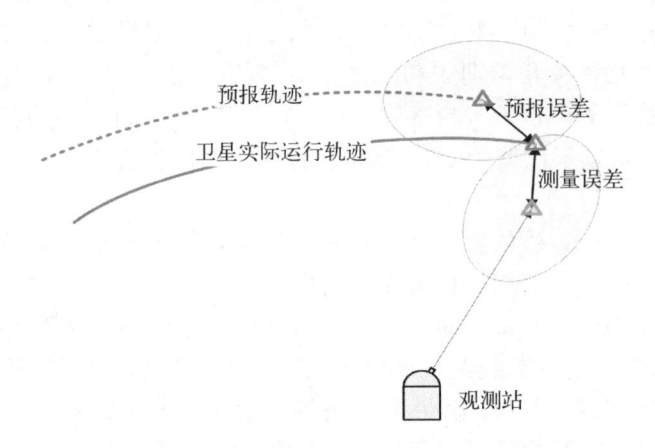

图 3-2 关联识别数据误差示意图

(1) 斜距偏差的 $\delta\rho$ 包含预报误差($\delta\rho_\mathrm{p}$)与测量误差($\delta\rho_\mathrm{obs}$)两个部分,斜距偏差的方差可以写为

$$\sigma^2_{\delta\rho} = \sigma^2_{\delta\rho_\mathrm{p}} + \sigma^2_{\delta\rho_\mathrm{obs}} \qquad (3-1)$$

即

$$\sigma_{\delta\rho}^2 = \frac{1}{\rho_p^2}(\boldsymbol{r}_p(t) - \boldsymbol{R})^{\mathrm{T}}(\boldsymbol{P}_{r_p}(t) + \boldsymbol{P}_R)(\boldsymbol{r}_p(t) - \boldsymbol{R}) + \sigma_{\delta\rho_{\mathrm{obs}}}^2 \quad (3-2)$$

式中，r_p 为碎片的预报位置；R 为测站的位置；$\boldsymbol{P}_{r_p}(t) = \boldsymbol{E}\begin{bmatrix} \delta x \\ \delta y \\ \delta z \end{bmatrix}[\delta x \quad \delta y \quad \delta z]$ 为预报位置的协方差矩阵；$\boldsymbol{P}_R = \boldsymbol{E}\begin{bmatrix} \delta X \\ \delta Y \\ \delta Z \end{bmatrix}[\delta X \quad \delta Y \quad \delta Z]$ 为测站位置的协方差矩阵，两个协方差矩阵由定轨产生的初始协方差矩阵预报得到。

（2）方位角偏差 δA 包含预报误差（δA_p）与测量误差（δA_{obs}）两个部分，方位角偏差的方差可以写为

$$\sigma_{\delta A}^2 = \sigma_{\delta A_p}^2 + \sigma_{\delta A_{\mathrm{obs}}}^2 \quad (3-3)$$

$$\sigma_{\delta A}^2 = \frac{\partial A_p}{\partial r_p}(\boldsymbol{P}_{r_p}(t) + \boldsymbol{P}_R)\left(\frac{\partial A_p}{\partial r_p}\right)^{\mathrm{T}} + \sigma_{\delta A_{\mathrm{obs}}}^2 \quad (3-4)$$

（3）同理，仰角偏差的方差为

$$\sigma_{\delta E}^2 = \sigma_{\delta E_p}^2 + \sigma_{\delta E_{\mathrm{obs}}}^2 \quad (3-5)$$

$$\sigma_{\delta E}^2 = \frac{\partial E_p}{\partial r_p}(\boldsymbol{P}_{r_p}(t) + \boldsymbol{P}_R)\left(\frac{\partial E_p}{\partial r_p}\right)^{\mathrm{T}} + \sigma_{\delta E_{\mathrm{obs}}}^2 \quad (3-6)$$

获得了方位角、仰角和斜距的偏差方差后，再计算得到其标准差 $\sigma_{\delta A}$、$\sigma_{\delta E}$ 和 $\sigma_{\delta\rho}$，然后计算得到探测值与理论值的差值 Δ_A、Δ_E 和 Δ_ρ，最终通过比较标准差 σ 与差值 Δ 的关系进行探测数据关联识别的判定工作。

在编目系统的实际运行中，计算值的误差通常很难准确估计，有时会取经验值。例如根据某一特定轨道高度的空间碎片预报特定时长的轨道误差经验值估算探测数据计算值的误差。另外当采用无协方差信息的轨道根数进行关联识别时，可采用历史统计误差作为预报误差。

探测数据识别过程存在未关联和多关联的问题。未关联是指没有任何一个已编目碎片与探测数据匹配成功。造成未关联的原因有两种，一种是设定的匹配阈值过小，另一种是探测数据对应的确实是一个尚未编目的空间碎片。面对前一种情况，需要改进阈值的设定，后一种情况则需要启动新碎片编目流程，将在下一节描述。造成多关联问题的原因主要是有多个空间碎片进入了匹配阈值范围内。这

种情况难以避免,但是可以通过采用更小阈值的方式来降低多关联发生的概率。前面提到阈值与预报误差、观测误差有关,并且通常情况下预报误差占主导。因此为了降低多关联情况发生的概率需要提高空间碎片的轨道更新率,减小预报期,降低轨道预报误差。空间碎片分布越密集,多关联发生的概率就越高,就越需要通过提高轨道更新率来降低匹配阈值。监测数据的关联流程如图3-3所示。

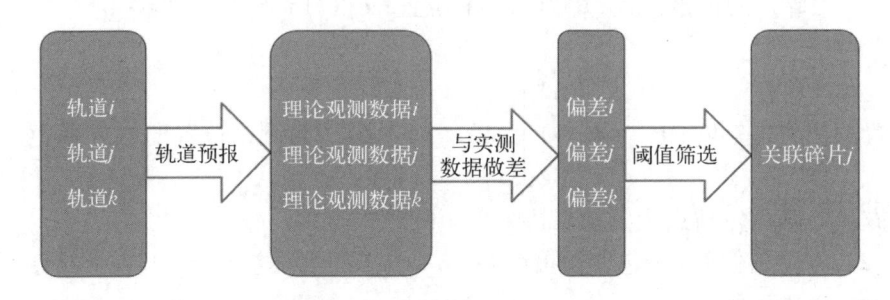

图3-3 监测数据关联流程

现实中出现关联异常的情况主要包括:

(1)卫星变轨或者碎片碰撞后的轨道突变,后续观测数据无法识别,被误认为是新目标;

(2)异常空间环境变化导致大量碎片轨道异常,降低监测数据识别率导致轨道无法更新,例如1989年3月13日发生了地磁指数(AP)陡增的情况,导致高层大气密度分布出现异常,空间碎片轨道出现异常,编目碎片监测数据识别率严重下降,编目轨道无法更新,编目系统接近瘫痪,如图3-4所示;

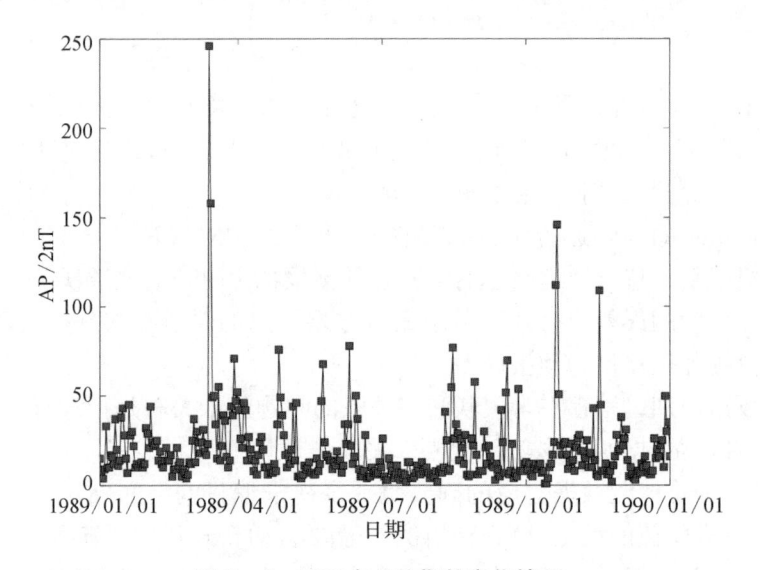

图3-4 1989年AP指数变化情况

（3）碎片的空间密度高，容易出现碎片间轨道相近，导致数据识别率下降。

3.3 编 目 更 新

对空间碎片编目数据最常做的操作就是将编目轨道预报至当前和未来一段时间，当编目数据对应的轨道时刻距离当前时刻越远的时候，轨道预报期就越长。空间碎片的轨道运动所对应的动力系统是不稳定的，轨道参数中很小的初始值误差会随着时间的推移而放大。与此同时，空间碎片的轨道运动模型也存在误差，同样会造成轨道参数的误差随时间推移而放大。为了抑制轨道误差随时间的放大效应，需要不断利用探测数据修正空间碎片的轨道，以保持已编目空间碎片的轨道精度。空间碎片编目对轨道精度的最基本要求就是保证空间碎片可观测和可识别。

1. 已编目空间碎片可观测要求

无论是雷达、望远镜还是激光测距设备在对空间碎片实施跟踪探测时都需要对空间碎片的运动进行预报，依据预报得到的引导数据实施跟踪观测操作，包括调整探测指向、设置探测距离门限等。如果预报精度误差过大导致空间碎片没有进入设备预设的探测区域，将会导致探测失败。可观测要求空间碎片的轨道参数精度能够保证预测的空间碎片位置、速度满足跟踪探测设备对捕获探测目标的要求。不同的设备对精度要求不同，以望远镜为例，小视场的望远镜对精度要求就比较高，大视场的望远镜对精度要求就比较低，但都是需要保证空间碎片位置精度能够保证其进入望远镜的视场。

2. 已编目空间碎片可识别要求

空间碎片识别又可称为目标关联，是指将探测得到的空间碎片数据与已编目空间碎片信息进行匹配、确认的过程，以确认观测的空间碎片身份。只有正确地识别，才能够实现正确的编目数据更新。目前识别已编目空间碎片的最有效手段是轨道参数。除轨道参数外，其余参数如反射截面、光谱等由于不确定性较大因此只能作为辅助信息用于空间碎片识别。空间碎片的可识别要求空间碎片的轨道误差不能够达到与其他邻近轨道空间碎片的轨道无法辨别的情况。在空间碎片比较密集的区域，可识别性对轨道精度要求较高。空间碎片编目系统稳定运行的关键就是要保证足够高的关联识别成功率。

已编目空间碎片的编目数据更新涉及观测计划制定、观测任务执行、原始观测数据处理、探测数据关联识别、精密定轨 5 个环节。观测任务执行和原始观测数据处理主要是设备端做的事情，对编目系统的影响是局部的。观测计划制定、探测数据关联识别和定轨这 3 个环节涉及整个编目系统的效能，影响是全局的，其原理分别详见 2.5 节、3.2 节和 2.6 节。

3.4 新碎片的编目

空间碎片观测过程中会发现新的空间碎片,更准确的说法是发现未编目空间碎片。新碎片的来源主要是两种。第一种是由于新的航天活动产生的或原有空间碎片解体产生的新碎片。第二种是原本就在外空运动,但是对其进行观测后,发现但尚未有编目的空间碎片能与其对应。在实际空间碎片编目过程中除非发生严重的解体事件或开展了一箭多星的发射,大部分情况下"新碎片"来源于第二种。尤其是在新的观测设备或者观测和数据处理方法启用之后,空间碎片观测能力的提升会发现大量原本未编目的空间碎片[21]。

由于无法提前获取新碎片的准确轨道参数,因此新碎片通常是在观测设备执行搜索任务的过程中发现的。具体的发现流程如图 3-5 所示。

图 3-5 新碎片的发现流程

结合 3.3 节描述的编目数据更新过程可以看出,无论是编目数据更新还是新碎片编目数据处理的第一步就是探测数据识别。对成功关联识别的数据,通过精密定轨完成编目数据更新;对未关联识别的数据,通过未关联数据处理过程完成新碎片的发现确认,进而实现编目。其中新碎片编目是提高空间碎片编目数量,提升空间碎片编目数据完备性的关键。下面重点就未关联数据处理过程进行简要描述。

3.4.1 未关联数据处理

未关联数据处理的是一段一段的观测数据。这些未关联数据通常时间跨度较短,这是因为这些数据大多是在搜索观测任务中产生的,而搜索任务通常是按照既定的任务时序执行的,因此探测数据时长由新碎片在探测设备视场中停留的时间长短决定,对于一般的探测设备这个时间长度通常为几十秒至几分钟,对于高轨会持续更长时间,但相对于空间碎片的轨道运动周期而言,未关联数据的时间跨度都是很小的,一般不足轨道周期的十分之一。

空间碎片编目是要精确确定其轨道,因此需要累积足够长时间跨度的观测数据,完成精密定轨。对于新碎片编目,面临两个问题。第一个问题,精密定轨需要新碎片的轨道参数初值,才能完成轨道参数的修正;第二个问题,未关联数据处理面对的是许多段短时长的观测数据,无法直接通过精密定轨过程精确确定空间碎片轨道。

作为精密定轨输入的轨道参数初值可以通过初轨确定获得。这是因为初轨确定可以实现在没有任何轨道参数先验信息的情况下计算轨道的初始值。与精密定轨相比初轨确定所需观测数据时长较短,计算得到的轨道参数精度较低。初轨确定有许多方法,具体可以参考相关的轨道理论教材,这里不进行详细阐述。在未关联数据处理中,可以将每一段未关联数据通过初轨计算处理成对应的初始轨道,作为后续精密定轨的初始值。

3.4.2 未关联数据的识别

精密定轨除了需要初始轨道作为输入,还需要时间跨度比较长的同一个空间碎片的观测数据。因此要从大量未关联数据中识别出属于同一个碎片的观测数据,组合成长时间跨度的观测数据用于精密定轨。未关联数据的识别过程同样是要基于初始轨道。在众多未关联数据对应的初始轨道中找出轨道相近的组合,尝试用对应的未关联数据进行精密定轨,如果定轨成功,则可以初步认定为新碎片。后续需要根据精密轨道对新碎片进行跟踪观测的验证,如果能够对这个新碎片进行稳定的跟踪观测,则完成了新碎片的编目工作,如图3-6所示。

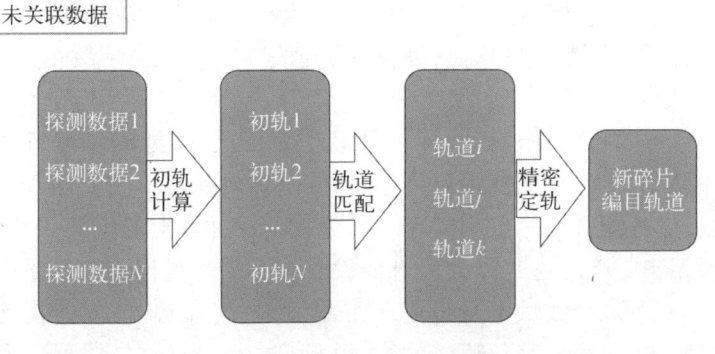

图3-6 新碎片编目的流程

这个过程的难点就是通过初始轨道识别属于同一空间碎片未关联数据。因为初始轨道存在比较大的误差,因此识别阈值较大,会导致经常出现将不同碎片的初始轨道识别为同一碎片。这种情况在解体事件,或者一箭多星发射的情况下,非常容易出现。最极端的情况是在两颗卫星相撞的时候,产生数千个新碎片,即使用目前最完善的空间碎片编目系统,也需要几年才可以基本完成解体碎片的编目。例如,2009年发生的美国铱星-33和俄罗斯宇宙-2251之间的碰撞解体事件产生了 2 269 个空间碎片，NASA 于一周完成首批几十个编目，两年内完成 1 800 个碎片编目。

新碎片编目如果能够与监测网高效联动，基于初轨计算结果对观测到的未编目空间碎片进行后随观测，则可以显著拉长未编目空间碎片观测数据的时长，从而确定出更精确的轨道，提高同一未编目碎片数据的识别正确率，达到提高编目效率的目的。后随跟踪流程简要阐述如下：

（1）发现未关联数据，利用未关联数据确定初始轨道；

（2）调用跟踪设备对未关联数据对应的空间碎片进行后随跟踪，积累长弧段的监测数据；

（3）通过初轨计算或者精密定轨获得较高精度的新碎片轨道；

（4）新碎片轨道预报，安排多圈跟踪。

3.5　编目能力指标

概要地评价空间碎片编目的水平，可以从编目数量、编目尺寸和编目精度 3 个方面进行。

1. 编目数量

编目数量指编目系统能够稳定持续更新的空间碎片数量。一个编目系统的编目数量是动态变化的。编目数据的更新依赖于空间碎片监测能力、数据处理系统的处理能力。编目系统稳定编目的空间碎片数量，是衡量一个编目系统优劣的重要指标，一般来说，编目数量越大，编目系统越好。

2. 编目尺寸

编目尺寸可以有两种理解。一种是最小编目尺寸，指的是编目数据库中最小的空间碎片尺寸；一种是完备编目尺寸，指的是该尺寸以上的空间碎片均被稳定编目。很显然，完备编目尺寸更难实现。因为特定尺寸以上的空间碎片具体有多少，多数情况下无法回答。这是因为一方面没有统一的客观标准来衡量空间碎片的正式尺寸，另一方面这个数量本身也由于卫星发射、碎片解体、陨落在不断变化。所以在实际工作中，即使是完备编目尺寸，也只是"大致的"，具体可以通过空间碎片监测网能力和实际编目数量来综合得出。

3. 编目精度

空间碎片编目精度是指编目数据库中轨道的精度，直接影响空间碎片观测、编目和预警。空间碎片观测计划的制定依赖编目轨道，其精度会影响观测计划的引导精度。精度过低，会造成空间碎片实际位置偏出了探测设备的视场，造成探测失败。编目中探测数据识别也依赖于轨道精度，轨道精度差，需要放宽识别阈值才能够识别成功，但过宽的阈值又会导致将一个空间碎片探测数据与多个编目碎片识别关联的概率增加,使得编目系统的识别正确率降低,威胁系统稳定性。预警中,计算危险交会关系,评估碰撞风险也依赖于编目轨道,过低的轨道精度会导致预警精度不高,难以为卫星提供准确的规避决策建议。

从上述分析可以看出真正关键的编目精度是指轨道预报精度。在观测计划制定和探测数据识别中关心的是编目轨道预报至探测时刻的精度,在预警中关心的是编目轨道预报至危险交会时刻的预报精度。

预报精度受到三个方面影响:初始时刻轨道精度、预报模型精度和预报时长。

初始时刻轨道精度,即精密定轨精度,受到探测数据精度、探测数据时长和定轨模型精度的影响。前两者由监测网能力决定,定轨模型精度主要由其中的轨道模型精度决定,由于定轨和预报通常采用相同的轨道模型,因此对于编目系统而言轨道模型是决定编目精度的核心。从技术上来说,当前的计算能力,大多数编目系统均能够实现非常精确的保守力计算,因此轨道模型精度主要受限于非保守力精度,尤其是低轨空间碎片所受到的大气阻力精度。

在初始时刻轨道精度和预报模型精度一定的情况下,轨道预报期越长预报精度越低。为此,必须定期对已编目的空间碎片进行观测和编目更新,才能够保持一定的编目精度,保证编目系统的稳定和预警的精度。因此平均编目更新周期是常被用到的,表征平均预报时长指标。

3.6 轨道数据标准

空间碎片编目最终体现为一系列空间碎片的轨道数据。每个空间碎片在某一时刻的轨道参数的定义和数据表现形式,国内外遵循不同的数据标准。在使用的时候,必须加以关注,避免因对标准的理解偏差引入额外的误差甚至错误。

3.6.1 空间物体轨道数据规范

《空间物体轨道数据规范》[22](简称轨道数据规范)是我国 2023 年发布、2024 年实施的国家标准(GB/T 43223—2023)。轨道数据规范定义了在 UTC 和 GCRS 时空坐标系统中轨道运动参数的规范化表示形式:采用经典开普勒根数作为基本轨道信息数据,轨道半长轴、轨道偏心率、轨道倾角、轨道升交点赤经、近地点幅角和平近点角;采用瞬时根数则避免了不同系统对平均根数定义以及剔除短周期项算法模型不一致的问题。轨道数据规范各字段格式保留位数按照米级精度为基准进行设计。具体数据格式定义如表 3-1 所示。

表 3-1 人造空间物体轨道数据规范格式

列号	数据项	表征代号	格式	格式说明	示例
1	空间物体的编号	DESIGNATOR	a7	占位七位，采用数字和英文字母字符表示。不足 7 位左侧高位补 0。无特殊字符时的默认为绕地空间物体轨道，若编号中的前两个字符为特殊字符则表示中心天体为其他相应天体，支持的特殊字符含义见表 3-2	"0048274"表示某绕地空间物体的编号
2	国际空间研究委员会编号	COSPAR_ID	a11	采用 COSPAR_ID 与国际其他机构发布的空间物体轨道数据相对应。前四位数字表示的发射年份；"-"后表示当年的发射编号，字母表示该批次发射物体的序号。若位数不足 11 位则在左侧补空格。若没有该编号则置空	"2021-035A"，表示 2021 年第 35 次发射中第 1 颗物体
3	轨道历元	EPOCH	a20	格式为：YYYYMMDDTHHMMSS.SSSS，依次表示：YYYY 为年份；MM 为月份；DD 为日期；T 为分隔符；HH 为时；MM 为分；SS.SSSS 为秒；不足位补 0	"20221228T080000.8643"表示 2022 年 12 月 28 日 08 时 00 分 00.864 3 秒
4	轨道半长轴	SEMIMAJOR_AXIS	f13.6	单位：km；占位 13，小数点保留后 6 位	"6772.415812"表示 6 772.415 812 km
5	轨道偏心率	ECCENTRICITY	f10.8	无量纲，占位 10，小数点后保留 8 位	"0.00143327"
6	轨道倾角	INCLINATION	f10.6	单位：(°)，占位 10，小数点后保留 6 位	"41.610351"表示 41.610 351°
7	升交点赤经	RA_OF_ASC_NODE	f10.6	单位：(°)；占位 10，小数点后保留 6 位	"117.242333"表示 117.242 333°
8	近心点幅角	ARG_OF_PERICENTER	f10.6	单位：(°)；占位 10，小数点后保留 6 位	"168.585556"表示 168.585 556°
9	平近点角	MEAN_ANOMALY	f10.6	单位：(°)，小数点后保留 6 位	"13.081556"表示 13.081 556°
10	大气阻力参数	ATMO_DRAG_PARAM	f11.8	单位：m^2/kg，占位 13，小数点后保留 8 位	"0.00194699"表示 0.001 946 99 m^2/kg，小于 10^{-8} 取 0.000 000 00
11	太阳辐射压参数	SOLAR_RADI_PARAM	f11.8	单位：m^2/kg，占位 13，保留小数点后 8 位	"0.00292048"表示 0.002 920 48 m^2/kg，小于 10^{-8} 取 0.000 000 00

续 表

列号	数据项	表征代号	格式	格式说明	示 例
12	新发现物体的临时编号	NEWOBJ_TempID	a12	可选元素,新发现物体的临时编号,占位12位字符,两位字符表示发现者,接着三位字符表示设备名称或编号,后六位表示编目序号	"ZKXXX-123456" ZK表示发现者,XXX设备名称或编号,123456序号,不足时左侧高位补0

注1：表中 a 表示字符,如 a10 表示 10 个字符;f 表示浮点数,如 f10.6 表示总占位长度 10,小数点后保留 6 位,位数不足时在前面补 0。

注2：COSPAR_ID 中末尾字母,以 24 个英文字母为顺序(去掉 I、O),每超过 A 则首位字母递增 1,比如 2021-035A,表示 2021 年第 35 次发射的第一颗空间物体,2022-037AC,表示 2022 年第 37 次发射中的第 27 个空间物体。

注3：新发现物体的临时编号在获得永久编号前,由发现者按照规范自主编号,获得永久编号后,临时编号数据项成为可选。

注4：若某浮点数超过规定格式可表示的范围,则减少小数点后的保留位数,例如半长轴指定格式为 f13.6,当其数值为 1 234 567.123 451 km 时,字长超过 13 位,则改用 f13.5 表示为 1 234 567.123 45。

注5：特殊物体编号,对于绕火星、金星、月球运行与绕太阳飞行航天器的轨道,编号规则是前两个字母标注中心引力天体,紧接数字编号,比如 HX12345,指的是火星轨道第 12 345 个航天器,规则如表 3-2 所示。

表 3-2　编号中特殊字符的定义

字　符	中心天体
TY	太阳
JX	金星
HX	火星
YQ	月球

具体示例如图 3-7 所示。

```
0048274 2021-035A 20221228T080000.8643 6772.415812 0.00143327 41.610351 117.242333 168.585556 13.081556 0.00194699 0.00292048
DESIGNATOR COSPAR_ID  EPOCH              SEMI_MAJOR_AXIS ECCENTRICITY INCLINATION RA_OF_ASC_NODE ARG_OF_PERICENTER MEAN_ANOMALY ATMO_DRAG_PARAM SOLAR_RADI_PARAM
```

图 3-7　空间物体轨道数据规范示例

为保证高质量地使用数据,数据中考虑了大气阻力和太阳辐射压涉及的动力学参数,其中大气阻力参数定义为空间物体在轨飞行受大气阻力影响的大气阻力系数与有效面质比的乘积,太阳辐射压动力学参数定义为空间物体在轨飞行表面受太阳辐射的综合反射系数与有效面质比的乘积。

3.6.2　美国两行根数

美国的空间碎片编目库是目前应用最广泛的编目数据源,通过 Space-Track.org

网站进行公开的编目数据发布[23]。编目库的轨道数据以两行根数的形式呈现。两行根数中包含的空间碎片轨道运动参数所定义的坐标系,$x-y$ 平面和 x 轴指向分别为轨道历元对应的真赤道面[过地心且垂直于天球历书极(celestial ephemeris pole,CEP)和地心连线的平面]和平春分点。轨道运动参数并不直接反映空间碎片轨道时刻的瞬时运动状态,而是去除了轨道根数主要短周期变化的"平均"轨道根数。

TLE 数据平根数和密切轨道要素之间的转换是在真赤道,平春分点坐标系(true equator mean equinox,TEME)下进行的,与经常使用的 J2000.0 惯性坐标系之间还有如下的转换关系。

$$r_{mod} = [\text{ROT3}(-z)][\text{ROT2}(\theta)][\text{ROT3}(-\zeta)]r_{J2000.0} \tag{3-7}$$

$$r_{teme} = [\text{ROT3}(\Delta\Psi\cos(\varepsilon))][\text{ROT1}(-\varepsilon)][\text{ROT3}(-\Delta\Psi)][\text{ROT1}(\bar{\varepsilon})]r_{mod} \tag{3-8}$$

式中,$r_{J2000.0}$ 为 J2000.0 惯性系中的状态变量;r_{mod} 为瞬时平赤道平春分点坐标系;r_{teme} 表示真赤道平春分点坐标系;Z、θ、ζ 为岁差参数;$\Delta\Psi$ 为黄经章动;ε 为黄赤交角;$\bar{\varepsilon}$ 为平黄赤交角。

格式如图 3-8 所示。

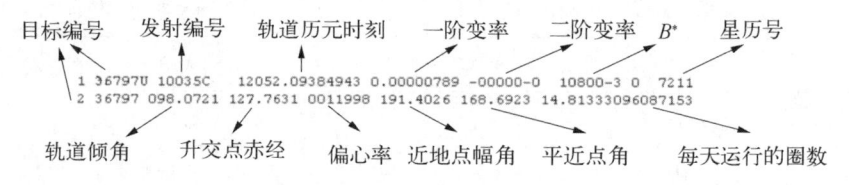

图 3-8 两行根数的格式定义

图 3-8 中,一阶、二阶变率指的是空间碎片平均运动角速度的变率,B^* 指的是大气阻力系数(事实上也起到补偿轨道模型误差的作用),对外公开的两行根数可以通过 Space-Track.org 的官方网站下载。利用两行根数数据和 SGP4/SDP4 预报模型[19,23](SGP/SDP 即 simplified general perturbations/simplified deep space perturbations,分别为简化一般摄动/简化深空扰动模型),可以得到空间碎片在任意时刻的运动状态。由于美国编目库空间碎片数量多、更新稳定因此被世界各国广泛应用在空间碎片预警中。但是由于信息公开的限制,公开的轨道数据以及与之相适应的预报模型精度均不高,无法支撑准确判断空间风险。

3.7 美国编目系统的现状

美国空间碎片编目系统经过近 60 年的发展,目前已经建立了较为完善的体

系,其核心能力如下:

(1) 每天监测和处理 40 万条目标观测数据;

(2) 每 8 h 对 22 000 多个空间物体进行一次轨道确定和更新工作;

(3) 制定并传输 20 万个空间监测网的监测任务;

(4) 对数值法编目 20 000 个物体中筛选分析 1 000 个活跃有效载荷,并分析处理 30 个详细的交会评估事件;

(5) 每小时向 370 个用户提供 6 700 条数据信息;

(6) 通过网站向普通用户提供空间碎片编目信息和预警服务[24]。

美国空间碎片编目系统的发展目标如下:

(1) 空间碎片的探测能力从 10 cm 提高到 2 cm,编目管理的数量从 2 万多个增加到几十万个;

(2) 实时处理空间目标探测数据;

(3) 每天处理 3 000 000 条观测数据;

(4) 3 h 内能够评估 100 000 个编目目标的碰撞风险;

(5) 精确获取空间目标更多物理特征信息。

美国空间碎片编目系统的发展主要依赖于监测技术、数据处理技术和系统集成技术等三方面的进步。

3.7.1 美国编目数据处理体系

美国编目处理系统经过多年的发展,逐步形成了以软件为依据的数据处理标准体系:

(1) 简化一般摄动(simplified general perturbations, SGP4)法:分析法轨道预报模型;

(2) 特殊摄动(special perturbation, SP)法:数值法轨道预报模型;

(3) 批处理微分改正(batch differential correction, BATCHDC):采用跟踪数据,利用 SP/SGP4 预报模型,根据最小二乘批处理理论确定空间碎片的轨道;

(4) 低轨道高度运动目标检测(low-altitude moving object detection, LAMOD):利用 SP/SGP4 预报模型计算探测器(地基或天基)的可视条件;

(5) AOF:利用 SP/SGP4 预报模型计算卫星对某一特定区域的观测时间段;

(6) 视场(field of view, FOV):计算卫星经过地基设备探测空域的时间段;

(7) 轨道最近距离计算(computation of miss between orbits, COMBO):利用 SP/SGP4 预报模型计算两颗卫星之间的最近距离;

(8) 目标和观测数据关联(report/observation association, ROTAS):探测数据与编目目标进行关联识别;

(9) 序贯处理微分改正(sequential differential correction, SEQDC):利用序贯

最小二乘理论根据一个或者多个数据点以及协方差信息计算空间碎片的轨道。

探测数据关联识别是数据处理中的核心问题。目前美国空军太空司令部(Air Force Space Command, AFSPC)采用的数据识别方法是非统计性的固定门限阈值的识别方法(ROTAS)。在目前的空间碎片常规数据处理系统中 ROTAS 运行得比较成功，但是当面对 LEO 解体事件、GEO 目标群，以及未来更多小碎片的情形时，ROTAS 的运行效果并不明显，因此需要新的数据识别方法。另外，未关联数据(uncorrelated tracks, UCTs)数据之间的关联也是需要重点关注的问题。

3.7.2 美国编目系统的发展

面对空间碎片数量快速提升、卫星在轨碰撞威胁逐年增加的趋势，为保障外空活动安全，美国编目系统从 2010 年开始进行一系列重要升级，主要包括如下几个方面：

（1）算法改进：对精密定轨、轨道不确定性评估等一系列关键算法进行改进升级；

（2）可持续性升级的软件架构：在软件架构设计上，重视模块化设计，以实现整个系统的可持续性升级，做到关键算法可以快速、安全地进行升级；

（3）大规模并行计算效率提升：从系统开发和软硬件集成等方面，提升系统的大规模并行计算效率，以适应观测数据量显著增加、碰撞事件感知应对时效要求更高等方面的需求；

（4）增加对多源数据的兼容性：增加对卫星用户/操作者等外部系统数据接收和处理的兼容性，扩大编目系统输入的数据源；

（5）加强人工智能技术的应用：通过在关键计算环节引入对人工智能新技术应用，显著提升系统的自动化运行程度和效率。

3.8 欧空局空间碎片编目系统

欧空局空间碎片编目系统具体分为三个部门：

（1）空间监视与跟踪(space surveillance and tracking, SST)部门：空间监视与跟踪；

（2）空间天气(space weather, SWE)部门：监视太阳和太阳风以及地球磁层，电离层和热层的状况；

（3）近地天体(near Earth object, NEO)部门：近地天体监测预警。

ESA 的 SST 的任务是系统探测、编目空间碎片，并确定及预报它们的轨道[24]。

SST 部门的核心是更新编目空间碎片，包含监测到的物体的轨道和物理特性。其处理流程如下：

（1）监测数据与已编目物体相互关联；

（2）根据监测数据确定（如果监测到新物体）或更新（对于目录中已有的物体）轨道（确定轨道）；

（3）关注编目数据以定期安排新监测任务；

（4）交会预测：在运行中的航天器与空间碎片之间发出潜在碰撞警告；

（5）解体监测：确定何时发生解体事件，无论是由于碰撞还是由于爆炸（可能是由于废弃的火箭级仍包含燃料或已充电的电池引起的），并估算碎片云的演变以及相关风险；

（6）再入预测：确定轨道寿命并计算再入日期和轨迹。

3.8.1 SST 的核心软件和指标

ESA 的 SST 核心软件包括：后端数据处理软件和前端服务软件。

（1）后端数据处理：监测数据到轨道数据的处理软件、计划软件和数据库。

（2）前端服务：再入预报软件、解体分析软件、交会预测软件、编目查询和管理软件。

SST 的核心指标如下。

（1）编目管理系统能够提供所有可能与欧洲空间资产发生灾难性碰撞的空间碎片编目信息，编目管理系统必须以 98% 的概率覆盖 2 000 km 高度轨道以下直径 32 cm、1 000 km 高度轨道以下直径 8 cm、800 km 高度轨道以下直径 5 cm 的物体。

（2）编目管理系统应提供近地空间中所有有效载荷、火箭上面级以及与任务有关的物体编目信息。该系统必须以 98% 的概率覆盖 GEO 和 MEO 中约 50 cm 的物体大小。

（3）编目系统轨道预报的准确性应与空间碎片威胁碰撞预警的精度要求相兼容。48 h 预报，1σ 位置误差应小于（径向×横向×垂直于轨道）：

(a) 对于 LEO：40 m×200 m×100 m；

(b) 对于 MEO：600 m×3 000 m×1 500 m；

(c) 对于 GEO：2 500 m（所有方向）。

（4）编目系统针对重大轨道事件（发射、碎片等）能够提供应急支持和及时警告。系统应快速监测和编目新发射的对象：LEO 空间碎片进入轨道 24 h 内，MEO/GEO 空间碎片进入轨道 72 h 内。

（5）编目系统应提供任务相关的空间碎片特征信息和其他支持。系统应能够监测大于 5 mm/s 大小的卫星脉冲机动。系统应能够区分卫星受控和非受控姿态模式。

3.8.2 SST 的功能架构和组成

SST 的功能架构与数据流如图 3-9 所示。

（1）首先由任务中心按照定时启动或者任务驱动的方式启动跟踪监测及数据

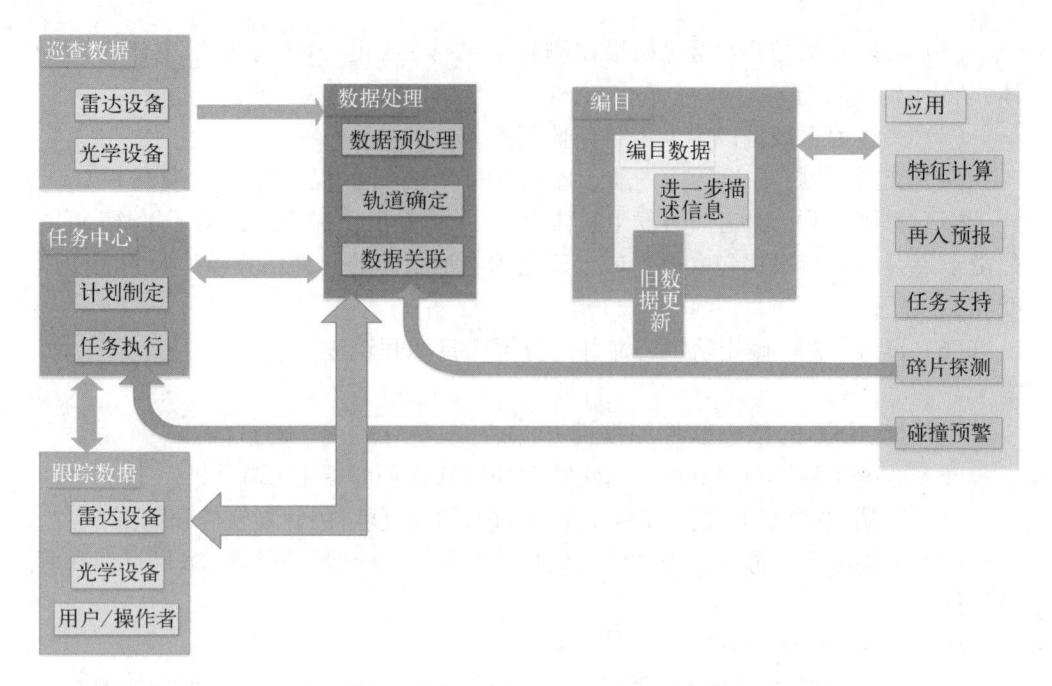

图 3-9　SST 的功能架构与数据流

处理任务；

（2）然后由监测系统（主要包括雷达、光学望远镜设备）执行搜索或跟踪任务，获取监测数据；

（3）之后数据处理系统进行监测数据的处理工作，实现对编目系统的更新与维持；数据处理主要包含跟踪数据处理、轨道确定和编目关联三个部分；

（4）最后基于编目信息提供各类服务与应用，可提供的服务包括空间碎片的特征分析、再入预报、特殊任务支持、任务分析、解体探测及碰撞预警。

SST 计划的编目管理系统如下：

（1）1 台监控雷达；

（2）5~10 个跟踪雷达；

（3）21 个或者 28 个地面光学望远镜，用于测量和跟踪，至少分布的站点为 4 个；

（4）1 个或 2 个数据中心；

（5）1 颗天基光学望远镜监测卫星。

3.9　编目系统的发展

对于空间碎片编目系统来说，发展的方向有：① 改进探测设备性能；② 改进数据处理技术。

在改进探测设备性能上,一方面开展高频成像雷达研制和升级工作,对空间碎片进行更全面细致的成像探测,获取更加准确的空间碎片多维物理特征信息。同时研制新型的空间碎片普测雷达,提高对空间碎片探测尺寸的覆盖范围和连续探测能力。另一方面优化全球站点布局,完善光学设备的空域覆盖范围,研制新型光学设备,提高其对深空空间碎片的监测能力。逐步建立低轨天基卫星观测低轨空间碎片、低轨天基卫星观测高轨空间碎片和高轨天基卫星观测高轨空间碎片的立体空间碎片天基监测体系,并引入最新的技术实现天基设备小型化,实现与地基监测设备协同工作。

在数据处理技术发展方面,通过采用融合识别的方式提高观测数据关联识别准确性。例如,雷达探测可以获得方位俯仰和距离信息,光学设备探测可以获得测角(赤经赤纬/方位俯仰)信息以及角度变化率信息,而两者融合利用可以增加维度信息。除了运动学的观测数据,在数据融合识别过程中,如果采用特征信息(例如雷达散射截面、亮度)以及非传统信息(多通道测光信息、高分辨率光谱信息),可以进一步提高识别概率。实现数据关联识别的方法有最近距离法和多假设跟踪关联方法(multiple hypothesis tracking,MHT),多假设跟踪关联方法将所有可用信息,包括运动学、特征信息以及非传统信息等都作为识别过程中必要的输入条件。卫星预警精度提高技术逐渐受到重视,在近些年协方差的准确性研究变得越来越重要,碰撞概率受协方差影响非常显著,而碰撞概率决定了避碰机动决策。协方差的其他用途包括对未关联数据进行关联、机动探测和传感器资源管理,因此预警精度和协方差的研究是目前数据处理技术发展的关键问题。

复习思考题

1. 什么是空间碎片编目?狭义和广义的编目分别指的是什么?
2. 编目对监测能力的需求有哪些方面?分别影响编目哪些能力指标?

第 4 章
航天器碰撞预警

由于巨大的相对速度,尺寸大于 1 cm 的空间碎片可对航天器造成致命威胁,图 4-1 为航天器碰撞示意图。2007 年欧洲 Meteosat-8 被未编目的碎片击中,轨道改变;2009 年 2 月美铱星-33 和俄宇宙-2251 碰撞,产生近 3 000 个空间碎片。

图 4-1 航天器碰撞示意图

2013 年,厄瓜多尔立方体卫星飞马座与 1985 年发射的苏联火箭残骸相撞,卫星失效;2016 年 8 月,欧空局哨兵 1A 卫星被碎片撞击,导致卫星轨道、姿态变化,太阳翼受损。

预测表明,大型空间物体碰撞 4~9 年发生一次。为躲避大碎片的撞击,NASA 平均每年执行规避 20 次;ESA 2018 年执行规避 28 次。

为保护空间系统免受空间碎片的撞击,最有效的主动防护措施就是空间系统的碰撞预警和规避。即掌握空间碎片的位置和运行轨迹,在航天器发射和运行过程中,提前发现碰撞危险,改变发射时间或采取机动规避措施,避免灾难性碰撞事件。

碰撞预警主要分为发射预警和在轨预警。

发射预警——在航天器发射前,对航天器在发射后短时间内与碎片可能发生的碰撞进行分析,对发射窗口进行安全检测和筛选,提出发射安全时间的建议。

在轨预警——航天器发射后的任务阶段,对在轨碎片与目标航天器的接近关系进行分析,并对可能发生的碰撞提前发出警报,建议航天器机动变轨以规避碎片的碰撞。

4.1 在轨预警计算流程

完整的在轨预警计算流程如图4-2所示,主要包括数据准备、轨道筛选、交会关系预报、误差分析、碰撞概率计算、预警阈值确定、规避策略制定、规避机动执行等几个方面。

数据准备主要指在进行预警计算前,将相关的轨道根数数据、误差数据、卫星和碎片尺寸数据等进行收集和准备,确定轨道预报模型。

轨道筛选指剔除不危险的空间碎片,提高在轨预警计算的效率。

交会关系预报指对预警时段内的卫星和空间碎片的轨道进行预报,计算卫星和空间碎片每次接近的最近距离,交会角、相对速度等参数。

误差分析指根据定轨协方差信息进行预报,或者根据统计预报误差进行分析,获得卫星与空间碎片在接近时刻误差关系,形成误差椭球。

碰撞概率计算指根据交会关系与误差椭球,在卫星尺寸范围内进行积分,获得卫星与碎片的碰撞风险。

预警阈值确定:根据碰撞概率计算结果、卫星可以承受的工程可靠性指标、在轨机动能力确定预警阈值,超过阈值的则启动规避策略制定工作。

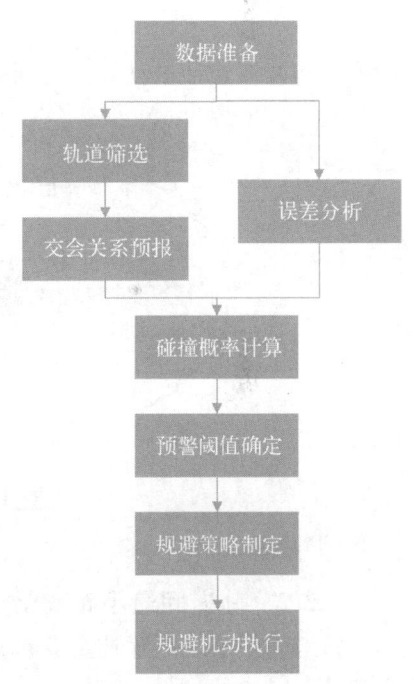

图4-2 在轨预警计算流程

规避策略制定:根据卫星在轨风险状态、结合卫星发动机能力,确定卫星的规避方案,降低碰撞风险。

规避机动执行:卫星运行控制部门上注规避指令,执行规避方案。

4.2 轨道筛选

目前编目空间碎片数量超过 3.5 万个,如果将目标卫星和 3.5 万碎片都进行交会计算,计算量很大,也没有必要。需要在计算之前做三类筛选,将不可能发生碰撞的物体筛选掉,提高计算效率。

轨道筛选主要包括高度筛选、轨道间最小距离筛选和过交线时间筛选三个部分[25]。

4.2.1 高度筛选

高度筛选以轨道的远地点和近地点为筛选要素。以图 4-3 为例,轨道 2 为卫星轨道,将明显与轨道 2 不发生危险的空间碎片剔除。

$$条件 1: rp2 - ap3 > 阈值 1 \qquad (4-1)$$

$$条件 2: rp1 - ap2 > 阈值 2 \qquad (4-2)$$

阈值影响因素包括摄动导致的误差及计算效率。

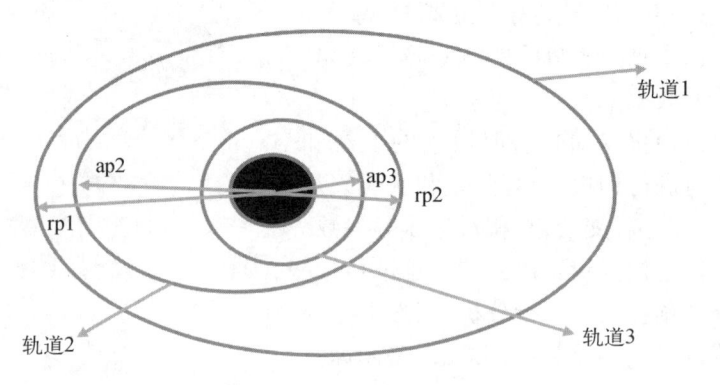

图 4-3 高度筛选示意图

4.2.2 轨道间最小距离筛选

轨道间最小距离筛选主要包括轨道交线距离计算和轨道之间最小距离计算两个部分。

1. 轨道交线距离计算

轨道交线距离是指目标轨道和背景轨道的轨道面交线处的地心距之差。以图 4-4 为例,假定目标轨道的轨道要素如下: a_o, e_o, i_o, Ω_o, ω_o, M_o;背景碎片轨道的轨道要素如下: a_s, e_s, i_s, Ω_s, ω_s, M_s。

目标轨道和背景碎片轨道的法向量 R_o 和 R_s 计算方法如下：

$$R_o = \begin{bmatrix} \sin i_o \sin \Omega_o \\ -\sin i_o \cos \Omega_o \\ \cos i_o \end{bmatrix} 和$$

$$R_s = \begin{bmatrix} \sin i_s \sin \Omega_s \\ -\sin i_s \cos \Omega_s \\ \cos i_s \end{bmatrix} \quad (4-3)$$

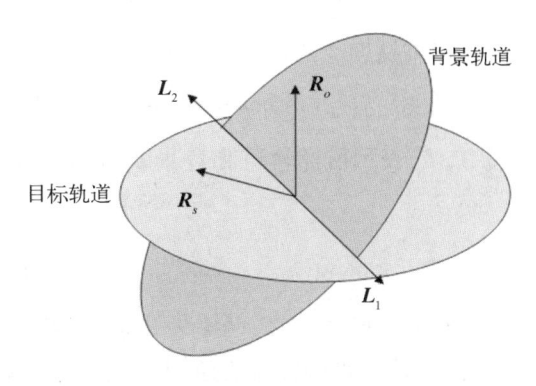

图 4-4 两轨道几何关系示意图

两轨道面的交线 L_1 等于：

$$L_1 = R_o \times R_s = \begin{vmatrix} i & j & k \\ \sin i_o \cos \Omega_o & -\sin i_o \cos \Omega_o & \cos i_o \\ \sin i_s \cos \Omega_s & -\sin i_s \cos \Omega_s & \cos i_s \end{vmatrix} = L_x i + L_y j + L_z k$$

$$(4-4)$$

计算 L_1 对应的纬度幅角 $\Delta_{o1} = \omega_{o1} + \theta_{o1}$ 和 $\Delta_{s1} = \omega_{s1} + \theta_{s1}$ 以及交线距离 l_1。

获得轨道面交线的另一个方向矢量 L_2 所对应的纬度幅角 $\Delta_{o2} = \omega_{o1} + \theta_{o1} + \pi$ 和 $\Delta_{s2} = \omega_{s1} + \theta_{s1} + \pi$ 以及交线距离 l_2。

取其中的较小值作为轨道交线距离，同时获得 Δ_o 和 Δ_s。

2. 轨道之间最小距离计算

一般椭圆轨道，轨道交线的距离并不是轨道间的最小距离，所以采用交线距离作为筛选的判据存在一定误差。因此采用轨道间最小距离进行筛选能够避免筛选出现不准确的情况。轨道间最小距离计算包括 2 步：① 指定时刻轨道间最小距离计算；② 轨道间最小距离变化率计算。

1) 指定时刻轨道间最小距离计算

建立轨道之间的距离和轨道交线的关系，具体见图 4-5。

r_o 和 r_s 分别表示目标轨道和背景轨道上物体的位置，γ 表示两个位置向量之间的夹角。r_{rel} 表示两个物体之间的距离，据此可以得到如下关系：

$$r_{\text{rel}}^2 = r_o^2 + r_s^2 - 2r_o r_s \cos \gamma \quad (4-5)$$

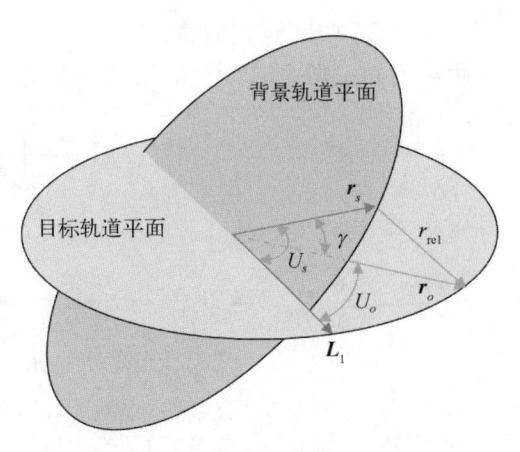

图 4-5 轨道之间和轨道交线关系

根据球面三角的关系,有

$$\cos \gamma = \cos U_o \cos U_s + \sin U_o \sin U_s \cos I_R \quad (4-6)$$

式中,I_R 表示目标轨道和背景轨道的轨道面之间的夹角,其中,

$$U_o = \theta_o + \omega_o - \Delta_o \quad (4-7)$$

$$U_s = \theta_s + \omega_s - \Delta_s \quad (4-8)$$

不考虑摄动因素,两个轨道之间的距离仅仅和真近点角 θ_o 和 θ_s 相关。求解轨道之间的最小距离,即轨道间的距离公式满足:

$$\frac{\partial r_{rel}^2}{\partial \theta_o} = 0$$
$$\frac{\partial r_{rel}^2}{\partial \theta_s} = 0 \quad (4-9)$$

采用牛顿迭代进行计算,最终可以得到轨道间最小距离以及对应的轨道真近点角 θ_o^* 和 θ_s^*。同时发现,当目标轨道和背景轨道都为圆轨道时,方程的解为

$$\theta_o = \Delta_o - \omega_o$$
$$\theta_s = \Delta_s - \omega_s \quad (4-10)$$

轨道交线的距离就是轨道间的最小距离。

2) 轨道间最小距离变化率计算

由于预警计算的时间区间为 3~5 天,时间较长,两个轨道间最小距离将会发生变化,因此需要考虑轨道摄动对轨道间最小距离的影响,这里主要指 J_2 摄动的影响。假定在轨预警时间段为 $[t_A, t_B]$,将轨道预报到时间段的中间时刻 $t_M = (t_A + t_B)/2$,中间时刻的轨道间最小距离为 r_{relM},与中间时刻间隔 Δt 的轨道间最小距离为 r_{rel},两个时刻对应的最小距离关系如下:

$$r_{rel}^2 = r_{relM}^2 \pm \left[\frac{d}{dt}(r_{rel}^2)\right]_M \Delta t \quad (4-11)$$

其中,

$$\begin{aligned}\frac{d}{dt}(r_{del}^2) = &\, 2\dot{r}_o(r_o - r_s \cos \gamma) + 2\dot{r}_s(r_s - r_o \cos \gamma) - \\ & 2r_o r_s [(\cos U_o \sin U_s \cos I_R - \sin U_o \cos U_s)\dot{U}_o + \\ & (\sin U_o \cos U_s \cos I_R - \cos U_o \sin U_s)\dot{U}_s - \\ & (\sin U_o \sin U_s \sin I_R)\dot{I}_R]\end{aligned} \quad (4-12)$$

4.2.3 过交线时间筛选

即使卫星与空间碎片的交线距离和轨道间最小距离很近,危险交会也不一定会发生,因为它们通过交线的时间差可能会很大。因此需要采用过交线时间计算进行进一步确认。

空间碎片经过交线附近时,其在卫星轨道面上的垂直高度 Z 将处于一个较小的数值。将 D 作为垂直高度阈值进行计算,当垂直高度处于 D 阈值以内时,即空间碎片经过交线的时间段,如图 4-6 所示。

$$|z| = |r\sin I_R \sin u_R| = D \tag{4-13}$$

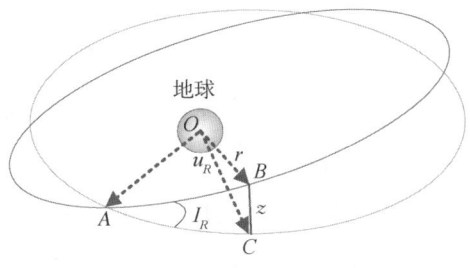

图 4-6 过交线时间筛选

求解上述方程,可以获得空间碎片经过交线的角度窗口 $[u_R^{(1)}, u_R^{(2)}]$,$[u_R^{(3)}, u_R^{(4)}]$,利用 Kepler 方程 $(u_R \Rightarrow f \Rightarrow t)$ 计算对应时刻,得到对应的窗口序列 $[t_{s1}^{(0)}, t_{f1}^{(0)}]$,$[t_{s2}^{(0)}, t_{f2}^{(0)}]$,考虑空间碎片的运行周期,就可以得到在预警时段内,空间碎片经过交线的窗口序列:

$$\{[t_{s1}^{(k)}, t_{f1}^{(k)}], [t_{s2}^{(k)}, t_{f2}^{(k)}]\} = \{[t_{s1}^{(0)}, t_{f1}^{(0)}], [t_{s2}^{(0)}, t_{f2}^{(0)}]\} + k \cdot T \tag{4-14}$$

同理可以计算得到卫星经过交线的窗口序列,计算两目标时间窗口交集,就可以得到过交线的时间窗口集合,然后进行判定。

4.3 交会关系预报和误差分析

4.3.1 交会关系预报

交会关系预报主要指计算卫星和空间碎片之间的相对最近距离、接近角、相对速度等参数。分别建立一般情况下卫星的轨道运动方程:

$$[S_s, V_s] = F(X_s(t)) \tag{4-15}$$
$$X_s(t) = G(a_s, e_s, i_s, \Omega_s, \omega_s, M_s, t)$$

空间碎片的轨道运动方程:

$$[S_o, V_o] = F(X_o(t)) \tag{4-16}$$
$$X_o(t) = G(a_o, e_o, i_o, \Omega_o, \omega_o, M_o, t)$$

通过计算两个运动方程之间的关系,可以得到卫星与空间碎片之间的相对交会关系,由于卫星和空间碎片的运动都是复杂的非线性微分方程,采用解析方法难以获得交会关系。一般采用如下两种数值计算方法求解交会关系。

1. 相对距离与速度方法

根据当前卫星与空间碎片的状态,计算下一个步长的状态,直到找到两个物体接近的最近距离:

$$L_{\text{relative-distance}} = S_o - S_s \quad (4-17)$$

$$V_{\text{relative-velocity}} = V_o - V_s \quad (4-18)$$

$$t = |L_{\text{relative-distance}}|/(|V_{\text{relative-velocity}}| \cdot \cos\theta) \quad (4-19)$$

式中,θ 为相对位置与相对速度夹角。

相对速度变化较快,保守计算方法如下:

$$t = L_{\text{relative-distance}}/15 \text{ km} \quad (4-20)$$

终止条件:相对位置与相对速度垂直。当卫星与空间碎片轨道接近时,采用此种方法难以快速准确地找到两个物体距离最近的时刻。

2. 等步长二分法

将预警计算时间段划分为 N 等份 $[t_1, t_2, \cdots, t_a, t_{a+1}, \cdots, t_N]$,分别计算卫星和空间碎片位置和速度信息 $[(S_1, V_1), \cdots, (S_a, V_a), (S_{a+1}, V_{a+1}), \cdots, (S_N, V_N)]$,然后计算相对位置和相对速度之间的夹角 θ 变化情况,当 $\theta_a > 90°$ 和 $\theta_{a+1} < 90°$ 时,此时间段内存在极小值,然后采用二分法在此时间段内继续计算,直到 $\theta \approx 90°$ 终止。

4.3.2 误差分析

误差分析主要目的是获得两个物体接近时刻三个方向上的误差,用于后续的碰撞概率计算。一般获得误差的方法分为以下两个。

(1)协方差预报:卫星在进行精密定轨时,除了获得精密的轨道根数,还能获得协方差信息,用于描述定轨结果的质量。根据定轨产生的协方差矩阵,采用蒙特卡洛等方法进行预报,就可以获得未来指定时刻误差信息,用于后续计算。

(2)统计误差预报:对于常用的 TLE 数据等难以获得协方差矩阵的情况,显然无法通过协方差预报获得未来的误差信息,但是可以通过大量样本的统计,计算得到空间碎片每个时段内的预报误差,然后插值得到指定时刻误差。

4.4 交会风险估计

4.4.1 碰撞判据

在进行碰撞预警工作时,核心问题为是否会发生碰撞。如果轨道预报中不存在误差,那么航天器与其他物体之间是否会发生碰撞是很明确的,但是由于预报误差的存在,在预报每一次空间交会时,只能给出这次交会的危险程度而无法确定碰撞的发生与否,因此必须引入碰撞判据。空间碎片碰撞预警的判据主要有两种,一种是早期通常采用的盒子(Box)区域方法,另一种是当前普遍采用的碰撞概率方法。

1. Box 区域判据

Box 区域判据[26]是一种传统的碰撞判定准则,在航天器周围定义一个长方体盒子形的预警区域,当有空间物体进入这个预警区域时就发出警报。这里盒子的大小是由蒙特卡洛法则确定的,其假设是忽略盒子以外的碰撞风险。一般,对于不同类型轨道和不同的航天器,预警区域是不同的,以航天飞机为例,当预报结果显示空间碎片将进入以航天器为中心,沿迹方向距离为±25 km,轨道面内垂直于沿迹方向及轨道面的外法向上距离都为±10 km 的空间内时,地面监测系统就会加强观测,提供更详细的轨道预报数据,同时不断更新数据。当碎片进入以航天器为中心,在沿迹方向距离为±5 km,轨道面内垂直于沿迹方向及轨道平面的外法向上距离都为±2 km 的空间内的时候,航天器会进行机动变轨来规避碎片。如图 4-7 所示,外围区域称为警戒区域,内部区域称为规避区域。

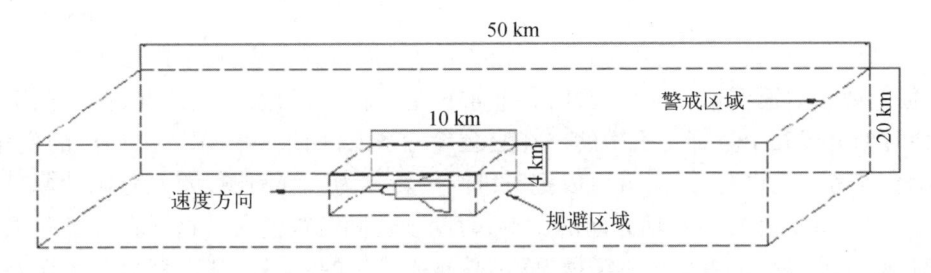

图 4-7 Box 区域判据示意图

Box 区域判据的含义是将位置误差平均化,也就是在 Box 区域内部的各个位置,发生交会的概率是相同的。这种方法的判据简单,对所有轨道均适用,距离是碰撞风险的唯一判据。

2. 碰撞概率判据

碰撞概率判据是建立在预报误差基础上的。碰撞概率是一种更客观、全面和精确的碰撞判据,它不但考虑了轨道预报上的误差,还同时考虑了空间交会物体的轨道特征,交会时刻双方的距离,交会角度以及交会时刻的相对速度,通过在一定假设基础上建立数学模型,考虑这些交会参量的相互关系,最终得到碰撞概率来评价空间碰撞的风险。

4.4.2 碰撞概率计算

1. 坐标系与投影

基于交会两者误差相互独立的假设,将两者的误差复合到同一个物体上,将两

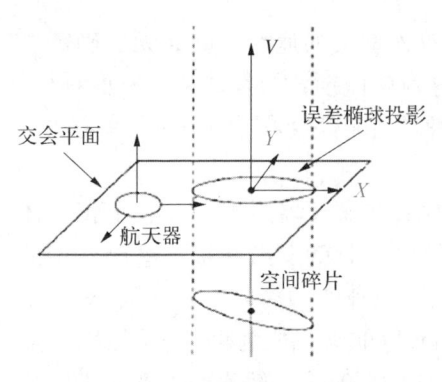

图 4-8 交会参考系示意图

者的尺寸复合到另一个物体上,这样就得到如图所示的交会情况。

在计算碰撞概率前,首先定义交会参考系如下:交会参考系的原点在复合体中心上,参考系的 Z 轴与相对速度矢量同向,与相对速度矢量垂直的平面称为交会平面,如图 4-8 所示,X 轴为交会平面上的复合误差椭球的投影椭圆的主轴方向,Y 轴由右手规则得到。航天器和碎片的速度均可以通过轨道计算得到,所以对于一次交会两者之间相对速度是已知的,这个交会参考系是唯一的。

这里需要指出,交会参考系只是为了方便计算碰撞概率而定义的参考系,和轨道参考系无关。对于同一次交会来说,不管在地球赤道惯性坐标系下还是在航天器瞬时坐标系等任何坐标系下计算的结果都是一样的,但是计算的复杂程度会有很大不同。

在整个运行轨道中,航天器和碎片的相对速度以及误差矩阵都是在不断变化的,但一般相对速度均较大,交会时刻非常短暂,所以对于大多数情况,可以假定在交会时刻上述几个量都是不变的。在交会参考系下,如果不考虑 Z 方向上的变化,在交会参考面内进行计算,就可以把三维问题转化为二维问题,大大简化计算复杂度。此外,由于消去了 Z 轴方向的影响,时间项也同时被消去。这样在计算碰撞概率时,关注的只是是否会发生碰撞,而不是碰撞发生的时间。基于交会两者误差相互独立的假设,将两者的误差复合到同一个物体上,将两者的尺寸复合到另一个物体上,这样就得到如图 4-9 所示的交会情况。

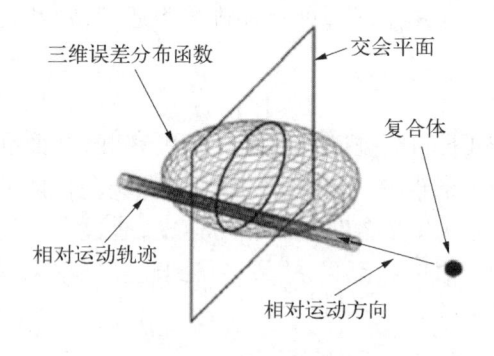

图 4-9 误差相互独立时交会情况示意图 图 4-10 二维交会示意图

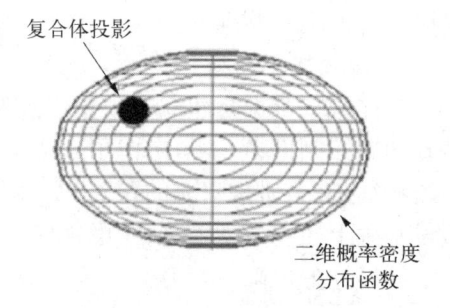

再将误差和复合体均投影到交会平面上,得到误差投影椭圆和复合体投影,如图 4-10 所示。在交会平面上的复合体区域内对二维概率分布函数进行积分,便

可得到碰撞概率的值。这和在三维球体内进行积分得到的值是一致的。

2. 碰撞概率计算方法

为方便计算碰撞概率,定义各计算参量如下,见图 4-11：x 方向为误差投影椭圆短轴方向；y 方向为误差投影椭圆长轴方向；σ_x 和 σ_y 分别为误差椭球在交会平面上投影得到的椭圆主轴大小；r_a 为复合体半径；x_m 和 y_m 分别为交会距离在 x 和 y 两轴上的投影。

由上述假设,航天器和碎片的位置误差均满足正态分布,图 4-11 中的概率密度函数为

$$f_{(x,y)} = \frac{1}{2\pi\sigma_x\sigma_y}\exp\left\{-\frac{1}{2}\left[\left(\frac{x-x_m}{\sigma_x}\right)^2 + \left(\frac{y-y_m}{\sigma_y}\right)^2\right]\right\} \quad (4-21)$$

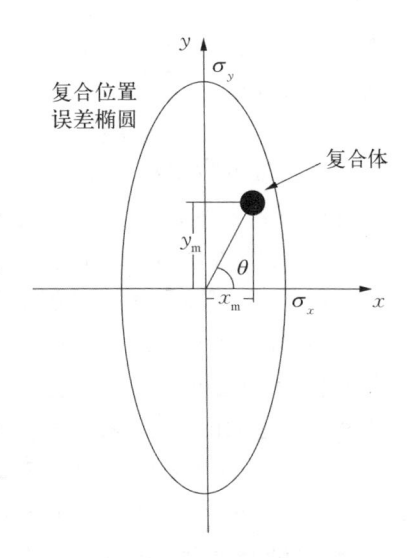

图 4-11 碰撞概率计算相关参量

此时碰撞概率的计算公式如式(4-22)所示,这就是碰撞概率的基本计算公式：

$$P_c = \frac{1}{2\pi\sigma_x\sigma_y}\int_{-r_a}^{r_a}\int_{-\sqrt{r_a^2-x^2}}^{\sqrt{r_a^2-x^2}}\exp\left\{-\frac{1}{2}\left[\left(\frac{x-x_m}{\sigma_x}\right)^2 + \left(\frac{y-y_m}{\sigma_y}\right)^2\right]\right\}dxdy$$

$$(4-22)$$

上面介绍了计算碰撞概率的基本方法和公式,为了能够简化计算过程、提高计算效率、保持计算精度,近年来出现了多种碰撞概率的计算方法。当前主要的计算方法有四种,分别是 Foster 方法[27]、Chan 方法[28]、Patera 方法[29] 和 Alfano 方法[30-32]。相较而言,Foster 方法是计算精度最高的,但计算速度是最慢的,对于大部分对精度影响不大的情况下可以增大积分步长来提高计算速度。Chan 方法是计算速度最快的,但由于目标尺寸的限制,此法也是适用范围最受约束的。Patera 方法和 Alfano 方法均能够得到比较精确的结果,它们的计算速度位于前两种方法之间。在具体应用中应该根据观测精度和计算硬件条件选择最为合适的方法。

4.4.3 碰撞概率阈值

在空间碎片碰撞预警工作中,碰撞概率是当前普遍采用的碰撞风险判据,而碰撞预警阈值是衡量航天器与空间物体之间的交会是否危险的标准,其制定对于碰撞预警工作意义重大。需要利用空间物体的轨道数据,分析碰撞预警阈值与数据

精度的关系,研究航天器设计要求与阈值的关系,结合历史预警结果,设计合理的危险交会阈值。

在实际的碰撞计算中,由于观测和轨道推演都会产生误差,所以编目物体在任一时刻的位置数据都有误差,物体的实际位置包含在一个误差椭球之内。以国际空间站为例[32-34],碰撞概率的定义为空间碎片在交会过程中进入一个以空间站为中心,半径为 R 的球的可能性。这个半径为 R 的球被称作安全区域。在使用碰撞概率判据时,国际空间站采用了两个级别的预警阈值,也称预警门限值。10^{-5} 为黄色预警阈值,10^{-4} 为红色预警阈值。当碰撞概率小于黄色预警值时,认为空间站是安全的;当碰撞概率大于黄色预警阈值但小于红色预警阈值时,说明这次交会的碰撞风险是很大的,这时候需要监测设备进一步提供更加详细精密的数据,在不影响航天器主要飞行任务的同时采取规避;当碰撞概率大于红色预警阈值时,需要航天器立即中止正在进行的任何空间试验,根据地面指控系统的规避策略进行机动规避,从而确保航天器的安全。

4.5 规避策略制定

在卫星规避领域,美国和欧空局进行了多年的研究,并在具体卫星上实施了躲避空间碎片碰撞的卫星规避操作。国际空间站曾多次为了躲避危险碎片的碰撞进行了规避机动,其规避流程如下:美国空间司令部利用解析法轨道预报程序 SGP4 计算空间站未来 72 h 内是否与编目空间碎片有小于 60 km 的交会。如果空间碎片进入空间站 ±10 km×±40 km×±40 km(径向、横向以及轨道面法向)区域,就利用预报精度更高的数值法轨道预报程序(SP),利用美国空间司令部提供的瞬时状态矢量对轨道进行预报。如果交会几何状态落在了空间站 ±2 km×±25 km×±25 km 的区域,则每 8 h 进行一次交会计算,并根据交会两物体的误差信息计算碰撞概率。如果要对空间站进行机动,必须提前 30 h 给出规避建议,保证机动后的轨道在未来 36 h 内不会再发生危险交会。根据上面的流程,国际空间站在 1999 年 6 月到 2020 年 10 月进行了 29 次机动,平均每年 1.5 次,与其设计的平均年规避率 1.25 次基本一致。

从国际空间站的规避流程来看,启动卫星规避措施需要满足如下两个条件:

(1) 轨道预报的交会结果稳定;
(2) 碰撞概率大,同时维持此趋势。

当根据交会结果制定卫星规避方案时,会涉及如下三个环节:轨道机动、轨道预报和交会风险计算。轨道机动方式决定了机动后的轨道状态,而机动方式与规避机动时刻、发动机推力大小和方向、持续工作时间等密切相关;轨道预报模型决定了交会时刻的距离和交会几何关系,是交会风险计算的重要影响因素;交会风险大小是规避方案优劣的量化评估标准之一,影响着规避方案的选择。

规避方案分析方法需要对规避的各个相关环节进行研究,综合起来建立量化分析方法,下面将分别阐述相关环节数学模型的建立方法。

4.5.1 轨道机动模型

轨道机动模型的影响因素包括推力方向、大小以及发动机开机时刻以及持续时间三个方面[35]。

1. 推力坐标系

发动机推力 f 的方向一般在 UNW/RSW 坐标系中表示,如图 4-12 所示,UNW/RSW 的具体定义如下:

UNW 坐标系:原点在航天器质心,U 方向为卫星的速度方向,W 方向为卫星的轨道面法向,N 方向根据右手法则 $U \times N = W$ 确定。

RSW 坐标系:原点在航天器质心,R 方向为地心指向航天器的方向,W 方向为卫星的轨道面法向,S 方向根据右手法则 $R \times S = W$ 确定。

UNW 坐标系和 RSW 坐标系有如下转换关系:

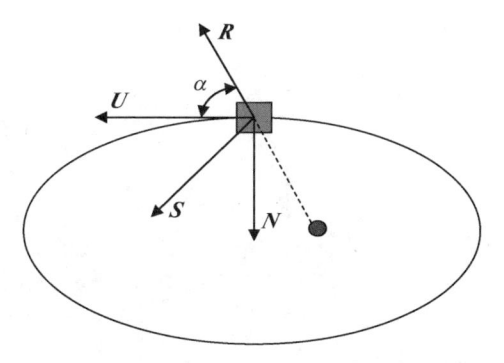

图 4-12 UNW/RSW 坐标系示意图

$$S_{RSW} \xrightarrow{R_3(\alpha)} S_{UNW} \quad (4-23)$$

式中,α 为 UNW 坐标系和 RSW 坐标系之间的旋转角度:

$$\alpha = \arctan2\left(\frac{1+e\cos\theta}{\sqrt{1+2e\cos\theta+e^2}}, \frac{e\sin\theta}{\sqrt{1+2e\cos\theta+e^2}}\right) \quad (4-24)$$

RSW 坐标系和 J2000.0 惯性坐标系之间的转换关系如下:

$$S_{J2000.0} \xrightarrow{R_3(\Omega)R_1(i)R_3(\omega+\theta)} S_{RSW} \quad (4-25)$$

式中,Ω、i、ω、θ 分别为轨道升交点赤经、轨道倾角、近地点幅角和真近点角。

2. 推力与燃料的关系计算

我们知道质量变化和推力的关系如下关系[3]:

$$\frac{\mathrm{d}m}{\mathrm{d}t} = -F/(I_{sg} \times g) \qquad (4-26)$$

式中，I_{sg} 为发动机的比冲；$g = 9.80665 \text{ m/s}^2$。

3. 卫星规避时刻

一般情况下，规避时刻 $T_{规避}$ 与交会时刻 $T_{交会}$ 存在如下关系：

$$T_{交会} - T_{规避} = NT + T/2 \qquad (4-27)$$

式中，$N = 0, 1, 2, 3\cdots$；T 为卫星周期。目的是在交会点让 ΔH 达到极大值（图 4-13）。但是在某些情况下，由于测控等方面的要求，规避时刻可以选择在测控部门可见的时间段内。

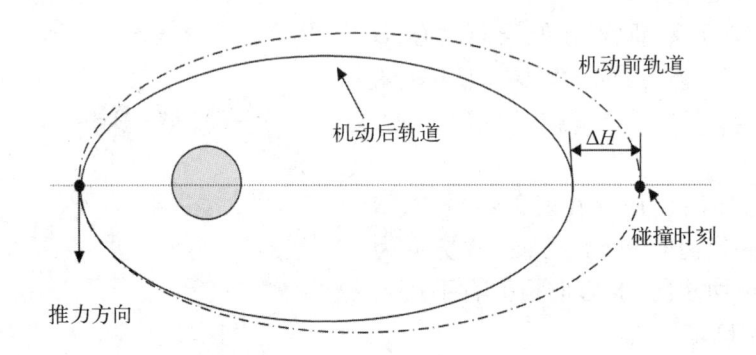

图 4-13 规避时刻选择示意图

4.5.2 轨道预报模型

采用科威尔（Cowell）方法建立在轨卫星的动力学模型，在地心惯性坐标系中，卫星的动力学方程如下：

$$\left.\begin{aligned} \ddot{X} &= -\frac{\mu}{r^3}X + F_{pX} + f_X \\ \ddot{Y} &= -\frac{\mu}{r^3}Y + F_{pY} + f_Y \\ \ddot{Z} &= -\frac{\mu}{r^3}Z + F_{pZ} + f_Z \end{aligned}\right\} \qquad (4-28)$$

式中，μ 为地球引力常数；F_p 为各种摄动因素造成的摄动加速度[地球非球形摄动（20×20）、三体引力摄动、大气阻力摄动和太阳光压摄动]；f 为卫星受到的推力。

4.5.3 欧洲环境卫星(Envisat)规避例子

1. 卫星的基本轨道信息

Envisat 卫星与 SL‑16 DEB 的轨道基本数据见表 4‑1[36],两颗卫星的近地点高度接近,远地点高度也比较近,倾角相差 27°。

表 4‑1 Envisat 与 SL‑16 DEB 的轨道基本数据

编号	来源	周期/min	倾角/(°)	远地点/km	近地点/km	雷达反射截面/m²	名 称	发射时间
27386	ESA	100.5	98.5	785	783	20.507 1	Envisat	2002/03/01
22437	CIS	100.5	71.3	815	746	0.036 9	SL‑16 DEB	1992/12/25

2. 交会预报分析情况

ESA 提前 4 天到 1 天期间连续 4 次预测到 Envisat 与俄罗斯的一个火箭碎片 SL‑16 DEB 有一次接近,预测的交会时间是在 2004/10/22 05:10:35,交会距离在 81~316 m,碰撞概率的范围是 $1.4\times10^{-4} \sim 5.5\times10^{-4}$,超过了规避阈值,而在交会前 1 天 NASA 也根据精密观测数据计算得到交会距离为 150~300 m,同一天 TIRA 雷达也跟踪到了可能碰撞的物体,确定物体的等效尺寸为 15 cm,给出了碎片的姿态。图 4‑14 为交会示意图。最后决定实施规避,在交会前半个周期在沿迹方向给一个 ‑4 cm/s 的速度增量,使得径向距离从 50 m 增加到 316 m,碰撞概率从 5.55×10^{-4} 降低到 2.0×10^{-4}。虽然机动后的碰撞概率仍然很大,但是考虑到操作的限制以及任务的连续性,最终认为该概率是可以接受的,并在预测交会的半个周期时在沿迹方向上施加了 3.9 cm/s 的速度增量,恢复到原先的轨道。

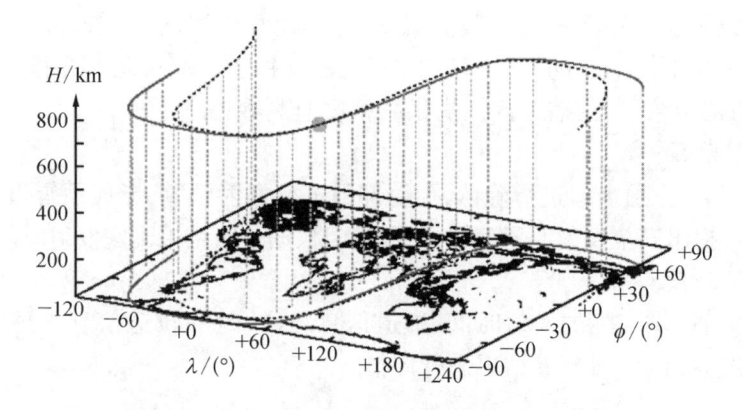

图 4‑14 Envisat 与 SL‑16 DEB 交会示意图

其交会距离、碰撞概率随时间的变化关系如图 4‑15 所示。

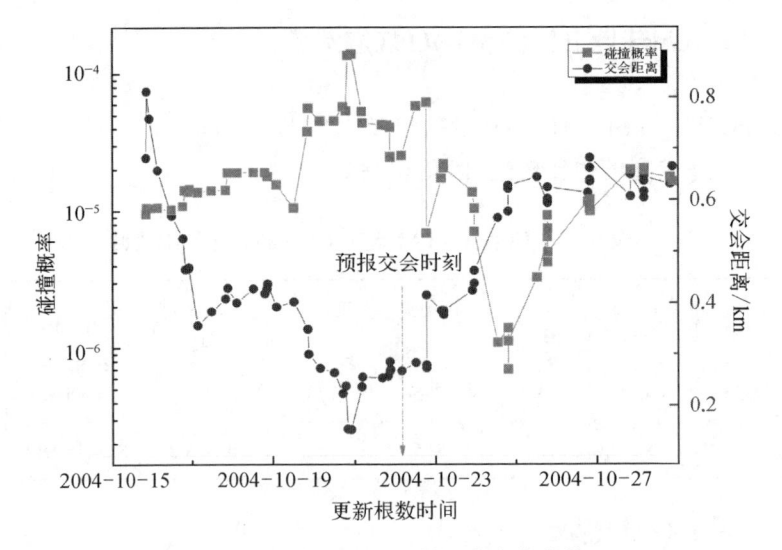

图 4-15 交会距离和碰撞概率变化趋势

4.6 发射预警

4.6.1 发射预警过程

对将要发射的空间物体,评估其在发射段的碰撞风险。帮助航天器的发射者选择碰撞风险较小的发射窗口,进行发射。发射预警工作分为三个阶段:准备阶段、预警阶段和评估阶段,具体如下。

1. 准备阶段

工程部门提供发射预警所需的数据,包括航天器本体信息、发射窗口、设计弹道和轨道信息、航天器能承受的碰撞概率,并提出预警要求;预警部门制定发射预警方案,对工程部门确认的发射窗口的总体安全性进行评估,得到危险碎片和危险发射时段的初步结果,由监测部门提供高精度监测数据。

2. 预警阶段

工程部门对发射窗口进行确认,预警部门进行发射预警,形成预警报告,确认危险发射时段,提出安全发射时段建议;工程部门根据预警结果确定发射时间。

3. 评估阶段

工程部门提供实际的发射时间、弹道信息、入轨时的轨道信息给预警部门,预警部门根据这些信息对预警结果进行评估。

4.6.2 发射预警与在轨预警的差别

发射预警整体过程与在轨预警过程基本类似,都包括轨道筛选,交会关系预报、碰撞概率计算、风险阈值评估等过程,如图 4-16 所示。

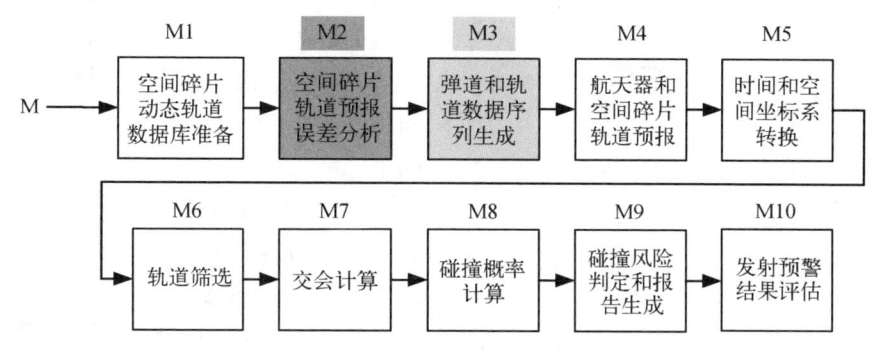

图 4-16 发射预警计算过程

但是,发射预警与在轨预警也存在一定的差别,主要包括空间碎片轨道预报误差分析以及弹道和轨道数据序列生成两个部分。

1. 轨道误差分析

在轨碰撞预警计算,卫星和空间碎片的误差计算主要包括 2 种方法:协方差预报和统计误差分析。在发射预警阶段,由于卫星还没有入轨,其误差信息既不能根据协方差预报获得,也不能根据统计方法获得。但是一般情况下,在进行发射预警时,工业部门会提供入轨的轨道根数设计值和允许偏差,这个可作为发射预警误差的来源,具体计算公式如下:

$$\Delta r = \frac{r}{a}\Delta a + (\boldsymbol{\Omega} \times \boldsymbol{r})\Delta i + (\boldsymbol{N} \times \boldsymbol{r})\Delta \Omega + \left[-\frac{a}{P}(\cos E + e)\boldsymbol{r} + \frac{P+r}{nP}\sin E \dot{\boldsymbol{r}}\right]\Delta e \\ + (\boldsymbol{R} \times \boldsymbol{r})\Delta \omega + \frac{\dot{\boldsymbol{r}}}{n}\Delta M$$

(4-29)

式中,

$$\boldsymbol{\Omega} = \begin{bmatrix} \cos\Omega \\ \sin\Omega \\ 0 \end{bmatrix}, \boldsymbol{N} = \begin{bmatrix} 0 \\ 0 \\ 1 \end{bmatrix}, \boldsymbol{R} = \begin{bmatrix} \sin i \sin\Omega \\ -\sin i \cos\Omega \\ \cos i \end{bmatrix}$$

Δa、Δe、Δi、$\Delta \Omega$、$\Delta \omega$、ΔM 为设计部门提供的 6 个轨道根数的入轨允许偏差;Δr 为入轨位置误差。

将 Δr 投影到 STW 三个方向,即得到三个方向的误差。

2. 弹道和轨道序列生成

发射预警过程中,设计方提供的弹道和轨道一般都在分离点坐标系中进行描述,分离点坐标系是一个惯性坐标系,如图4-17所示。在实际预警计算中,需要将分离点坐标系的弹道和轨道离散成发射窗口时段不同发射时刻的弹道和轨道,分离点坐标系的定义如下。

分离点坐标系的 X-Y 平面为历元时刻的真赤道平面;X 轴方向为地心指向分离时刻的格林尼治子午线与真赤道的交点方向;Y 轴按照右手法则确定。

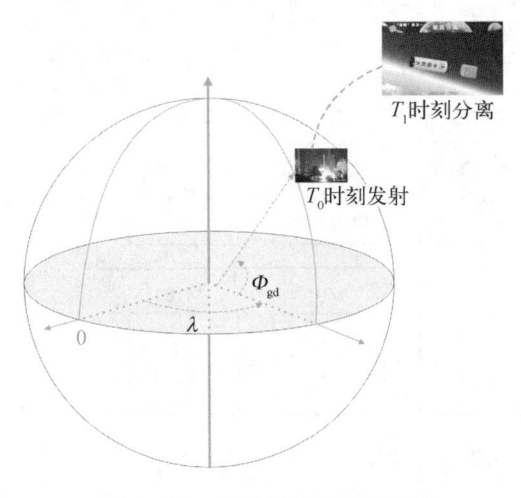

图4-17 分离点坐标系示意图

J2000.0 坐标系与分离点坐标系的转换关系如下:

$$[r_{\text{mod}}, v_{\text{mod}}] = \text{ROT3}(-z)\text{ROT2}(\theta)\text{ROT3}(-\zeta)[r_{\text{J2000.0}}, v_{\text{J2000.0}}] \quad (4-30)$$

$$[r_{\text{tod}}, v_{\text{tod}}] = \text{ROT1}(-\varepsilon)\text{ROT3}(-\Delta\varphi_{1980})\text{ROT1}(\bar{\varepsilon})[r_{\text{mod}}, v_{\text{mod}}] \quad (4-31)$$

$$[r_{\text{temp}}, v_{\text{temp}}] = \text{ROT3}(\theta_{\text{GAST}})[r_{\text{tod}}, v_{\text{tod}}] \quad (4-32)$$

$$[r_{\text{seperate}}, v_{\text{seperate}}] = \text{ROT2}(-xp)\text{ROT1}(-yp)[r_{\text{temp}}, v_{\text{temp}}] \quad (4-33)$$

注意到J2000.0坐标系与分离点坐标系、J2000.0坐标系与地固坐标系之间的转换存在差别,这个差别是速度转换时是否考虑地球旋转角速度的影响。分离点坐标系的优点是用一个轨道根数表征不同时刻发射的卫星轨道,便于使用和理解。

4.7 国外空间碎片碰撞预警现状

4.7.1 美国碰撞预警现状

1. 美国联合太空作战中心

目前多个国家和组织采用美国联合太空作战中心发布的预警信息作为依据启动交会评估分析,调动所属监测设备对危险目标进行监测,对于判断为危险的事件制定规避策略并及时进行规避操作。卫星运控者需将卫星星历发送给美国联合太空作战中心以获得其高级预警服务。自2010年推行预警服务以来,美国联合太空作战中心提供预警服务的航天器用户已达到262个,航天器数量达到1 400颗。美国联合太空作战中心因此拥有大量航天器的星历数据,而其预警工作采用的监测数据并未对外开放。美国联合太空作战中心轨道区域划分规则如表4-2所示。

表4-2 美国联合太空作战中心轨道区域划分规则

轨道区域	轨道定义	数量占总数的比例
GEO	1 300 min<轨道周期<1 800 min,偏心率<0.25,轨道倾角<35°	36%
HEO1、HEO2	偏心率>0.25,1：近地点高度<2 000 km；2：近地点高度>2 000 km	2.5%
MEO	600 min<轨道周期<800 min,偏心率<0.25	4.5%
LEO	近地点高度<2 000 km,偏心率<0.25	57%

美国联合太空作战中心的预警流程包括初始筛选、潜在交会筛查、更新数据后的进一步筛查、预警结果通报、监测数据获取等,形成完整的闭环工作方式。筛选流程如图4-18所示。

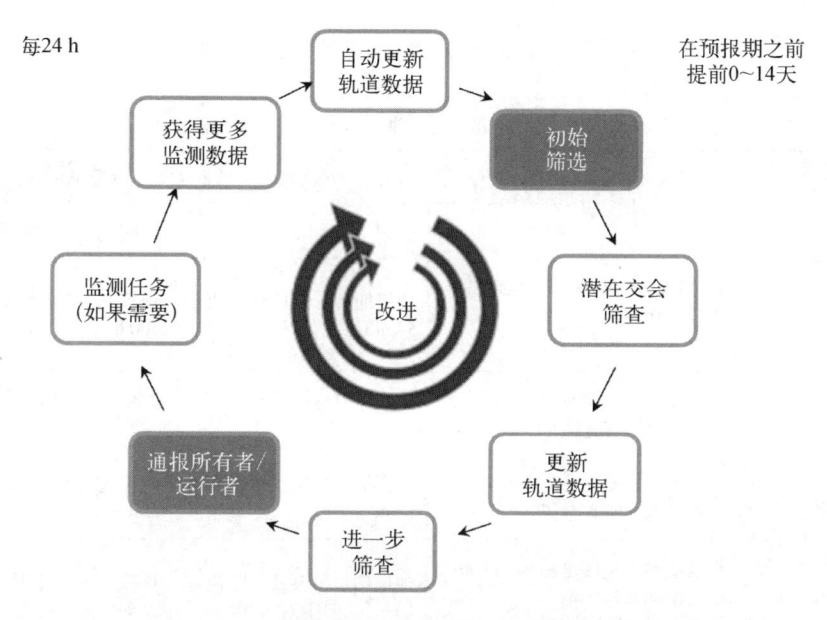

图4-18 美国联合太空作战中心预警筛选流程

在不同的预警阶段,美国联合太空作战中心采用了不同的参数来衡量碰撞风险。在初始筛查阶段,采用了交会距离作为衡量参数,对不同轨道区域规定了不同的距离阈值,详见表4-3。

在为用户提供的不同手段预警通知中,将预警通知划分为三个级别,分别通过网站、电子邮件和电话进行通知。如表4-4所示,对应不同的通知方式和轨道类型制定了相应的碰撞风险判断标准,采用交会距离和交会距离分量作为参数。

表 4-3 美国联合太空作战中心对不同轨道区域的距离阈值

轨道区域	标准和定义	预报期/天	径向阈值/km	横向阈值/km	法向阈值/km
GEO	1 300 min<轨道周期<1 800 min,偏心率<0.25,轨道倾角<35°	14	12	364	30
HEO1	近地点高度<2 000 km,偏心率>0.25	7	40	77	107
MEO	600 min<轨道周期<800 min,偏心率<0.25	7	2.2	17	21
LEO4	1 200 km<近地点高度<2 000 km,偏心率<0.25	7	0.5	2	2
LEO3	750 km<近地点高度<1 200 km,偏心率<0.25	7	0.5	12	10
LEO2	500 km<近地点高度<750 km,偏心率<0.25	7	0.5	28	29
LEO1	近地点高度<500 km,偏心率<0.25	7	2	44	51

表 4-4 JSpOC 不同通知手段对应的阈值

模式	报告准则		
	Space-Track 网站	应急准则	应急电话通知准则
通知手段	CDM	CDM,E-mail	CDM,E-mail,电话
深空(DS)	(1) 预报期≤14 天且总距离≤10 km; (2) 筛查准则:所有结果	预报期≤3 天且总距离≤5 km	预报期≤3 天且总距离≤500 m
大椭圆轨道	(1) 基于高度和预报期的预报交会:NE≤5 000 km≤DS; (2) 筛查准则:所有结果		
中轨轨道	(1) 预报期≤3 天且总距离≤5 km; (2) 筛查准则:所有结果	预报期≤3 天且总距离≤5 km	预报期≤3 天且总距离≤500 m
近地(NE)	(1) 预报期≤3 天且总距离≤1 km,径向距离≤200 m; (2) 筛查准则:所有结果	预报期≤3 天且总距离≤1 km,径向距离≤200 m	预报期≤3 天且总距离≤75 m

2. NASA

NASA 利用美国联合太空作战中心提供的轨道信息对航天飞机和国际空间站进行碰撞预警,NASA 对航天飞机和国际空间站,制定了不同的技术流程,包括发射倒计时节点要求和警戒规避区的要求。美国主要发射场也制定了航天器发射前的空间碎片影响安全评估的嵌入检测程序。航天飞机的发射预警准则最初采用距离判据,定义了警戒区域,在发射前要进行两次发射预警确定安全发射窗口。

NASA 在 20 世纪 90 年代初启动了航天飞机预警规避系统,截至 1997 年,航天飞机已经有两次因为可能与空间碎片发生碰撞而延迟发射时间。航天飞机的在轨预警定义了两种预警标准,一是警戒区域,二是规避区域。

NASA 对非载人航天器的预警过程分为三步,如图 4-19 所示。

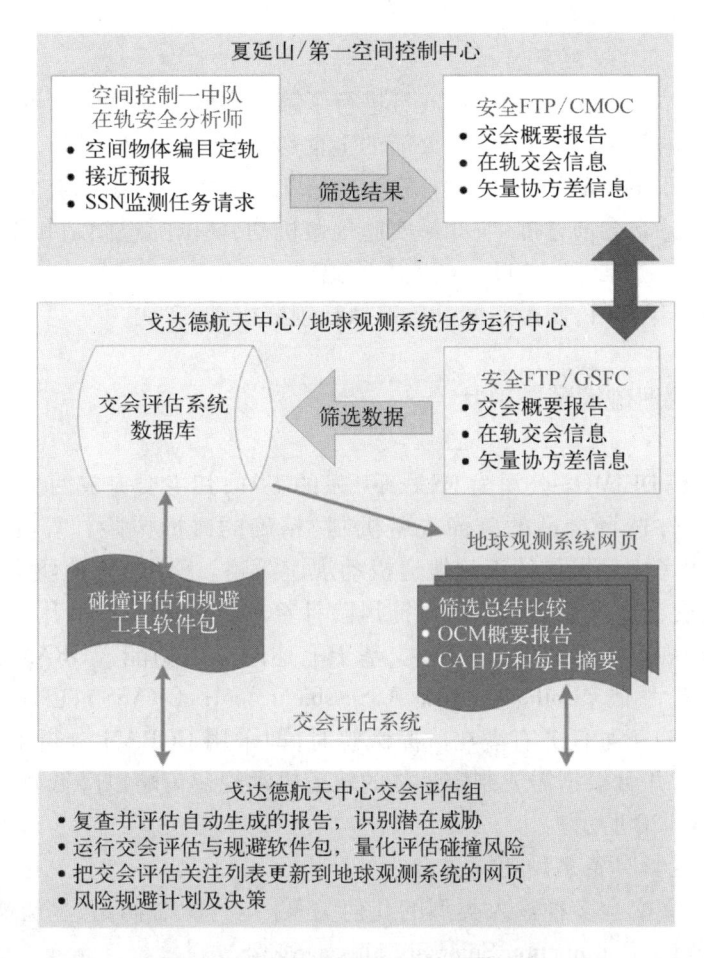

图 4-19　NASA 空间碎片预警流程

（1）美国联合太空作战中心负责根据探测的轨道数据计算危险交会,将计算的交会信息提交给戈达德太空飞行中心（Goddard Space Flight Center, GSFC）,卫星的数据通常由任务部门或操作部门提供,每周一、周三、周五进行常规分析,周二和周四则重点对关注事件进行分析。对 LEO 轨道预报期是 7 天,对 GEO 轨道是 10 天。

（2）风险分析。常规计算预测到危险交会后,就针对预警结果进行具体分析,包括可跟踪分析、碰撞概率计算确认、预警结果一致性分析、时间变化趋势分析以及风险减缓策略制定等方面，如果危险交会的数据精度不高，需要高精度数据支撑，重新分析确认，最后对分析结果进行归档。

(3) 风险减缓。危险交会确认后，戈达德太空飞行中心的交会评估组负责通知用户或者操控部门，协商确定制定规避策略，综合考虑卫星的任务要求及自身条件的限制等因素，确定是否进行规避。

3. 国际空间站规避事例

国际空间站于 1999 年 10 月 26 日进行了第一次躲避空间碎片的机动飞行，躲避对象是废弃的飞马座(Pegasus)火箭的上面级。10 月 24 日下午，约翰逊空间中心接到美国空间司令部的通知，预计在 10 月 27 日两个物体将要交会，达到了规避的指标。在预计交会前，国际空间站实施规避机动，使国际空间站和飞马座火箭的距离从不到 1 km 增加到 140 km 的安全距离。

截至 2023 年 6 月，国际空间站已经执行规避机动 32 次。

4.7.2 欧洲碰撞预警现状

1. ESA

CORAM 是 DEIMOS 公司为 ESA 新开发的工具，其主要完成两个方面的工作，一是为交会事件选择合适的碰撞规避机制(精确的碰撞风险计算与具体事件有关)，二是给出考虑到操作约束的轨道机动规避策略。CORAM 由两个软件模块组成，用于计算交会事件碰撞风险的碰撞风险计算软件 CORCOS 和用于制定规避策略的轨道机动规避优化软件 CAMOS。基于上述两方面功能，CORAM 已经被用作 ESA 碰撞风险评估(Collision Risk ASSessment tool，CRASS)工具的补充。当 CRASS 识别到对于某任务有潜在碰撞威胁时，即采用 CORAM 分析事件结果来改善计算的风险，并可根据需要制定最佳的轨道机动规避策略以降低碰撞风险，其软件结构如图 4-20 所示。

CORAM 工具具备多种功能：

(1) 可定义交会多种输入类型的几何关系[运行状态向量、星历文件、TLE 或者接近概要消息(Conjunction Summary Message，CSM)]；

(2) 可定义卫星多种几何形状(简单的球形和复杂的几何形状)；

(3) 提供多种碰撞风险算法(针对简单或复杂的几何形状，较高或较低的相对速度)。

其中包括计算交会的最大碰撞风险，并包括应用广泛的基于球形物体高速交会算法、针对复杂几何形状物体的最新算法和蒙特卡洛模拟。

关于轨道机动规避计算，CAMOS 提供不同情况的规避策略以降低碰撞风险，例如，使用最小机动量时将风险降低到预定值，或者根据给定最大机动量达到最低碰撞风险。CAMOS 具备分析不同机动策略的功能，包括如位置和时间序列变化的

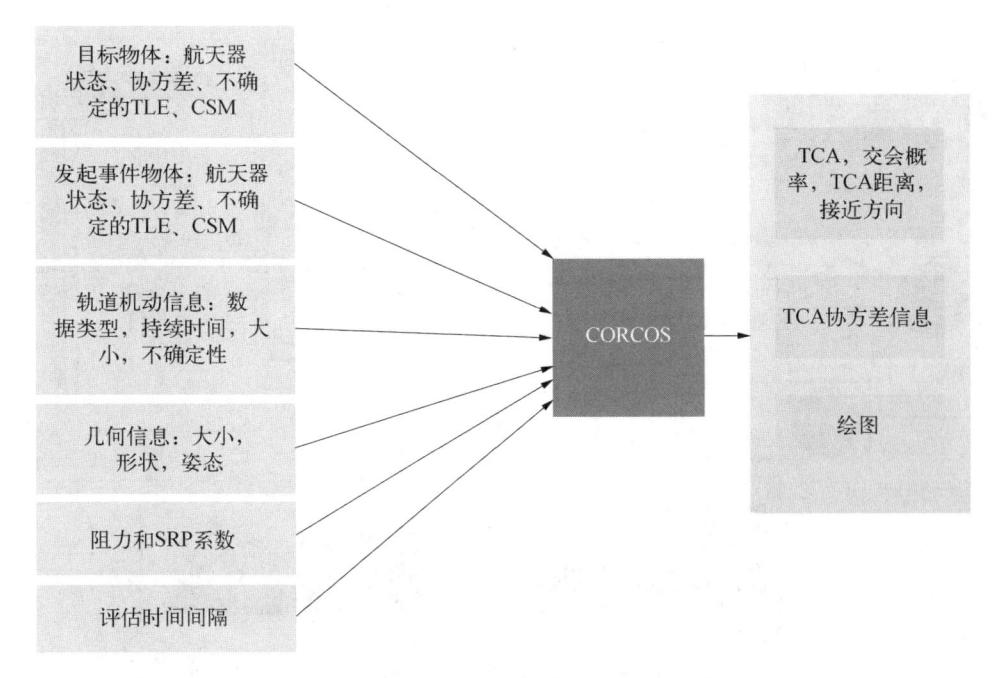

图 4-20 CORCOS 主界面

机动,对多种约束的考虑(机动参数、交会几何关系、碰撞风险和轨迹形状等),以及在参数优化过程中机动消耗的关系(碰撞风险、总速度增量等),并包含脉冲模型和小推力模型的功能。

2. 法国

图 4-21 是法国国家航天局(Centre National d'Etudes Spatiales, CNES)对其管理的低轨道卫星实施碰撞预警的过程。

轨道计算中心根据不同的数据源负责常规的预警计算,预测到高风险交会,获取更高精度的数据支持,进行人工风险评估,将预警和分析结果通报给操控中心,操作中心负责进行任务调度,轨道机动操作等,并与轨道计算中心一同确定机动方案。为了应对碰撞风险,一旦预测到危险交会,要求所有部门到位待命,其中飞行控制部门的两个小组:规避分析组和轨道维持组 7 天 24 h 待命。如果要对卫星进行规避,卫星部门、载荷部门、监测部门等都要参与。

碰撞规避流程通常分为 5 个阶段,如图 4-22 所示。

CNES 最新的预警规避流程则更加详细,包括如下步骤(图 4-23):筛选程序、危险交会识别、碰撞风险达到规避机动阈值、与任务和操作团队协调、为可能的规避机动做准备、机动决策截止之前的风险跟进、规避机动计算、检查安全情况、任务、轨道和操作影响分析、机动上传和执行、返回正常模式、若有需要则返回机动准备和执行。

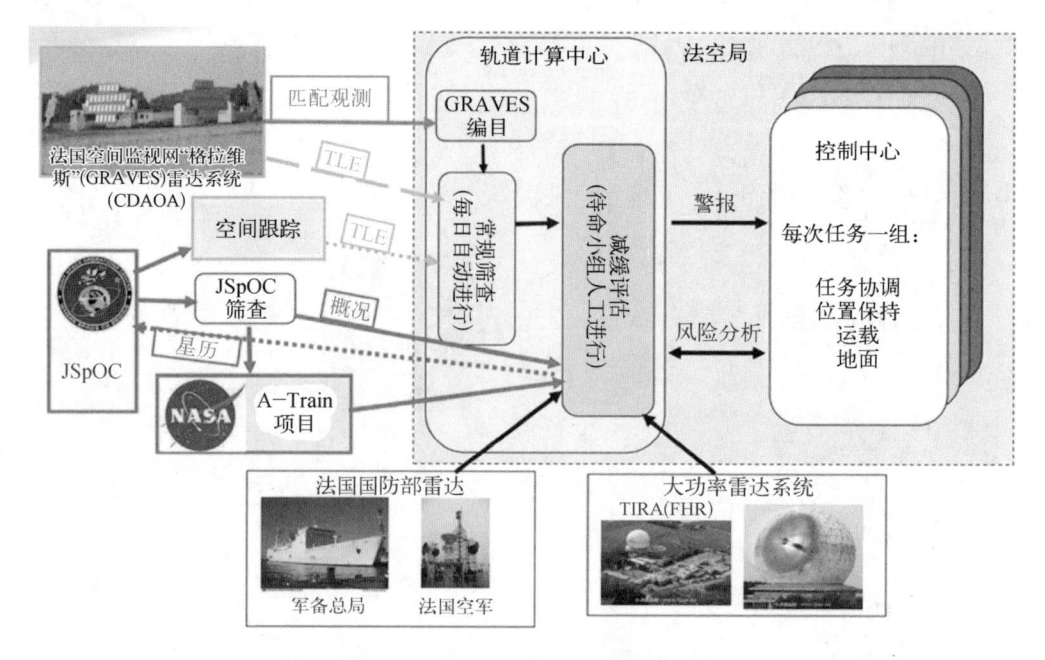

图 4-21　法国国家航天局预警过程

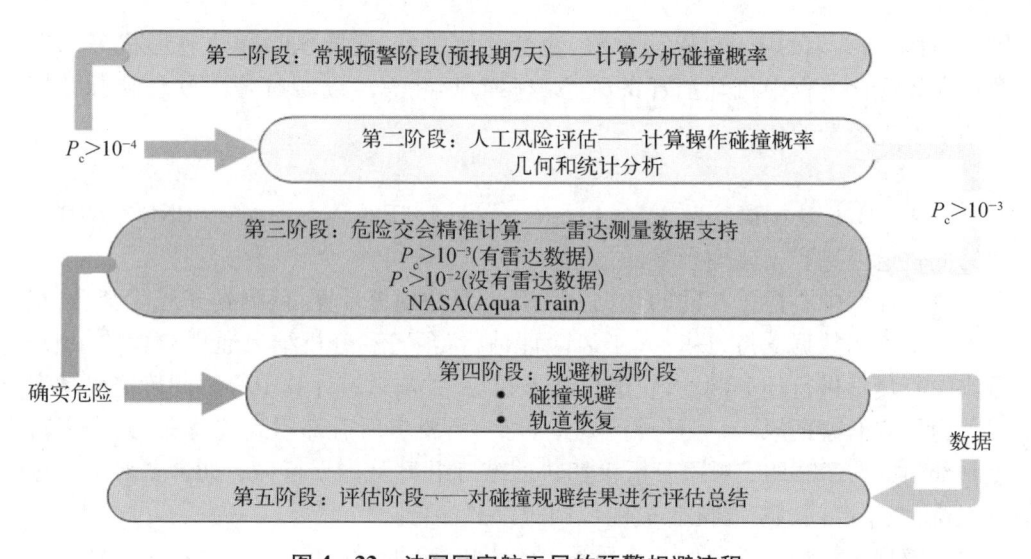

图 4-22　法国国家航天局的预警规避流程

　　航天器碰撞预警是空间碎片领域非常重要的研究内容，预警的结果决定了航天器是否采取规避机动操作。在目前大型星座逐步开始部署和运行的阶段，航天器与航天器、航天器与空间碎片之间的危险交会次数急剧增加，航天器用户和运行管理部门对预警结果的准确性、快速性和便捷性提出了更高的要求。

1	筛选过程
2	危险交会识别
3	碰撞风险达到规避阈值
4	与任务和运行小组进行协调
5	提前执行规避机动准备
6	风险跟进直至规避决策最后期限
7	规避机动计算
8	机动安全检查(无其他风险)
9	任务、轨道和运行影响分析
10	机动上传和执行
11	返回标准模式
12	必要时返回机动准备和执行状态

图 4-23　法国国家航天局预警规避详细流程

3. 卫星规避事例

欧空局利用美国空间监视网提供的数据,监视卫星欧洲遥感(European Remote Sensing,ERS)卫星-1(ERS-1)与空间物体碰撞的可能性,1997 年 6 月,注意到卫星 ERS-1 有可能在 6 月 25 日与宇宙-614 交会,决定执行规避机动,卫星速度增加 1 m/s,卫星在预测的碰撞位置处高度升高 4 km。

复习思考题

1. 本章介绍了 3 种碰撞预警轨道筛选方法,包括高度筛选、轨道间最小距离筛选和过交线时间筛选,每种筛选算法可以减少多少计算目标?

2. 碰撞概率计算中的误差分析方法在实际工作中都会用到,各有什么优缺点?

3. 美国和欧洲的碰撞预警技术介绍中,美国和欧洲的预警流程和技术有什么区别?

第 5 章 空间事件分析

空间事件主要包括轨道机动事件、空间解体事件和再入陨落事件三类，除了轨道机动事件是完全由地面操作控制的主动行为，另外两类事件大部分都是自然行为，而且都可能对空间环境或是地面人员财产造成损害，需要引起广泛关注。

空间解体事件分为爆炸解体和碰撞解体，短时间内将产生大量碎片，对周围环境产生较大的影响。在解体后快速观测到解体碎片，以迅速确定解体事件的发生时间和地点，对于研判解体事件的影响十分重要。观测数据距离解体时刻越近，对解体事件的分析研判就越准确。是否能够快速对解体事件产生的碎片进行有效编目，也是衡量监测网能力的重要指标。

再入陨落事件在正常情况下每年发生的次数约 400 次，其中大型的航天器再入一般都会引起国际社会的广泛关注。精准预测再入时刻和地点成为国际热点问题。

5.1 轨道机动事件

5.1.1 轨道机动事件类型

在空间物体的编目工作中，常常发现空间物体的轨道发生了突变，造成这种突变的原因大致可以分成两类：有意变轨和无意变轨。有意变轨指的是为了某种特定目标，主动给航天器实施变轨机动，是有目标、有计划的空间任务。有意变轨包括以下几种情况：在轨运行的航天器为了维持轨道高度，定期执行机动抬升轨道；卫星星座为了维持卫星星座覆盖性能，定期执行轨道机动保持星座整体构型；同步轨道卫星需要定期执行机动维持轨位，保持星下点在定点经度范围内；卫星为了规避危险交会而执行的轨道机动；卫星为了执行任务后离轨或者钝化而引起的轨道变化。无意变轨指受到未知外力而产生的轨道变化。典型情况如图 5-1 和图 5-2 所示。

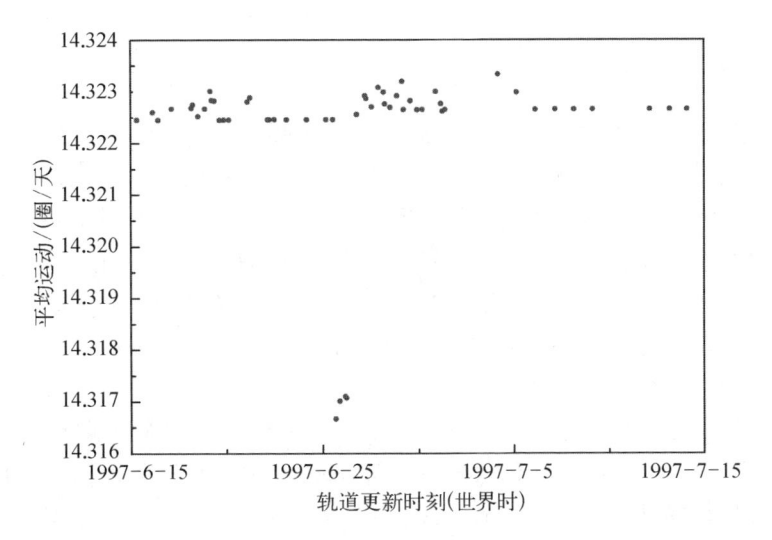

图 5-1　ERS-1 卫星躲避碰撞风险机动

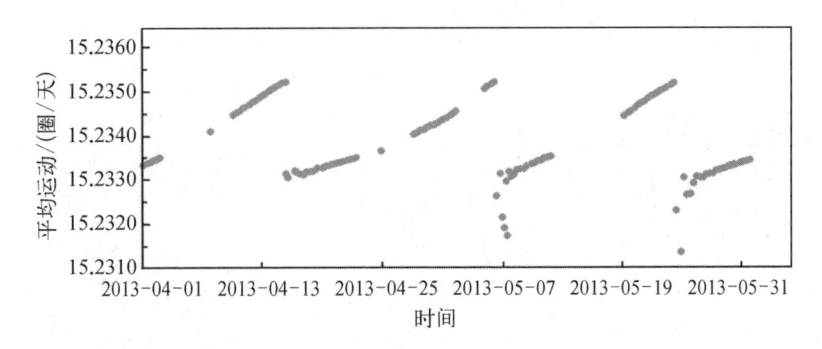

图 5-2　天绘卫星进行常规轨道维持

5.1.2　轨道机动分类

轨道机动根据其机动后的效果，可以分为轨道面内机动、轨道面机动和调姿机动。

（1）轨道面内机动是最常见的机动方式，即轨道面不变，仅改变轨道形状（偏心率、长半轴），一般轨道维持、预警规避等都采用这种机动方式，其燃料消耗一般较小；

（2）轨道面机动，是通过改变轨道的倾角或者升交点赤经等方式改变卫星轨道平面的空间指向，一般燃料消耗较大，并不常用；

（3）调姿机动是通过微小机动改变卫星的姿态，从而使卫星的迎风截面发生改变，卫星轨道也会发生缓慢改变，现在一般商业卫星较少带有轨控发动机，因而采用此种方式最为经济方便。

5.1.3 轨道机动事件的发现

1. 数据处理过程中发现

当数据处理中心接收测站的监测数据后,首先要进行关联识别,确定其是否是编目数据库中的目标。若一条监测数据经过自动和人工两道关联流程,都未能与数据库中的目标成功匹配,后续将启动疑似变轨分析和新目标发现分析两个事件分析流程。

两个事件分析流程大致一致,首先积累更多的监测数据,确定该目标的精确轨道根数和物理特征信息,然后根据根数信息和特征信息判定是否是已有目标轨道机动还是新目标产生的情况,如图5-3所示。

2. 统计分析中发现

空间物体动态编目数据库需要定期评估每个目标的更新率和编目管理数量的变化情况。当发现某编号的目标长久未更新时,即启动疑似变轨分析,然后通过搜索附近区域,获得监测数据,然后再确定是否发生了轨道机动事件,如图5-4所示。

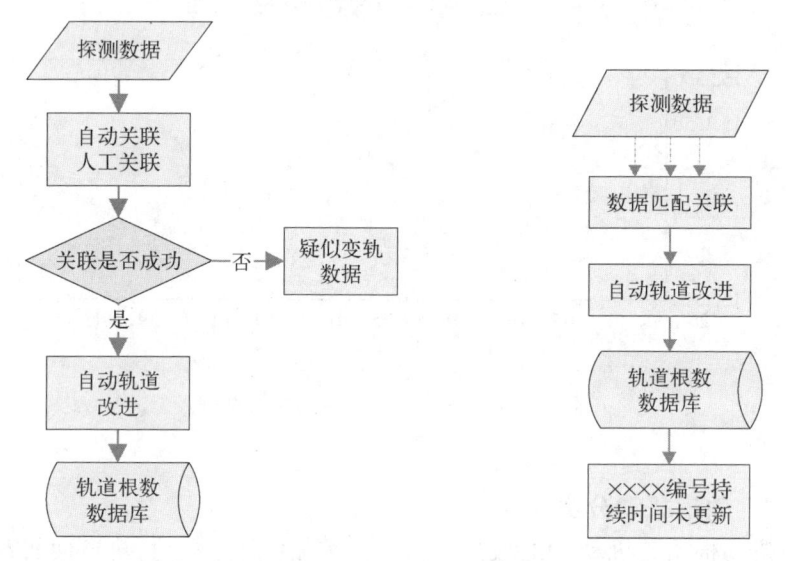

图5-3 轨道机动事件的发现(1)　　图5-4 轨道机动事件的发现(2)

5.2 解体事件

5.2.1 典型解体事件

解体事件可能源于两个空间物体的在轨碰撞,也可能源于航天器或者碎片自身由于不同原因而发生爆炸。航天器解体后,碎片的分布规律较为复杂,会受到多种因素影响。一般来说,在解体瞬间,碎片会沿着原轨道方向以及解体产生的径向方向分布。如果是爆炸解体,碎片会在以原航天器位置为中心的一定空间范围内呈散射状分布。受轨道作用力影响,碎片的轨道参数会发生变化,导致碎片分布随时间演化。一般用 Gabbard 图来描述解体碎片的轨道分布特征。Gabbard 图是单次解体事件产生的空间碎片的近地点和远地点相对于其各自轨道周期的分布的散点图,可直观展示航天器解体事件中碎片的轨道信息,快速了解碎片轨道的性质、解体点的位置、碎片散布的方向性和强度等特定信息。

1. 爆炸解体事件

2012 年 8 月 6 日俄罗斯通过 BREEZE－M 火箭(编号 38746),将 EXPRESS MD2 卫星送入轨道,2012 年 10 月美国开始公布 38746 解体碎片的轨道根数,仅 10 月公布的解体碎片数量就超过 100 个。这些碎片在解体初期的轨道分布如图 5-5 和图 5-6

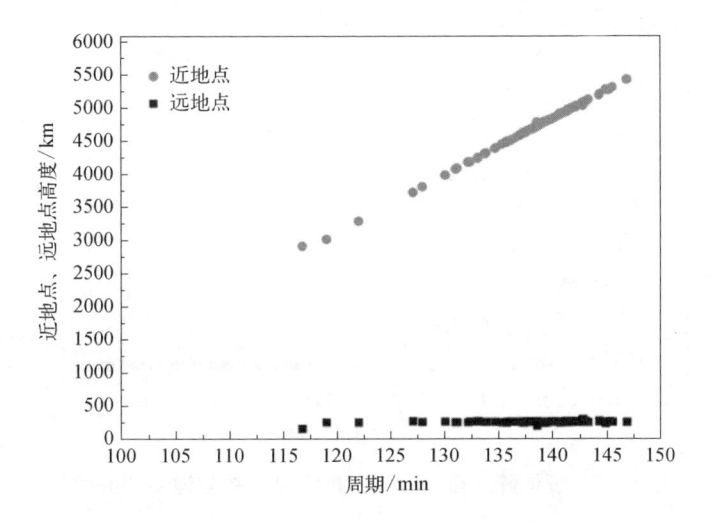

图 5-5　解体碎片在 2012 年 10 月 31 日的轨道 Gabbard 图

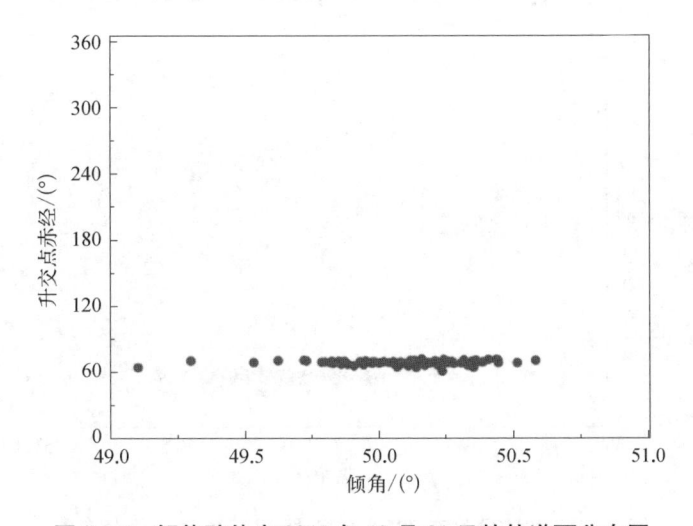

图 5-6　解体碎片在 2012 年 10 月 31 日的轨道面分布图

所示,各碎片的近地点相近,且远地点高度分布范围较广;同时轨道倾角均为 50°左右,生交点赤经约 60°。随着碎片轨道的演化,轨道参数分布也发生了明显变化。

截至 2012 年 11 月 10 日,共公布 108 个解体碎片,该碎片的轨道分布如图 5-7 和图 5-8 所示。新公布了一些轨道相对较低的碎片,同时碎片升交点赤经均值较 10 天前明显降低,同时离散程度增加。碎片轨道演化到 2014 年 3 月 13 日,轨道升交点赤经已经完全分布在 0°~360°范围内,轨道面完全散开,如图 5-9 和图 5-10 所示。

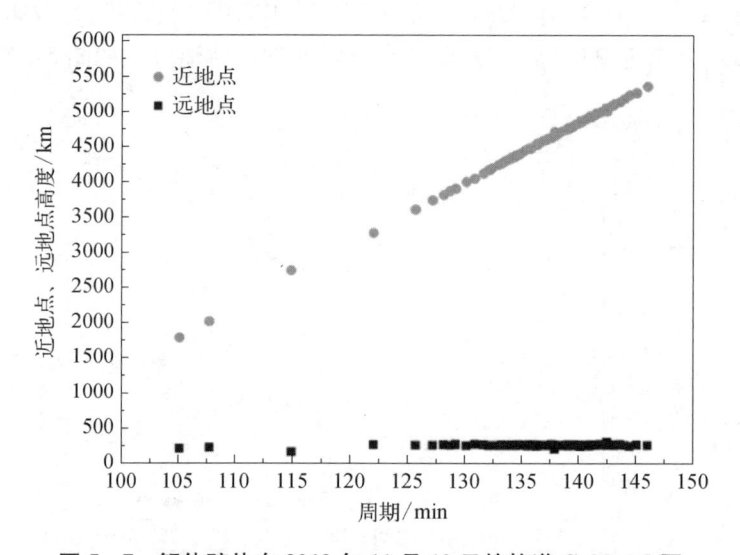

图 5-7 解体碎片在 2012 年 11 月 10 日的轨道 Gabbard 图

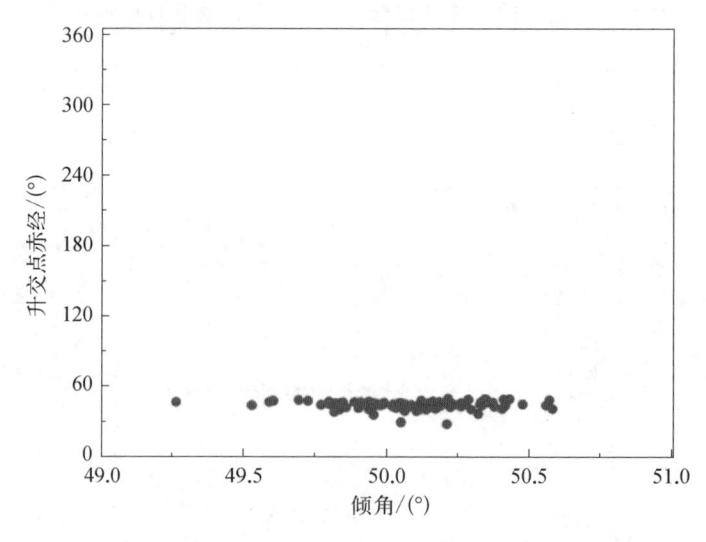

图 5-8 解体碎片在 2012 年 11 月 10 日的轨道面分布图

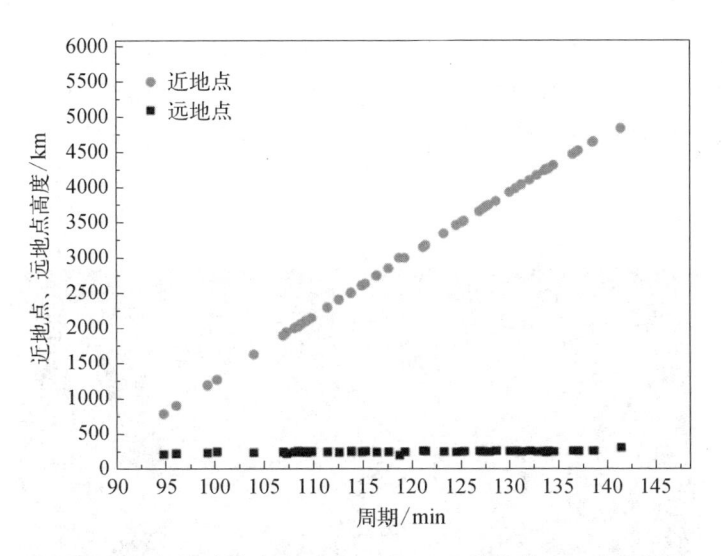

图 5-9　解体碎片在 2014 年 3 月 13 日的轨道 Gabbard 图

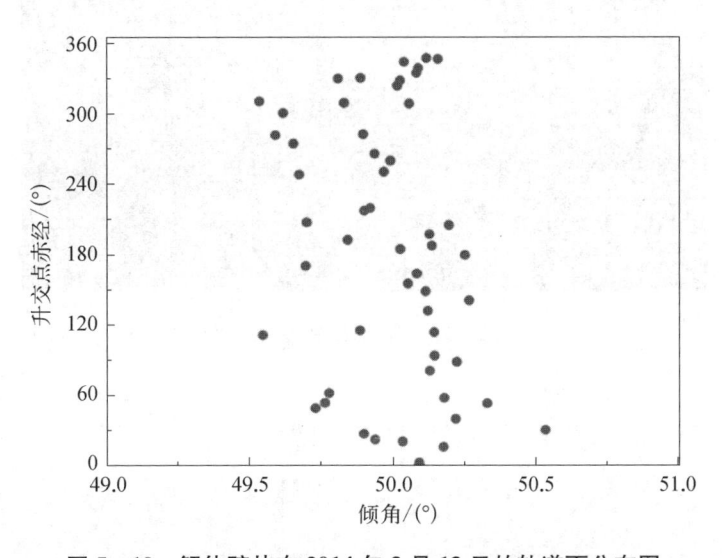

图 5-10　解体碎片在 2014 年 3 月 13 日的轨道面分布图

计算表明该火箭的解体时间为 2012 年 10 月 16 日 16:31:27(UTC),解体地点为西经 23.3°、北纬 31.7°、高度 276.2 km,该位置位于轨道近地点附近(平近点角 4.6°)。解体可能是火箭残余的压力装置在近地点解体造成的。

2. 碰撞解体事件

2009 年 2 月 10 日美国 1997 年发射的通信卫星铱星-33 与俄罗斯 1993 年发射的中继卫星宇宙-2251 发生碰撞,如图 5-11 所示。这是第四次太空物体碰撞事件,也是首次完整航天器的碰撞事件。碰撞发生 1 周后美国开始陆续公布两颗卫星的解体碎片的轨道根数,利用两颗卫星的轨道根数计算得到其碰撞时间为世界时 2009/02/10 16:56:00,卫星的交会关系如图 5-12 所示。最初公布的一批碎片与各自母体的交会时间均在该时刻附近,进一步证实了该次碰撞解体事件。

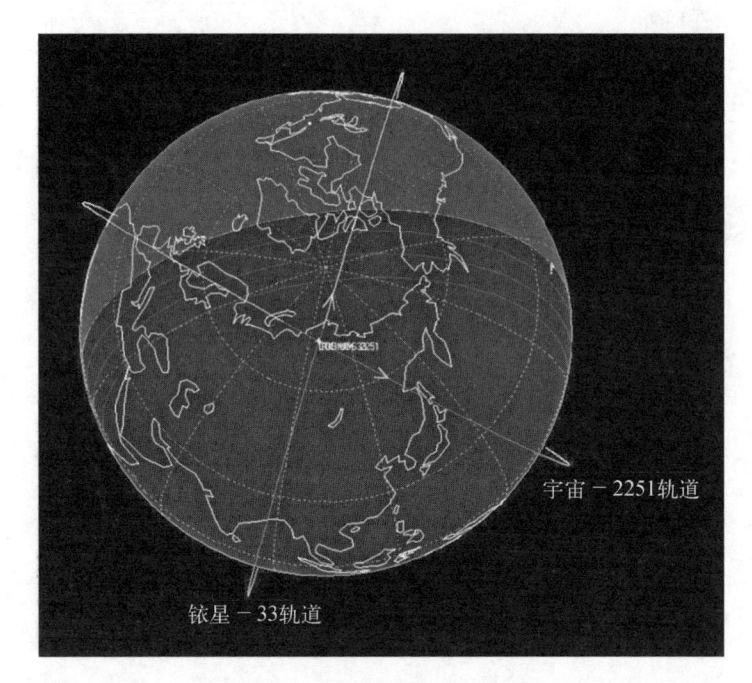

图 5-11　美俄卫星碰撞地点

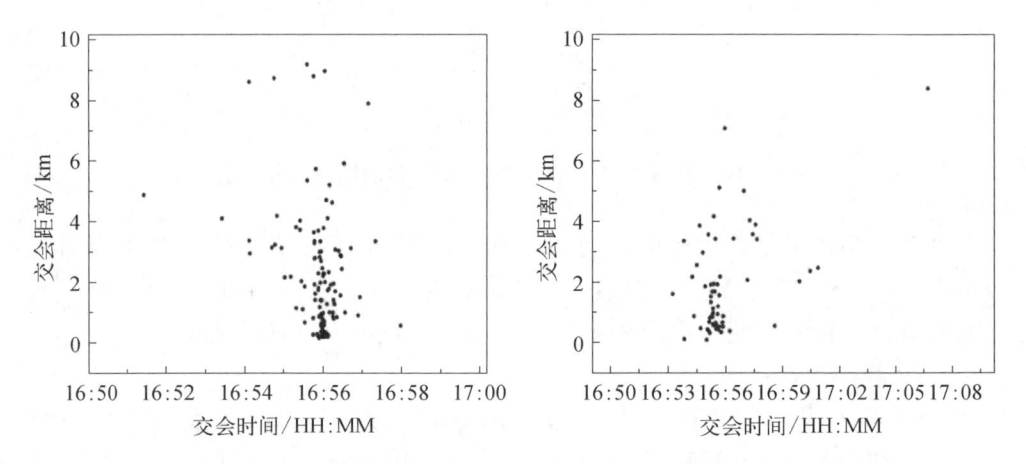

图 5-12　宇宙-2251 碎片与母体交会(左)铱星-33 碎片与母体交会(右)

截至 2018 年 12 月 1 日,美国共公布该次事件的编目碎片 2 294 个,其中宇宙-2251 碎片 1 667 个,铱星-33 碎片 627 个。碎片所在区域正是航天器密集区域,解体碎片的轨道高度分布如图 5-13 所示。

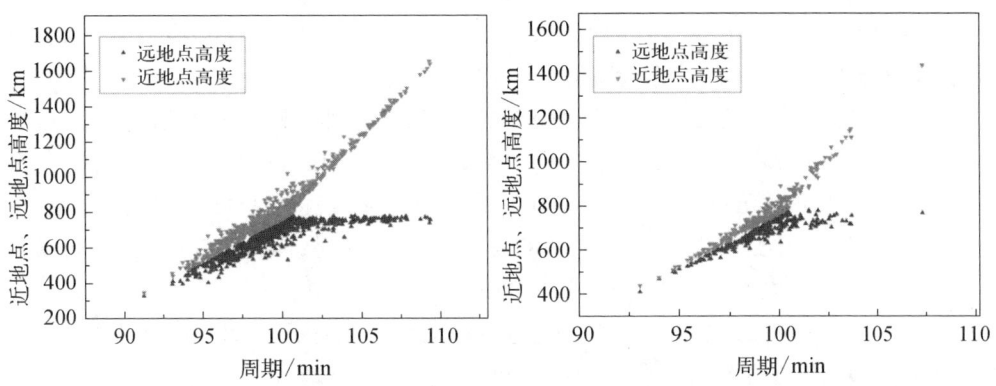

图 5-13 宇宙-2251 碎片 Gabbard 图(左)铱星-33 碎片 Gabbard 图(右)

5.2.2 解体碎片分布的演化时空规律

解体发生后,根据碎片云中碎片的编目情况将演化周期划分为短期演化、中期演化和长期演化,碎片云中的碎片没有被追踪编目的阶段定义为短期演化阶段;当碎片开始编目到大部分碎片已被编目的阶段定义为中期演化;绝大部分碎片已被编目且可以作为独立碎片分析的阶段定义为长期演化阶段。

根据解体后碎片云的形状特征可以将碎片云的演化周期划分为六个阶段:球形、椭球形、绳形、螺旋线形、全方位弥漫形和球壳形阶段。

(1)球形阶段,是初始分离阶段,碎片云主要受分离速度的影响,假设分离速度是均匀分布的,那么碎片云最初则呈现一个球状。事实上,碎片在释放时不可能是完全均匀分布的,若在一定的角度范围内释放,则碎片云是在初始阶段形成以分离点为中心的圆锥体,可以看作是球形的一部分,因此碎片初始分离阶段视为球形阶段。

(2)椭球形阶段,是指碎片云初始分离阶段形成的球形不断扩大的同时演变为一个椭球,在受分离速度影响的同时,还受空间相对运动规律的影响,椭球的体积不断增大,沿飞行速度方向拉长的同时,沿轨道法向方向和径向方向也在扩张。随着时间的增加分离速度的作用越来越小,相对运动规律的影响占统治地位,当分离速度的作用终止时,标志着椭球形阶段结束,绳形阶段开始。

(3)绳形阶段,是指碎片云沿椭球的半长轴不断拉开,从而形成两头尖中间粗的过程,该阶段相对运动规律对碎片云的演变占统治地位。随着时间的增加,绳形不断拉长,直至绳头追上绳尾,标志绳形阶段结束,螺旋线形阶段开始。

(4) 螺旋线形阶段,是指从整体上表现为一条螺旋线形到螺旋线逐步解体的过程,主要受轨道运动规律影响,在轨道平面上,螺旋线不断增加,绳头一次又一次地追上绳尾,螺旋线螺旋的圈数不断增加。此阶段有两个位置碎片云高度集中,有的文献中称为极点和极线,当极点和极线不可见、高度密集的现象消失时,标志螺旋线阶段结束,进入全方位弥漫阶段。

(5) 全方位弥漫阶段,是指碎片密集的极点和极线区域不再密集,碎片向各个方向不断扩散的过程,主要受轨道摄动力影响,由于不同的轨道要素受到的主要摄动力不同,导致碎片云弥漫的形状有所不同。当升交点赤经漂移最快的碎片轨道平面再一次追上升交点赤经漂移最慢的碎片轨道平面时,碎片云完成了对地球的包围,这一时刻可以定义为全方位弥漫阶段的终止。

(6) 球壳形阶段,最重要的特征是稳定和消亡。当球壳内部分布相对均匀,不随时间进一步出现较大的变化,且在大气阻力的作用下球壳的内径和外径逐渐减小,最终消失在大气层中,这个阶段为球壳阶段。

一般情况下,螺旋线形阶段以前的碎片云演变过程都属于短期演化,从全方位弥漫阶段开始即进入碎片云的中长期演化。

5.2.3 解体事件性质分析

解体事件演化主要分为短期、中期和长期三个阶段,在前两个阶段,侧重点在于确定解体时刻和地点,在长期阶段,侧重于评估解体事件的影响。

1. 初期解体时刻确定[37]

1) 数据预处理

首先将获取的未识别的监测数据进行轨道确定,主要包括如下几个步骤:首先利用首点、中点和末点数据进行初轨确定;如果母体已知,则利用轨道倾角进行轨道面筛选,筛选出疑似的可能的解体碎片观测数据集合;然后将母体轨道预报到各个观测数据时刻,比较两个轨道面的夹角(3°);最后采用母体的面积质量比信息,利用最小二乘法精密定轨,形成单弧段观测根数集合。若母体信息未知,则进行统计,找到数据比较集中的区间,进行计算。

2) 解体时刻确认(母体已知)

首先建立如图 5-14 的参考系 ($S_o T_o W_o$):地心为圆心;S_o 轴指向母体;W_o 轴轨道面法向;S_c 为碎片相对母体的位置。

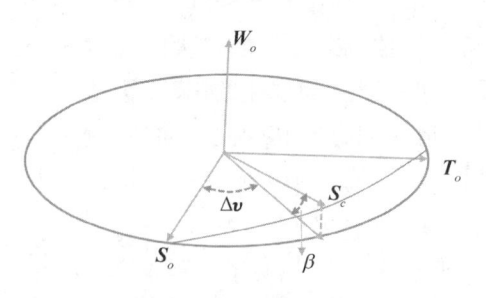

图 5-14 参考坐标系

然后定义如下 3 个变量:

$$法向参数：\beta = \sin^{-1}(S_c \times W_o) \tag{5-1}$$

$$高度参数：\Delta H = (r_c - r_o) \times S_c \tag{5-2}$$

$$沿迹参数：\Delta v = \tan^{-1}\left(\frac{S_c \times T_o}{S_c \times S_o}\right) \tag{5-3}$$

不难得知，在解体点，三个参数都为 0，利用这个条件计算得到解体时刻（图 5-15）。

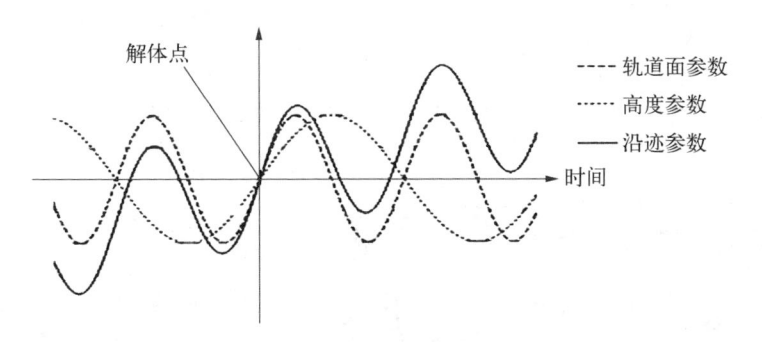

图 5-15 解体点

3) 解体时刻确认（母体未知）

假定获得监测数据后，通过轨道确定获得了 n 条轨道，用 r_n 表示，在疑似解体的时间段划分为 M 个时刻，分别计算每个时刻平均距离 L_i。平均距离定义如下：

$$\begin{aligned}
&\text{DIS}_{1n} = |r_1 - r_n| \\
&R_1 = \text{average}(\text{DIS}_{12}, \text{DIS}_{13}, \cdots, \text{DIS}_{1n}) \\
&R_2 = \text{average}(\text{DIS}_{23}, \cdots, \text{DIS}_{2n}) \\
&L_i = \text{average}(R_1, R_2, \cdots, R_{n-1})
\end{aligned} \tag{5-4}$$

由此获得了 M 个时刻对应的平均距离值 $L_1, \cdots, L_i, \cdots, L_M$，当 L_i 最小时，即为解体时刻。

2. 中期解体时刻与母体确认

解体中期，空间碎片已经基本散开，大多数轨道通过数据处理已经完成编目。此时进行母体确认和解体时刻确认相对精度更高。

1) 解体母体确认

首先解体碎片其实相当于是在母体在解体时刻增加了一个速度增量，产生了一个新的轨道。那么速度增量与轨道变化的关系如下式：

$$\begin{cases} \Delta a = \dfrac{2\sqrt{(1+2e\cos f+e^2)}}{n\sqrt{1-e^2}}\mathrm{d}v_U \\ \Delta e = \dfrac{\sqrt{1-e^2}}{na\sqrt{(1+2e\cos f+e^2)}}[2(\cos f+e)\cdot \mathrm{d}v_U - \sqrt{1-e^2}\sin E\mathrm{d}v_N] \\ \Delta i = \dfrac{a(1-e\cos E)\cos u}{na^2\sqrt{1-e^2}}\mathrm{d}v_W \\ \Delta\Omega = \dfrac{a(1-e\cos E)\sin u}{na^2\sqrt{1-e^2}\sin i}\mathrm{d}v_W \\ \Delta\omega = \dfrac{\sqrt{1-e^2}}{nae\sqrt{(1+2e\cos f+e^2)}}[2\sin f\mathrm{d}v_U+(\cos E+e)\mathrm{d}v_N]-\cos i\Delta\Omega \\ \Delta M = -\dfrac{3n}{2a}\Delta a - \dfrac{1-e^2}{nae\sqrt{(1+2e\cos f+e^2)}} \\ \quad\left[\left(2\sin f+\dfrac{2e^2}{\sqrt{1-e^2}}\sin E\right)\mathrm{d}v_U+(\cos E-e)\mathrm{d}v_N\right] \end{cases} \quad (5-5)$$

式中，Δa、Δe、Δi、$\Delta\Omega$、$\Delta\omega$、ΔM 分别为速度增量 $\mathrm{d}v$ 引起的轨道六根数的变化量；速度增量在 UNW 坐标系采用 $\mathrm{d}v_U$、$\mathrm{d}v_N$ 和 $\mathrm{d}v_W$ 表示。

由此我们得到碎片相对于母体的轨道改变与母体轨道存在如下关系：

$$\Delta\Omega/\Delta i = \tan(u)/\sin i \quad (5-6)$$

式中，u、i 分别为母体的真近点角和轨道倾角。基于式(5-6)，就可以确认产生解体碎片的空间物体信息。

2) 解体时刻确认

将所有编目根数在疑似解体时间段内按照估计步长进行预报，然后计算相对位置关系，相对距离最小，且集中的时刻即为解体时刻，具体如图 5-16 所示。

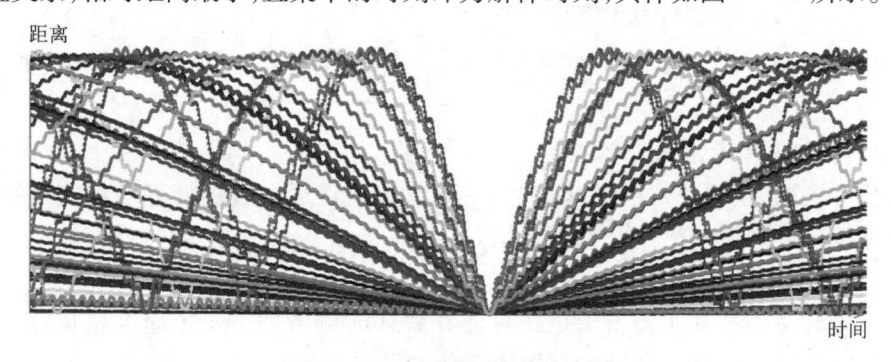

图 5-16 解体时刻确认示意图

5.2.4 解体碎片轨道特征分布

解体事件发生后,由于解体碎片均可以追溯至同一母体,其轨道参数的分布具有一些共同特征,主要体现在轨道高度分布、轨道面参数分布方面。

1. 解体碎片高度分布特征

航天器等目标在轨解体后,产生的解体碎片相较母体具有一个速度增量,并且在各个方向均有分布,根据解体母体的轨道以及解体发生的位置不同,其解体碎片的分布呈现不同特征。

1) 近圆轨道解体碎片的轨道高度分布特征

近圆轨道航天器发生解体后,由于母体的近地点高度及远地点高度几乎相同,解体碎片的速度增量方向如果与母体速度方向相同(两者速度方向夹角小于90°),将导致碎片相对母体的速度有所增加,进而导致其远地点轨道高度的升高;解体碎片的速度增量方向如果与母体速度方向相反(两者速度方向夹角大于90°),将导致碎片相对母体的速度有所减少,进而导致其轨道高度的降低。

以解体碎片的周期作为横坐标,近地点/远地点高度作为纵坐标绘制的Gabbard 图如图 5-17 所示。图 5-17 中绿色部分代表获得速度增量的解体碎片,蓝色部分则代表获得反向冲击的解体碎片。

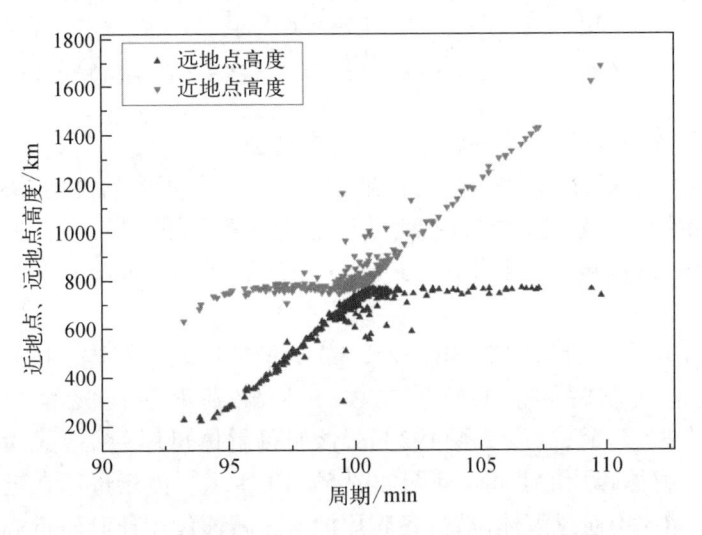

图 5-17 宇宙-2251 解体后 20 天(2009 年 3 月 1 日)的碎片 Gabbard 图

仍然以 2009 年 2 月 10 日俄罗斯宇宙-2251 卫星与美国铱星-33 卫星发生碰撞解体事件为例。图 5-17 为宇宙-2251 解体后 20 天公布的解体碎片在 2009 年 3 月 1 日的 Gabbard 图。Gabbard 图被分为明显的两部分,右侧部分随着碎片周期的增加,偏心率和远地低点升高,但近地点仍与解体前母体的轨道近地点高度相近。Gabbard 图的左侧部分的碎片高度均低于解体前母体高度,且周期越小近地点高度越低,其受大气阻力的影响较大,这些碎片轨道偏心率逐渐变小,近地点高度和远地点高度逐渐接近。

图 5-18 为这些碎片轨道演化 5 年后的 Gabbard 图,经过 5 年的轨道演化,高度较高的碎片轨道变化并不明显;而高度较低的碎片偏心率渐趋于零,更有大量的碎片已经陨落。

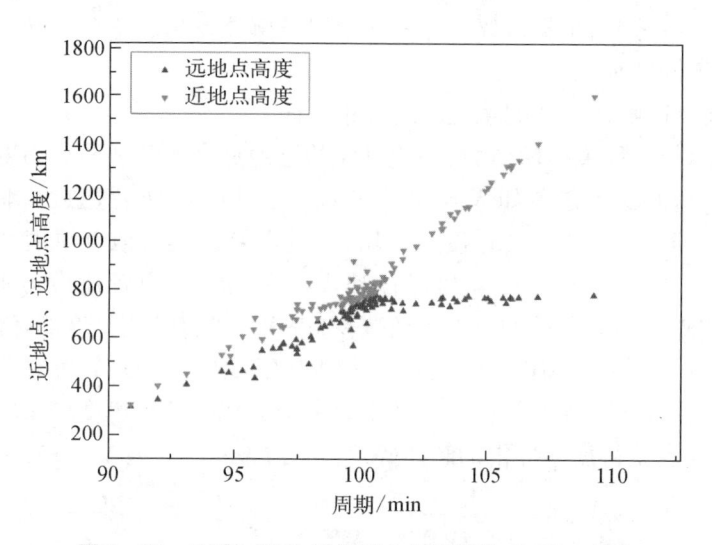

图 5-18 宇宙-2251 解体后 5 年的碎片 Gabbard 图

2) 大椭圆轨道解体碎片的轨道高度分布特征

大椭圆目标在解体后,解体碎片高度的分布规律与近圆轨道解体碎片相比,有其独特的分布特点。解体母体的近地点与远地点高度相差较大,在速度增量作用下,其轨道高度升高或降低,同时使其偏心率变化,碎片 Gabbard 图与解体发生的位置有关。

2012 年 10 月 16 日俄罗斯 BREEZE-M 火箭残骸发生解体。按照所计算的解体时间和火箭残骸解体前的轨道根数,计算得到火箭残骸解体地点:西经 23.285°,北纬 31.675°,高度 276.192 km,该时刻解体母体的平近点角约 5°,即在近地点附近。解体碎片的 Gabbard 图如图 5-19 所示。由于母体在近地点附近解体时,其解体碎片均通过解体位置,各碎片加速或减速作用使其轨道高度及偏心率增大或减小。Gabbard 图明显分为两部分,下面部分分布接近于"水平"且高度接近母体近地点,而上面部分分布为"斜线",且通过母体远地点。

如果解体位置恰好在远地点附近时,各个碎片的速度增加或减小,导致碎片近地点的抬升或降低,因而会有更多的碎片由于近地点较低而陨落,由于解体地点发生在远地点,因此各解体碎片的远地点高度比较接近,将呈现"水平"部分,而近地点将呈现为通过母体近地点的"斜线"。

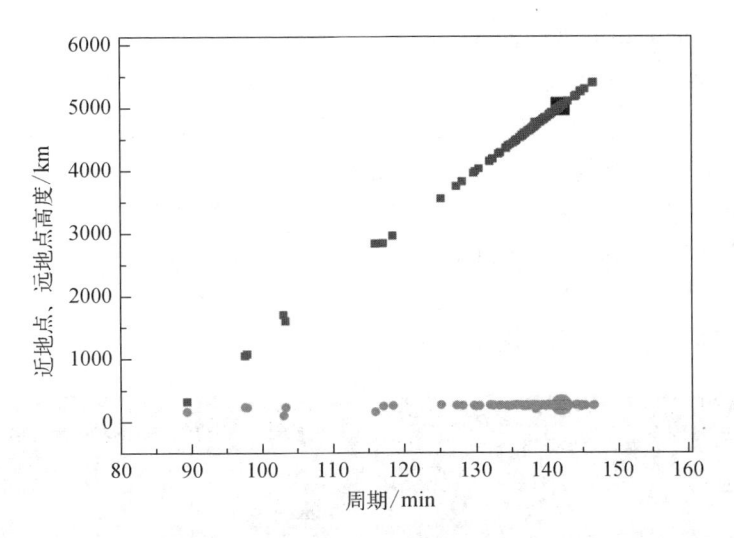

图 5-19 BREEZE-M 碎片解体后 15 天的 Gabbard 图

2. 解体碎片轨道面分布特征

航天器等目标在轨解体后,新产生解体碎片的轨道面参数几乎与母体解体前的参数相同,随后在各摄动作用下其轨道面参数逐渐演化,从而使解体碎片的轨道面参数呈现不同特征。

1) 倾角分布特征

由于航天器解体时倾角变化极小,对于面质比较小的解体碎片,各摄动作用对倾角影响较小,因此各解体碎片的倾角将与母体的轨道倾角相近。仍以宇宙-2251 解体碎片为例,对解体后半年内公布的碎片分析其倾角分布随时间的变化趋势。取解体后大约 5 个月内公布的宇宙-2251 碎片(最小编号 33757,最大编号 35047)进行倾角分布统计(表 5-1),随着碎片的陨落,其数量有所减少[32,36]。

表 5-1 宇宙-2251 解体碎片倾角分布

数据根数时间	碎片数量	倾角范围/(°)	平均值/(°)	标准差/(°)
2009/06/01	760	73.69~74.25	74.018	0.076
2010/03/01	726	73.69~74.25	74.018	0.073
2012/09/01	554	73.70~74.30	74.043	0.082
2014/03/01	298	73.69~74.27	74.007	0.082

宇宙-2251 解体 5 年后,尽管所分析的 760 个碎片大部分已经陨落,但在轨碎片的轨道倾角的分布规律与解体时变化极小。碎片倾角范围始终未超过 0.6°,碎

片倾角分布标准差更是维持在 0.1 以下。

2）升交点赤经分布特征

航天器解体后，各解体碎片由于高度差异明显，而轨道半长轴、偏心率和倾角是影响轨道面重要参数升交点赤经变化的重要参数，由于半长轴及偏心率的差异将导致各个解体碎片升交点赤经变化率各不相同。通过长期的轨道演化，碎片将从一个轨道面逐渐覆盖整个地球。

以美国 DMSP 5D‑2 F13 卫星为例，该卫星于 2015 年 2 月 3 日解体，通过 1 年的轨道演化其升交点赤经变化如图 5‑20 所示。

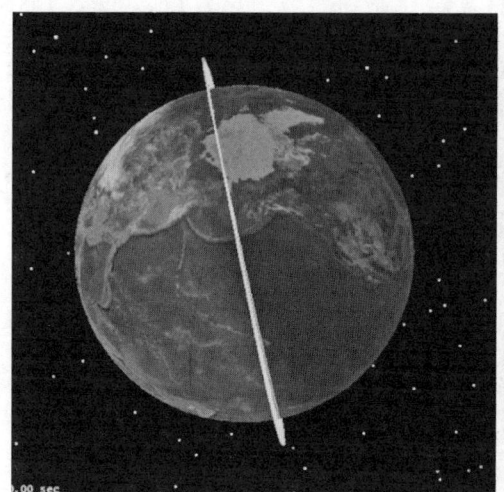

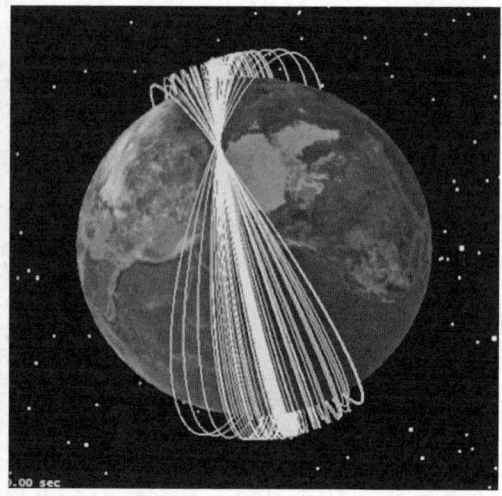

图 5‑20　DMSP 5D‑2 F13 卫星解体碎片解体时（左）和解体后 1 年（右）升交点赤经变化

5.3　再入陨落事件

5.3.1　陨落预报概念

陨落预报是指根据轨道编目数据和监测数据，结合空间环境参数、大气密度分布、面积质量比信息等，预测空间碎片轨道寿命、再入时刻、再入地点。陨落预报的过程通常可分为轨道寿命预报和再入预报两个阶段。

（1）轨道寿命估计：估计空间碎片的面积质量比信息，针对不同类型的轨道采用不同的模型，采用分析法（或半分析法）快速计算各目标的轨道寿命；空间碎片轨道寿命可能从几十年到几天不等，因此计算模型在保证一定精度的基础上，需要有一定的快速性。

（2）再入预报：采用数值法（完整力模型、再入阶段大气模型、C_D 系数变化等）对空间碎片轨道进行改进，计算其再入时刻和地点；空间碎片再入预报一般从轨道高度降低到 200 km 时开始，直到再入大气层烧毁或者降落地面。再入时间段一般为几天，需要预报模型精度较高。

如图 5-21 所示，国际标准化组织（International Organization for Standardization, ISO）提供了三种轨道寿命估计方法[38]：数值法轨道预报方法、半分析法轨道预报方法和图表计算方法。

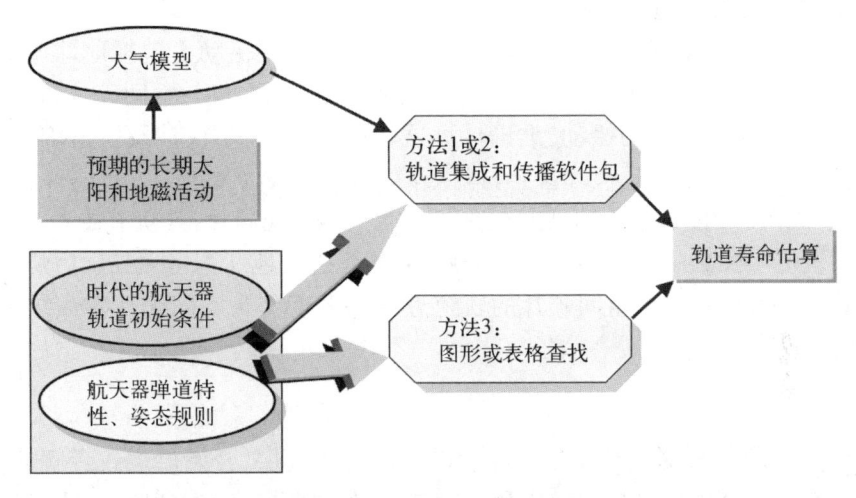

图 5-21　ISO 寿命估计模型

（1）数值法轨道预报方法：计算精度最高，但是计算量也最大。模型考虑大气摄动、地球引力摄动（包括 J_{22} 等）、三体引力摄动以及太阳光压摄动、姿态影响模型等。同时基于攻角的变化建立了卫星弹道系数的变化模型。这个模型尽管精度最高，但是在实际使用过程中存在一定的困难，例如很多参数可能无法提供，从而影响计算结果的精度。

（2）半分析法：计算速度较快，同时考虑 J_2 和 J_3 摄动和大气阻力摄动，采用平均的弹道系数进行计算，同时对于 GTO 等高远地点轨道，考虑太阳和月球引力的影响。

（3）图表计算方法：计算精度最低，采用前两种预报方法建立图表信息，然后根据卫星实际情况进行对比计算。

目前准确预测空间目标寿命和再入的时间和地点仍然非常困难。对机构间空间碎片协调委员会（IADC）在 1998~2021 年期间对 20 个联测目标的再入预报的误差分析可知，剩余轨道寿命的平均预报误差在 10%，若只考虑再入前 6 h 内的预报，则剩余轨道寿命的平均预报误差将升高至 15%。对于火箭上面级的再入预报精度比航天器稍高，剩余轨道寿命的平均预报误差在 5%~8%。根据预报数据和实际再入数据，若将预报轨道寿命的±20% 作为不确定性窗口，则实际寿命落在窗口内的概率达到90%;若把预报剩余轨道寿命的±25%作为不确定性窗口,则实际剩余寿命落在窗口内的概率将增加至95%。但即使是在再入前几个小时,±20%的轨道寿命不确定性窗口也意味着目标可以在沿迹向运动超过一圈,使得准确预测再入位置极为困难。

5.3.2 近圆轨道寿命估计

低轨近圆轨道空间碎片在运行过程中,受到的主要摄动力包括地球非球形摄动和大气阻力摄动。其中地球非球形摄动是保守力摄动,仅与空间碎片轨道相关;大气阻力摄动是非保守力摄动,准确计算这两种摄动时,不仅涉及轨道因素,还包括空间碎片的姿态、质量、尺寸甚至材料等因素,计算较为复杂[39]。

对于低轨道的(如半长轴高度在800 km以下)空间碎片,其轨道在大气摄动的影响下,轨道半长轴和偏心率均不断地减小,最终进入地球稠密大气层后烧毁或降落地面。一般来说,采用空间碎片的轨道近地点高度作为空间碎片寿命结束的判定条件:

$$r_p = a(1-e) - R_{earth} \qquad (5-7)$$

当 $r_p <$ 120 km 时则认为空间碎片进入稠密大气层,开始燃烧或者解体,其寿命终结。从上式可以看出,空间碎片的轨道寿命主要与轨道六根数中的半长轴和偏心率相关,在大气阻力作用下,半长轴和偏心率的轨道摄动方程如下:

$$\frac{da}{dt} = -\frac{a^2 C_D A \rho v^3}{\mu} \qquad (5-8)$$

$$\frac{de}{dt} = -(e + \cos\theta) C_D A \rho v \qquad (5-9)$$

式中,C_D 为卫星的阻力系数;ρ 为该高度的大气密度,由大气模型确定;v 为卫星的速度(标量);A 为面积质量比;e 为卫星轨道偏心率;μ 为地球引力常数;θ 为卫星轨道的真近点角。

将瞬时变化率进行一个周期内积分,然后平均,得到半长轴和偏心率在大气阻力作用下平均变化率:

$$\frac{da}{dt} = -\frac{\sigma}{\pi\mu\sqrt{1-e^2}} \int_0^{2\pi} r^2 v^3 \rho \, d\theta \qquad (5-10)$$

$$\frac{de}{dt} = -\frac{\sigma}{\pi a^2 \sqrt{1-e^2}} \int_0^{2\pi} r^2 v \rho (e + \cos\theta) \, d\theta \qquad (5-11)$$

式中,$\sigma = C_D S/(2m)$ 为弹道系数;r 为卫星的径向距离(标量)。

将真近点角 θ 分成 360 等份,进行数值积分,然后除以轨道周期,获得空间物体在大气阻力作用下引起的半长轴和偏心率的平均变化率。其中每一步积分过程中,大气密度 ρ 的计算方法如下:根据积分时刻从空间环境参数文件中获取对应 $F_{10.7}$ 和 AP,然后将 $F_{10.7}$、AP 和当前时刻空间物体的轨道高度输入大气模型,获得大气密度 ρ。

积分器采用龙格-库塔四(五)阶算法,步长采用半长轴的变化量 Δa 控制,具体见下式:

$$\Delta t = \frac{\Delta a}{\mathrm{d}a/\mathrm{d}t} \qquad (5-12)$$

由于每个高度的 Δa 不同,于是每个步长 Δt 不同,从而可以实现变步长快速计算。由于预报期从几十年到十几天,空间碎片位置的计算精度比较低,同时也没有精确计算的需求,于是不计算涉及空间碎片位置的轨道根数近地点幅角和真近点角,节约计算量的同时实现其他 4 个根数的大步长预报。

5.3.3 大椭圆轨道寿命预报模型

根据日月引力的特性,以及大椭圆轨道空间碎片的寿命影响因素,建立如下的大椭圆轨道空间碎片寿命估计模型:

$$\left.\begin{aligned}
\frac{\mathrm{d}a}{\mathrm{d}t} &= \frac{\mathrm{d}a_{\text{atmosphere}}}{\mathrm{d}t} \\
\frac{\mathrm{d}e}{\mathrm{d}t} &= \frac{\mathrm{d}e_{\text{atmosphere}}}{\mathrm{d}t} + \frac{\mathrm{d}e_L}{\mathrm{d}t} \\
\frac{\mathrm{d}i}{\mathrm{d}t} &= \frac{\mathrm{d}i_L}{\mathrm{d}t} \\
\frac{\mathrm{d}\Omega}{\mathrm{d}t} &= \frac{\mathrm{d}\Omega_{J_2}}{\mathrm{d}t} + \frac{\mathrm{d}\Omega_L}{\mathrm{d}t} \\
\frac{\mathrm{d}w}{\mathrm{d}t} &= \frac{\mathrm{d}w_{J_2}}{\mathrm{d}t} + \frac{\mathrm{d}w_L}{\mathrm{d}t}
\end{aligned}\right\} \qquad (5-13)$$

式中,$L = 1$ 或 2,1 表示月球相关参数,2 表示太阳相关参数。

分别计算大气阻力摄动、J_2 摄动、日月引力摄动引起的轨道 5 个根数随时间的平均变化率,然后采用龙格-库塔四(五)阶算法积分解算。

式(5-13)中,$\dfrac{\mathrm{d}a_{\text{atmosphere}}}{\mathrm{d}t}$、$\dfrac{\mathrm{d}e_{\text{atmosphere}}}{\mathrm{d}t}$ 为大气阻力摄动引起的半长轴和偏心率

的平均变化率,具体计算公式见上节。另外还需要额外考虑升交点赤经和近地点幅角的变化。

计算第三体引力摄动引起的轨道根数变化率时,首先分别计算太阳、月球相对于 J2000.0 坐标系的轨道根数,然后再根据空间物体的轨道根数,分别计算空间物体相对于太阳和月球三个方向参数 A、B、C。最后根据太阳和月球的引力常数和方向参数计算月球引力和太阳引力对偏心率、轨道倾角、升交点赤经、近地点幅角的影响[40,41]:

$$\frac{\mathrm{d}e_L}{\mathrm{d}t} = -\frac{15\mu_L e \sqrt{1-e^2}}{4r_L^3 n} [2A_L B_L \cos(2w) - (A_L^2 - B_L^2)\sin(2w)] \quad (5-14)$$

$$\frac{\mathrm{d}i_L}{\mathrm{d}t} = \frac{3\mu_L C_L}{4r_L^3 n \sqrt{1-e^2}} \{A_L[2 + 3e^2 + 5e^2\cos(2w)] + 5B_L e^2 \sin(2w)\} \quad (5-15)$$

$$\frac{\mathrm{d}\Omega_L}{\mathrm{d}t} = \frac{3\mu_L C_L}{4r_L^3 n \sqrt{1-e^2}\sin(i)} \{B_L[2 + 3e^2 - 5e^2\cos(2w)] + 5A_L e^2 \sin(2w)\} \quad (5-16)$$

$$\frac{\mathrm{d}w_L}{\mathrm{d}t} = -\frac{\mathrm{d}\Omega_L}{\mathrm{d}t}\cos(i) + \frac{3\mu_L \sqrt{1-e^2}}{2r_L^3 n} \begin{Bmatrix} 5A_L B_L \sin(2w) + 2.5(A_L^2 + B_L^2)\cos(2w) \\ -1 + 1.5(A_L^2 + B_L^2) \end{Bmatrix}$$
$$+ \frac{15\mu_L a[A_L \cos(w) + B_L \sin(w)]}{4r_L^4 ne}[1 - 1.25(A_L^2 + B_L^2)] \quad (5-17)$$

式中,A、B、C 分别为第三体(太阳或月球)与空间物体之间的方向余弦;r 为第三体与地球之间的距离;μ 为第三体引力常数。

根据计算获得当前时刻的半长轴 a 和偏心率 e,计算近地点高度 $rp = a(1-e) - Re$,当 $rp < 80$ km 时,计算终止,此时对应的时间即空间物体的陨落时间 t_{decay},剩余寿命即为 $t_{\mathrm{decay}} - t_{\mathrm{start}}$。

5.3.4 再入预报

再入预报一般指空间碎片从 200~300 km 高度开始,直到其再入大气层烧毁或者降落到地面结束(图 5-22)。

在再入预报过程中,一般需要根据新的观测数据定轨更新空间碎片的在轨状

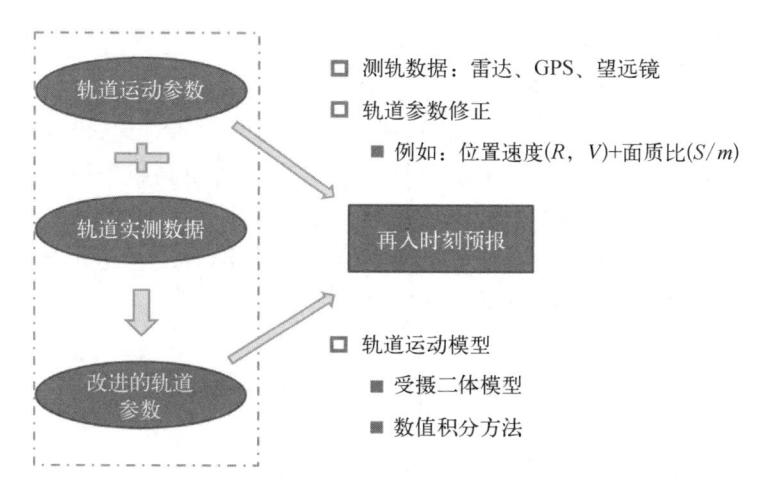

图 5‑22 再入预报技术方案

态,然后再进行预报。由于再入阶段空间碎片经历大气从自由分子流、过渡流、连续介质流等阶段,不同于一般意义上的轨道预报,其特殊包括以下几个方面。

1. 阻力系数 C_D

200 km 以上:自由分子流,通常取 2.2。

100 km 以下:连续介质流,取值 1.0。

100~200 km:过渡区间,采用如下公式:

$$C_D = C_0 + C_1'\rho \tag{5-18}$$

2. 参考点的变化

常规定轨预报中,轨道高度变化范围有限,使用同一参考点及其对应的大气密度和标高即可。再入预报过程中轨道高度变化范围大,参考点需动态变化:计算初始轨道近地点高度 h_0,从密度表查询对应的大气密度及标高;之后,每次计算大气密度时先判断高度 h 相对于 h_0 的变化量 $\delta h = h - h_0$。将 δh 与设定的阈值 Δ 比较,若 $\delta h \geq \Delta$ 则按照当前高度重新查找并更新大气密度及其标高,若否则无须更新。

5.3.5 面积质量比估计

面积质量比信息是极为重要的空间碎片轨道信息和特征信息,它不仅影响轨道预报的精度,同时也是进行空间碎片识别与分类的重要参考因素。另外空间碎片的面积质量比、质量、尺寸、密度等特征,也是用于空间目标材质分析、目标识别等工作的重要输入条件。

由于空间碎片绝大部分都是非合作目标,难以获得其准确的外形尺寸,飞行姿态以及质量,因而难以准确获知其面积质量比。

我们知道,观测数据通过轨道确定,不但能够获得 6 个开普勒根数,同时也能获得空间物体的面积质量比[42]。Linares 等[43]曾经采用无迹卡尔曼滤波（unscented Kalman filter，UKF）进行轨道确定，并获得了面积质量比随时间的变化关系。但是采用短期观测数据通过轨道确定获得的面积质量比，已经失去了其面积质量比的真正含义，仅仅是为了使获得的轨道根数与观测数据拟合得到更准确的参数，这也是有时定轨结果中面积质量比为负数的原因。为了解决有效面积质量比计算的问题，需要根据空间碎片轨道半长轴的变化，建立轨道半长轴变化与大气面积质量比和光压面积质量比的关系模型[44,45]。

5.4 国外事件应对技术现状

5.4.1 美国事件应对技术

1. 机动识别技术

1）基于探测数据的卫星机动事件识别[46-48]

一般情况下，空间目标的轨道机动都是在数据处理过程中进行识别和发现的。当观测站的探测数据进入数据处理流程过程中，首先自动关联和人工关联两个过程，如果数据成功与数据库中的目标关联起来，则该目标没有发生轨道改变。如果该探测数据经过两个关联过程，都未能与数据库中的目标关联起来，则此条探测数据则为疑似卫星变轨后的探测数据。

针对监测数据的关联问题，美国海军空间司令部的空间控制中心（Alternate Space Control Center，ASCC）开发了 SID 软件，能够辅助分析卫星机动后的观测数据关联问题，提高观测数据的关联识别率，降低关联失败的数据（UCTs）的数量。

同时，由于轨道机动事件越来越多，更多的科学团体积极开展轨道机动观测数据关联研究，包括单假设跟踪算法和多假设跟踪算法，用于处理探测数据弧段中包含轨道机动过程的数据关联问题。其中单假设跟踪包括最近邻算法（global nearest neighbor，GNN）与联合概率关联（joint probabilistic data association，JPDA）算法等。GNN 算法与 JPDA 算法的不同之处在于，每次获得观测数据时，GNN 算法选择最优的一个"假设"，而 JPDA 算法会结合当前的观测-目标生成多个假设，并将这多个"假设"组合成一个"假设"。多假设跟踪算法即 multiple hypothesis tracking（MHT）算法，MHT 算法与上述算法的不同之处在于，每次获得观测时，会保留下多组"假设"。显然，MHT 算法生成的"假设"的数量，随着观测数据增加成指数增长，为了控制"假设"的数目，MHT 算法中会结合后续的观测数据，删减掉不合理的假设与目标。

2）基于轨道根数的卫星机动事件识别

TLE 数据是使用广泛的轨道数据，如何根据 TLE 数据识别在轨卫星的机动变轨也是十分有意义的。基于 TLE 数据设计轨道机动识别算法的时候，需要考虑

TLE 数据的准确性(噪声)对结果的影响。这个噪声主要来自精度较差的探测数据以及轨道模型的不确定性(不够精确的大气模型和太阳活动模型等)。

美国将需要分析的 TLE 数据分成多个数据段,每个数据段包含了十几天至几十天的 TLE 轨道数据,数据段内相邻 TLE 数据之间的时间间隔设定在 24 h 左右。将上述两个因素表述为数据段窗口长度以及数据密度。在每个数据段内分别采用 0 阶多项式拟合 TLE 数据,采用 1 阶多项式拟合 TLE 数据的变化率,然后通过分析相邻数据段之间差异进行轨道机动识别。

2. 解体分析技术

当解体事件发生后,美国空间监测网将探测到数量巨大的 UCTs,数据处理中心轨道分析员的工作压力也将随着 UCTs 数量的增加呈几何级数增长,一些特别的工具已经被设计开发出来,用于帮助轨道分析员完成大量对观测数据进行关联的工作。

轨道分析员根据自身的经验以及直觉,将怀疑为来自同一次解体事件的观测数据指定为供分析的 UCTs 数据集合。轨道搜寻和确定(search and determination, SAD)软件选择其中的两个位置信息,通过解决包含长期摄动影响的兰伯特(Lambert)问题建立备选轨道。对于每一个备选轨道,如果关联到充足的观测数据,备选轨道将通过微分修正方法进行重新构造。当没有观测数据被关联到后,SAD 将会选择另外两条位置信息,继续重复上面的分析流程。上述的关联结果中,可能包含一些"假"的轨道,但是在一个合理的时间段内,轨道分析员凭借自身的经验能够将其区分出来。SAD 执行需要消耗很长的时间,因此轨道分析员需要具有判断能力(时间区间、轨道要素的数值、关联的门限偏差以及关联数据的个数等),选择恰当的观测数据用来执行 SAD。

BLAST 软件用于确定解体事件发生的地点和时间,一系列的备选轨道将采用完整的力学模型来计算在每个间隔相同的时段内(初始是 7 min)的解体位置。尽管备选轨道的精度不高,但是可以假定将会在真实解体位置附近出现较多的位置点。也将会出现多个备选的解体爆炸地点,轨道分析员可以根据一些先验信息来选择。

当解体地点知道以后,时间和位置信息将可以作为限制条件,对备选轨道的"真假"进行判定。另一个限制条件是两个位置信息建立的轨道必须经过爆炸地点。在 UCTs 数据进行关联分析时,这是最关键的一步。不仅使 SAD 运行的时间大大降低,同时也使"备选"轨道中含有的错误结果较少。BLAST 将用来重新估算解体的时间和地点,这将增加 SAD 搜索的效率。

3. 再入预报技术

美国空军 18 中队将再入空间物体分为三类:

(1) 离轨物体:物体再入过程可控,一般情况下知道再入的时刻和地点,不需

要进行再入解体烧蚀风险评估;

（2）一般陨落物体:物体再入过程不可控,轨道高度在摄动力的作用下缓慢降低,物体在再入过程中将烧蚀殆尽,一般情况下物体的雷达散射截面积(radar cross section, RCS)小于 $1\ m^2$;

（3）需要开展再入风险评估(reentry assessment, RA)物体:再入过程中无法完全烧蚀的,将会撞击地球的较大的空间物体,包括 RCS 大于 $1\ m^2$ 的有效载荷、火箭残骸以及空间碎片。这类物体具有两个特点:将对地面人员和财产造成损害;将触发导弹预警系统开始工作。

美国再入预报计算工具包括三种:

（1）空间防御作战中心的数值法轨道预报程序(Space Defense Operations Center SP, SPADOC SP);

（2）天体动力学辅助工作站的数值法轨道预报程序(Astrodynamics Support Workstation SP, ASW SP);

（3）空军空间司令部的半分析法轨道预报程序(Special General Perturbations Ephemeris, SGPE)。

SPADOC SP 能够实时处理和预报,计算耗时较长且计算收敛要求高。ASW SP 能够采用更多新的力学模型,预报精度高,计算速度快。SGPE 采用最小二乘法拟合平均弹道系数,利用动态大气模型进行再入目标预测,速度最快。

5.4.2 欧洲事件应对技术

欧洲开展了利用 TLE 数据估算再入空间碎片面积质量比的工作[49],利用初始 TLE 数据中的 B^* 作为迭代初值,采用割线法进行迭代计算满足 TLE 半长轴变化的 B^*。据此分析了不同观测数据条件对预报空间碎片再入时间的影响。另外欧空局也在开展大气模型研究,将现有的大气模型统一模型(unified model, UM)和阻力温度模型(drag temperature model, DTM)进行组合产生新的大气模型[50],利用新的地磁活动和太阳活动指数进行描述,提高再入寿命预报的准确性。

===== 复习思考题 =====

1. 空间解体事件发生后,各个阶段的不同特点是什么?
2. 再入预报技术和寿命估计技术两者有何差别?各自技术难点是什么?
3. 大椭圆轨道和近圆轨道空间碎片寿命估计需要考虑因素各自是什么?准确估计的难点在哪里?

第6章
空间碎片环境建模

空间碎片环境模型是描述空间碎片的时空分布变化规律和特征的模型。根据空间碎片模型的应用方向,通常将其分为演化模型(evolution model)和工程模型(engineering model)。其中,演化模型主要预测空间碎片环境长期变化趋势,评估减缓措施的效果,为制定空间碎片减缓政策以及相应的法律法规,选择拟定空间环境保护措施提供依据;工程模型则主要描述空间碎片随时空的短期分布特征,为航天器空间碎片撞击风险评估及防护结构优化设计提供数据支撑。

6.1 空间碎片环境模型

6.1.1 空间碎片源模型

大尺寸编目碎片来源较为明确,包括火箭残骸、废弃卫星、解体碎片和任务相关碎片以及其他碎片,为了描述空间物体的整体分布,还要包括活卫星,不同来源的数量百分比如图 6-1 所示。而微小尺寸碎片来源则较为复杂,包括解体事件、发动机点火、溅射、剥落等。这些不同事件源产生不同数量和分布的碎片。描述空间碎片来源的模型称为"源模型",通过源模型可实现单次空间碎片生成事件仿真。

为了仿真所有碎片的生成过程和分布,需知道历史及未来共发生多少次空间碎片生成事件、历次事件初始参数如何。记录和预测历史及未来历次空间碎片生成事件初始参数的数据,即空间碎片生成事件表。针对生成事件类型的不同,事件表分为统计性和确定性。统计性如溅射及剥落事件,此类事件持续发生,难以逐一记录。通常以统计方式对其进行描述。确定性如解体事件、固体火

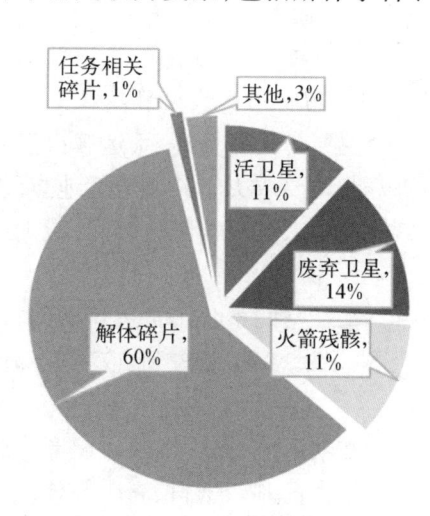

图 6-1 大尺寸编目空间物体来源

箭点火事件等,可逐一记录历次事件的初始参数。

以下对不同碎片的来源进行说明。

1. 废弃的航天器

截至 2024 年底,全球累计已经成功发射了一万一千多颗航天器,废弃大概五千多颗,在轨有效运行的卫星不到七千颗,废弃的航天器多为寿命终止后的卫星或发生故障的卫星,转变成了大型空间碎片。这些废弃的航天器有很大一部分是要重新返回地球,在返回过程中受到地球大气层的摩擦,其中很大一部分会被燃烧殆尽,但也有一些大型碎片可能尚未燃烧完全就会坠落到地球表面,存在对地面人员生命财产造成伤害的可能性,如图 6-2 所示。

图 6-2　废弃的航天器

2. 留轨的运载火箭残骸

卫星与火箭分离后,运载火箭末级长期在轨就会形成空间碎片,火箭末级的在轨寿命主要取决于其轨道近地点的高度,目前各国火箭主要采用消耗工质的主动离轨技术来缩短其留轨时间,减少此类空间碎片,如图 6-3 所示。

3. 操作性碎片

指在空间系统正常运行期间根据设计要求分离或释放到轨道上的物体,如适配器、接头、保护装置和/或其他部件,如图 6-4 所示。

4. 碰撞或爆炸解体碎片

在轨解体、爆炸以及碰撞产生的碎片是目前空间碎片占比最大的部分。同时入轨后火箭剩余燃料、高压气体或未用完的电池,都可能因偶然因素而爆炸,产生数量难以估量的碎片,如图 6-5 所示。

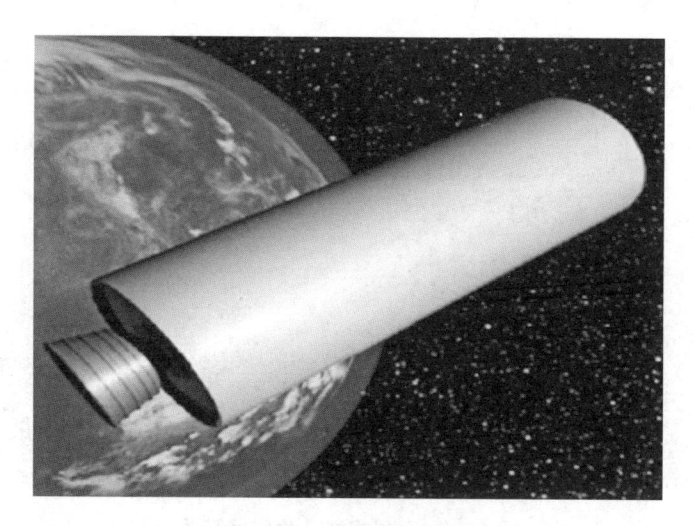

图 6-3 运载火箭箭体

图 6-4 操作性空间碎片

此类碎片源模型的建模数据来源于观测及地基仿真试验。以解体模型为例，NASA 先后展开名为卫星轨道碎片特征撞击试验(Satellite Orbital debris Characterization Impact Test，SOCIT) 和 DebriSat 的超高速撞击试验，用 6 km/s 以上厘米级弹丸撞击地面仿真卫星，通过对撞击残片的测量和分析，建立解体模型，用来描述解体事件生成的空间碎片尺寸、质量、初速度等参数的分布规律，如图 6-6 所示。

5. 固体火箭喷射物

固体火箭燃料中加入的铝粉，燃烧产生的氧化铝，向空间喷射，形成空间的"沙尘暴"。研究人员通过对 STS-50 航天飞机舱窗撞击坑的分析发现：一个直径约

图 6-5　卫星相撞产生空间碎片

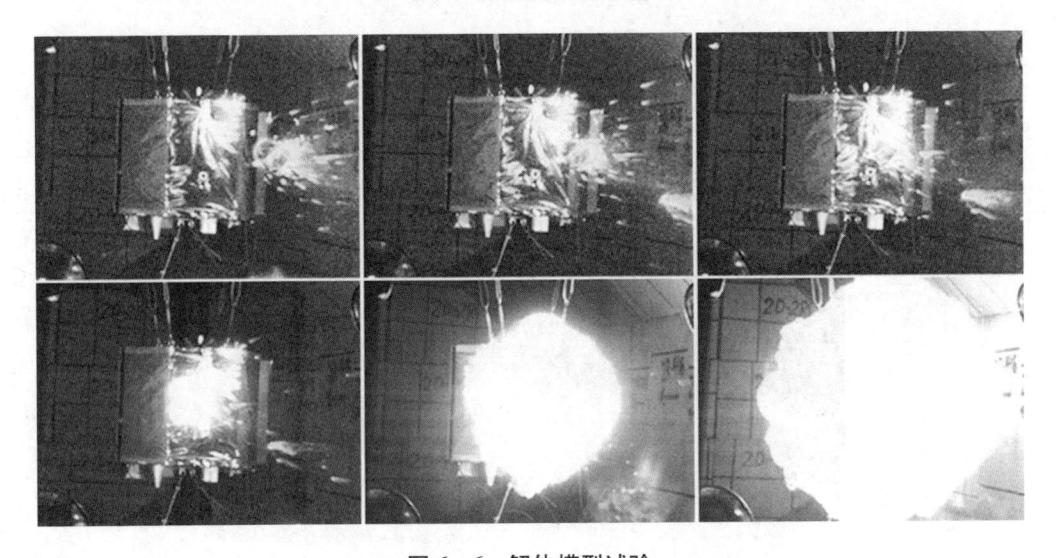

图 6-6　解体模型试验

1 mm 的撞击坑可能是由氧化铝(Al_2O_3)微粒撞击形成的,而 Al_2O_3 微粒最可能来源就是固体火箭发动机喷射物。

6. 表面剥落物

航天器表面材料要承受空间环境中的流星体造成的撞击损伤、高速氧原子的腐蚀以及宇宙线辐照老化等作用,造成表面材料侵蚀剥落。Kessler 和 Cour-Palais[51]通过分析航天飞机舱窗撞坑上的残留物,认为剥落物为 LEO 区域小空间碎片的主要组成部分。LDEF 上的流星体化学试验(chemistry of meteoroid experiment, CME)也证实了这一结论。

7. 任务相关及特殊碎片

航天员在空间维护设备时(图6-7)遗留的东西,包括各种扳手等工具、摄像机等其他特殊的空间碎片。

图6-7 宇航员舱外操作

6.1.2 建模基本参数和概念

空间碎片环境模型是表征地球轨道上空间碎片环境特性参数随时空分布规律的数学模型,一般采用空间密度、通量等参数表征其输出量。

人类航天活动伊始,虽未考虑空间碎片的影响,然而对微流星体的潜在威胁早有防范。NASA载人航天飞行中心(Manned Spaceflight Center,MSC)的研究人员于1964年便开展了早期微流星体环境模型研究。该模型应用于阿波罗登月计划(Apollo Lunar Mission)中微流星体环境的评估。微流星体数目众多且难以逐一编目记录,为评估微流星体对航天器的碰撞风险,引入了"通量"的概念。由于小尺寸空间碎片同样具备"数目众多且难以逐一编目记录"的特点,通量概念也被引入空间碎片研究领域,成为空间碎片环境工程模型的主要输出形式之一。

地球轨道空间碎片与太阳系行星运行规律有相似之处,而行星作为天文学的一个部分,研究历史更为久远,因此空间碎片环境研究中引入了天文学研究基础。早在1951年,Öpik[52]提出圆轨道、零倾角空间物体之间长期碰撞概率算法,用于分析太阳系轨道物体的长期稳定情况。1967年,Wetherill[53]实现了对不同轨道倾角空间物体碰撞概率的计算。值得一提的是,Wetherill为描述在轨物体的空间分布情况,采用"空间密度"的概念,这一概念对后期研究有着深远的影响。1978年,Kessler和Cour-Palais[51]开始了对空间碎片环境的研究,并将"空间密度"引入该领域。1981年,Kessler[54]改进碰撞概率算法,基于空间单元划分思想实现椭圆轨道、不同倾角空间物体之间碰撞概率的计算,用来评估木星轨道卫星间的碰撞概率。Kessler 成为 NASA 空间碎片领域研究奠基人之一,其提出的碰撞概率算法至今仍为空间碎片环境模型的基础理论之一。

空间密度系指在某时刻、某空间位置处单位体积内(一般采用每 km^3)所包含的某个尺寸范围内(一般为大于等于某一尺寸)的空间碎片数量的统计值,单位为 $1/km^3$。由于空间碎片环绕地球高速运动,并不是静止停留在某个确定的空间区域,通常采用概率密度的方式表征空间碎片的空间密度。

通量是空间碎片环境模型中另一种重要的描述空间碎片分布规律的参量。通量定义为在单位时间内通过某空间位置处单位面积的某个尺寸范围(一般为大于等于某一尺寸)的空间碎片数量[一般用 $1/(m^2 \cdot 年)$ 表示]。

环境模型的建模过程中,蕴含对以下两种因素的"平均"。时间平均:空间碎片环境模型将历史及未来时间轴离散化,离散步长通常为一年或几个月;模型对此步长内空间碎片的平均分布规律进行描述。空间平均:空间碎片环境模型在空间上,按照经度、纬度、轨道高度将地球轨道空间进行离散化;分别计算每个空间单元内碎片的平均分布规律。

6.1.3 环境模型特点和发展

空间碎片演化模型与工程模型的主要特点和差异如表 6-1 所示。

表 6-1 演化模型与工程模型对比

	空间碎片环境演化模型	空间碎片工程模型
共性	(1) 在源模型基础上建立; (2) 对空间碎片的生成及演化过程进行仿真; (3) 为基于统计规律建立起的数学模型,侧重整体碎片环境的时空分布规律,而非单个碎片个体的演化情况; (4) 与航天活动发展趋势、减缓措施的实施、突发事件等因素密切相关,为保证时效性需适时更新	
侧重	(1) 大尺寸空间碎片环境的整体预测; (2) 长期预报; (3) 多场景	(1) 可实现用户所关注的个别区域空间碎片环境预报; (2) 短期预报; (3) 侧重真实场景
应用	(1) 为相关法律法规的制定提供依据; (2) 为减缓措施评估提供支撑; (3) 可为工程模型提供数据源; (4) 可对特定事件长期影响进行分析	(1) 对航天器运行期间的空间碎片环境预测; (2) 为被动防护方案设计提供数据源; (3) 为航天器易损性、生存力分析提供数据源; (4) 对微小尺寸空间碎片环境探测结果进行仿真
碎片尺寸	通常为厘米级以上,可因碰撞导致解体的大尺寸空间碎片	通常为微米级以上,可对航天器及其敏感部件构成损害的不同尺寸空间碎片

续 表

	空间碎片环境演化模型	空间碎片工程模型
时间跨度	数百年	数十年
输出形式	多种减缓措施、发射模式下,空间碎片数目、碰撞解体事件累计次数等参数的长期演化趋势	(1) 用户指定航天器轨道空间碎片环境评估(通量); (2) 不同时段、轨道区域内的空间碎片分布规律评估

国外典型空间碎片环境模型如表 6-2 所示。

表 6-2 国外典型演化模型及工程模型

模 型	国家或机构	最小尺寸	轨道范围
EVOLVE	美国宇航局	1 mm	LEO 和 GEO
LEGEND(LEO-to-GEO Environment Debris)	美国宇航局	1 mm	LEO~GEO
IDES	英国防卫评价研究局	10 μm	LEO 和 GEO
DAMAGE (Debris Analysis and Monitoring Architecture for the Geosynchronous Environment)	英国南安普顿大学	—	LEO~GEO
DELTA(Debris Environment Long-Term Analysis)	欧空局	1 mm	LEO~GEO
MEDEE(Modelling the Evolution of Debris in the Earth's Environment)	法国宇航局	1 mm	LEO
SDM(Space Debris Mitigation)	意大利	1 mm	LEO~GEO
LUCA(Long term Utility for Collision Analysis)	德国布伦瑞克工业大学	1 mm	LEO/GEO
NEODEEM (Near-Earth Orbital Debris Environmental Evolutionary Model)	日本宇宙航空研究开发机构(Japan Aerospace eXploration Agency, JAXA)九州大学	10 cm	LEO
KSCPROP	印度空间研究组织	10 cm	LEO
SDPA	俄空局	0.6 mm	LEO

中国科学院国家天文台建立了空间碎片环境长期演化模型 SOLEM(Space Objects Long-term Evolution Model),持续参与 IADC 等国际平台的验证和减缓措施量化仿真工作,哈尔滨工业大学也建立了空间碎片工程模型 SDEEM。国际上空间

碎片环境模型的研究发展历史如图 6-8 所示。

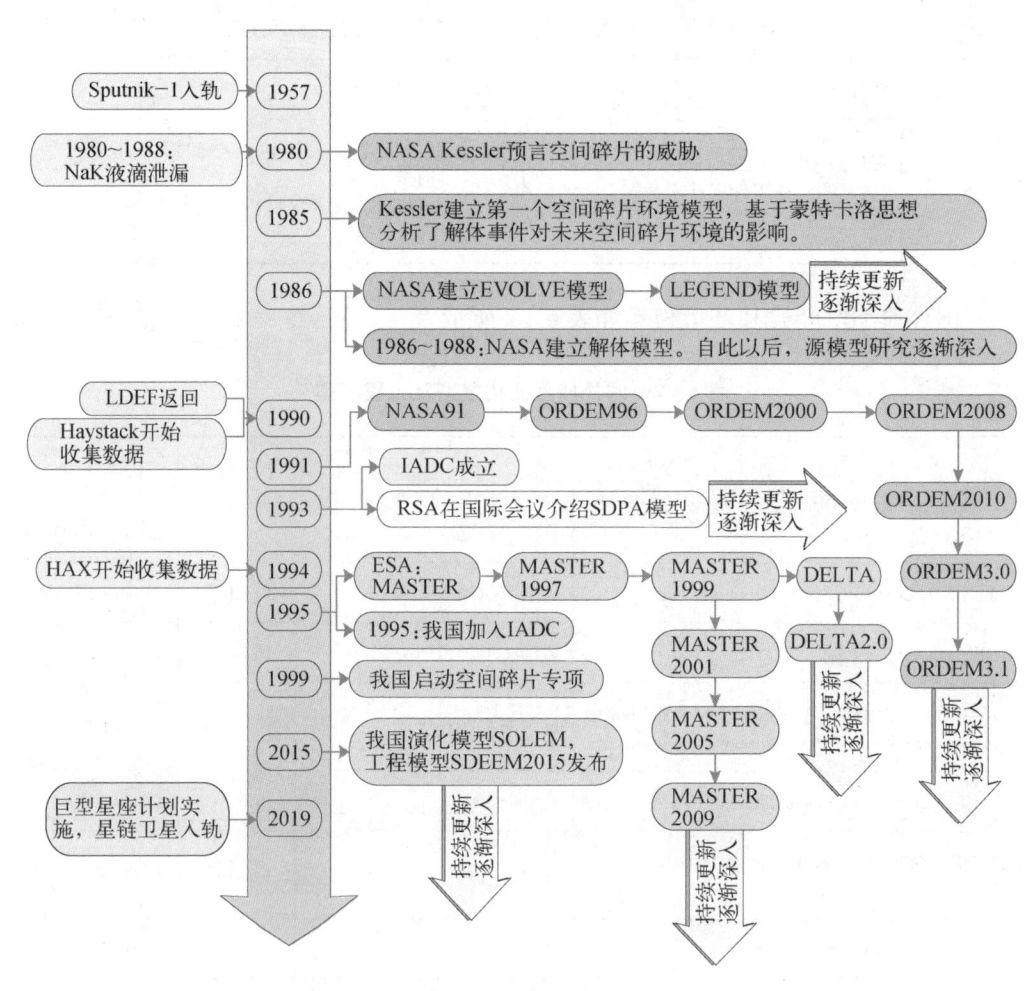

图 6-8 国际空间碎片环境模型研究发展历史

ORDEM 即 Orbital Debris Engineering Model；MASTER 即 Meteoroid And Space debris Terrestrial Environment Reference model

6.1.4 环境模型建模原理和流程

1. 空间碎片环境演化模型

演化模型是预测空间碎片环境长期演变规律的数学模型，考虑的因素有航天发射频次、碰撞、解体和轨道演化等，主要用于评估空间碎片减缓效果，是制定空间碎片环境保护措施相关政策的依据。演化模型建模过程中主要关注空间碎片各种来源以及空间碎片衰减机制，并针对影响空间碎片环境变化的各种因素建立专用子模型，分析各子模型的具体内涵，明确空间碎片生成及衰减机制，实现对未来空间碎片环境长期演变趋势合理预测的目的。

演化模型通常包括交通模型(或发射模型)、轨道演化模型和解体模型三个子模型。发射模型是描述未来发射活动对空间碎片总数影响的数学模型;轨道演化模型是描述空间碎片轨道随时间变化的数学模型;解体模型则是描述在轨航天器或运载火箭末级解体后生成的空间碎片数量、质量和速度等参数与母体特征、解体特性参数之间的数学模型。

演化模型偏重分析空间碎片环境形成与演变的机理,模块化处理是演化模型建模过程中的重要特点。演化模型中包含的模块可分为空间碎片生成模块和衰减模块两大类,其中发射模型、解体模型均属于生成模块中的子模型,轨道演化模型则属于衰减模块中的子模型,各子模型从不同角度描述空间碎片环境,演化模型是各子模型的有机联合。

空间碎片环境演化模型建模流程如图 6-9 所示。

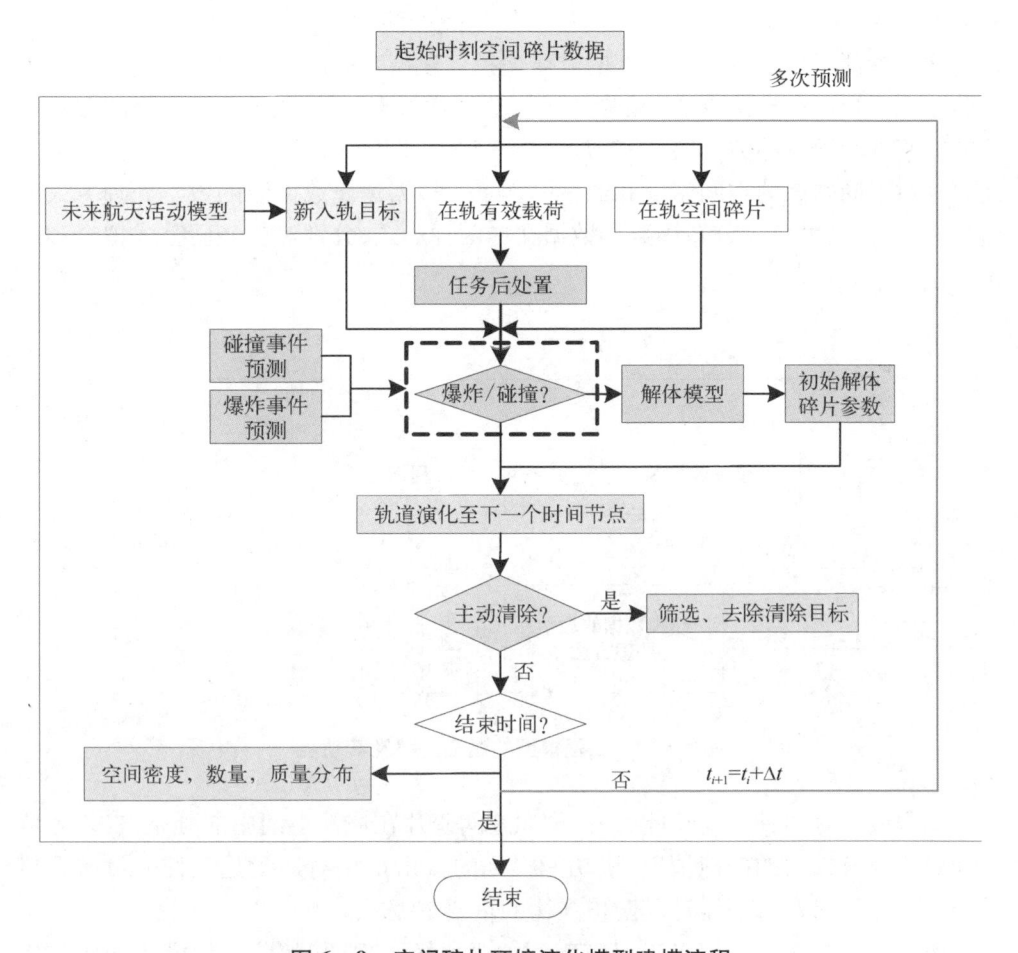

图 6-9 空间碎片环境演化模型建模流程

演化模型除用于预测空间碎片环境变化趋势、评估减缓措施以外，其研究成果对工程模型的发展也有较大促进作用，例如，演化模型得出的对未来空间碎片环境的预测结果可作为工程模型的建模数据源。如 NASA 发布的 ORDEM 2000 就使用了 EVOLVE 模型的相应结论，ORDEM 3.0 模型则采用了 LEGEND 模型的输出结果，欧空局的 MASTER 2009 模型参考了 DELTA 模型的输出结果。

2. 空间碎片环境工程模型

工程模型是描述空间碎片空间密度和通量随碎片尺寸、位置、时间、速度等参数变化规律的数学模型，模型的计算结果是进行航天器空间碎片撞击风险评估及防护结构优化设计的重要数据源。与演化模型偏重于空间碎片环境形成和衰减机制不同，工程模型是在空间碎片环境观测数据基础上，以分布函数或数据文件的形式近似描述空间碎片环境。

工程模型的建模过程及其功能如图 6-10 所示。工程模型的建模数据源主要有空间碎片环境实测数据以及源模型模拟生成的演化数据两大类，与实测数据进行对比是验证工程模型预测精度的重要途径。建模数据源的数学处理过程可分为经验公式拟合以及理论算法，经验公式拟合指通过对实测数据进行拟合的方式得到空间密度和通量的数学表达式，理论算法则是基于空间碎片的轨道参数计算空间碎片对不同空域的空间密度和通量的贡献。根据建模数据源的数学处理方式的差异，工程模型可分为分布函数和数据文本两种形式，分别对应经验公式拟合和理论算法。

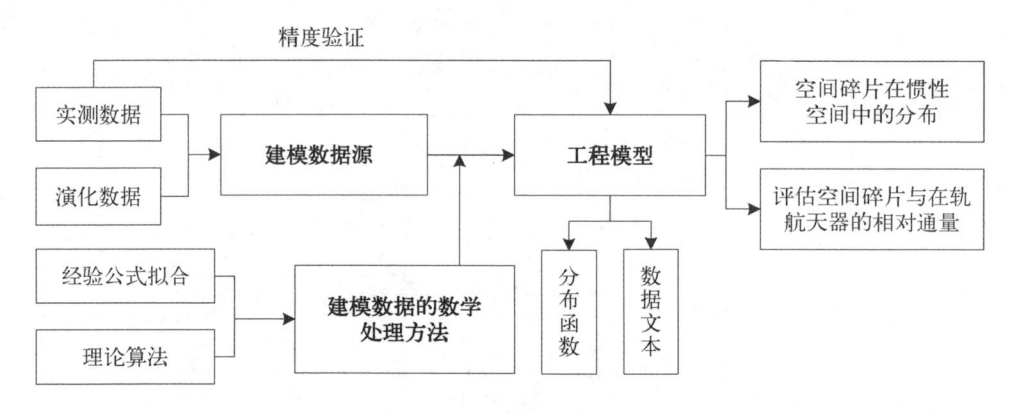

图 6-10 工程模型的建模过程及其功能

工程模型有两种主要功能，一是描述空间碎片在惯性空间中的分布；二是评估空间碎片与航天器的碰撞情况，该功能得到的输出量相对通量是工程上对航天器进行风险评估以及合理设计其防护结构的重要依据。

地基和天基探测数据是工程模型的主要建模数据源，随着工程模型的研究逐渐深入,人们发现仅仅依靠空间碎片环境观测数据并不能完全满足工程模型的建模需求。为建立更加完善的工程模型,国内外学者提出了经验方法、解析方法、演化方法和统计方法等多种处理方法来弥补空间碎片环境观测数据的不足。

经验方法是在空间碎片环境观测数据的基础上,通过数据拟合的方法得到空间密度和通量的数学表达式。

解析方法基于"箱中粒子"模型理论,该理论用物理参数表示新碎片的产生和旧碎片的湮灭,建立空间碎片数量随时间的增长函数,进而可得到不同时刻空间碎片的数量。

演化方法建立的模型主要包括三部分:

(1) 生成空间碎片初始数据模块,主要由产生空间碎片的各类源组成;

(2) 空间碎片轨道演化模块,主要考虑影响空间碎片轨道的各种摄动力;

(3) 空间碎片湮灭模块,重点分析各种空间碎片减缓措施。

统计方法则是在 Kessler 和 Cour-Palais[51] 提出的空间碎片空间密度计算公式基础上,利用统计理论开发的建立空间碎片环境模型的方法。

现有工程模型很少采用单一建模方法,通常是几种建模方法的有机结合。常用的工程模型有 NASA 开发的 ORDEM 系列模型、欧洲空间局 ESA 开发的 MASTER 系列模型和俄罗斯联邦航天局(Roscosmos)开发的 SDPA(或称 NAZARENKO)系列模型等。

6.2 空间碎片环境演化模型

国外从 20 世纪 70 年代就开始关注空间碎片日益增多的问题。早在 1978 年,美国宇航科学家 Kessler 和 Cour-Palais[51] 就提出当近地轨道上的物体密度达到足够高时将会引发碰撞级联效应,称为凯斯勒(Kessler)效应。1993 年,国际上由欧空局、日本、美国、俄罗斯等国家/组织发起成立了机构间空间碎片协调委员会(IADC),就空间碎片领域的研究进行信息交流与合作。我国于 1995 年加入该组织,随后英国、法国、印度、德国、意大利等国的空间机构相继加入。2002 年 IADC 发布了《IADC 空间碎片减缓指南》,指导规范各个航天国家的航天活动。2007 年启动了对空间碎片减缓指南的第一次修订[1]。2023 年空间碎片减缓指南完成了再次修订。

2004 年,Liou 等[55]在期刊上发表了其利用 LEGEND 演化模型研究的结果,研究预测未来空间碎片环境在当前的减缓水平下,即使未来不再进行发射,也只能维持稳定 50 年。该研究结果引起国际上的广泛关注。2007 年,IADC 组织各成员国家利用各自的空间碎片长期演化模型对未来 LEO 轨道环境的稳定性进行联合研究。研究结果指出,即使大幅提升空间碎片减缓水平(即使任务后处置率达到

90%）也不足以维持 LEO 轨道环境长期稳定,应该考虑更为积极主动的措施,比如主动碎片清除,来保证人类太空活动的可持续发展。

2014 年,法国国家空间研究中心(CNES)根据其演化模型 MEDEE 的研究结果指出,空间碎片环境演化模型的运行结果受到多种关键因素的影响,比如太阳活动水平、碰撞概率评估算法、解体模型等。2015 年,IADC 组织各成员国家对影响未来环境演化的不确定因素等进行联合研究,中国国家航天局利用自主研制的演化模型 SOLEM 积极参与研究。

6.2.1　主要的空间碎片演化模型

多个航天国家先后建立了不同版本的空间碎片环境演化模型,为空间碎片环境演化趋势的预测、相关法律法规的制定提供了理论参考。当前主要的空间碎片演化模型如下。

1. EVOLVE 模型

是美国 NASA 于 1988 年开发的模型。EVOLVE 模型考虑的空间物体来源包括任务相关物体、爆炸或碰撞解体碎片云。EVOLVE 模型将空间碎片的历史观测数据与专用计算程序结合,其专用计算程序包括两个轨道计算模块和 NASA 标准解体模型模块,基于蒙特卡洛算法可对近地轨道空间碎片环境进行短期和长期预测。EVOLVE 模型只能描绘空间碎片随高度的分布。

2. LEGEND 模型[55]

2001 年,NASA 新开发的 LEGEND 模型取代 EVOLVE 系列模型。LEGEND 模型则可以描绘空间碎片随高度、纬度和经度等三个参数的分布,不仅可以预测出未来碎片环境如何,也可以再现历史碎片环境。该模型包括历史模拟和未来预测两个部分,覆盖了轨道高度 200～40 000 km 范围的低中高轨道空间。LEGEND 模型采用了 PROP3D 和 GEOPROP 轨道预报模型,以及 NASA 标准解体模型。EVOLVE、LEGEND 模型是美国空间碎片环境工程模型 ORDEM 系列的子模型。

3. DAMAGE 模型[56]

英国国家空间委员会指定南安普顿大学开发了 DAMAGE。该模型最初是为模拟 GEO 轨道碎片环境,后经过更新升级可对 LEO 到 GEO 的空间碎片环境进行长期演化。DAMAGE 模型主要应用于评估在 HEO 轨道运行的航天器的碰撞风险,评估 HEO 轨道环境的长期稳定性,评估各种拟议的减缓措施,以及评估新的航天器任务后处置策略。

4. DELTA 模型

欧空局空间碎片环境演化趋势预测模型 DELTA 由奎奈蒂克(QinetiQ)公司开发。DELTA 模型为三维半确定性模型,建模过程考虑了发射事件、解体事件以及固体火箭发动机点火事件等空间碎片来源,可对 1 mm 以上空间碎片环境演化趋势进行预报,可用来分析空间碎片环境的演变以及低、中地球轨道和地球同步轨道区域的碰撞风险。历史发布版本有 DELTA 1.0(2000)、DELTA 3.1(2013)等。

5. MEDEE 模型[57]

2012 年初,法国宇航局开展空间碎片环境演化趋势预测研究。同年 5 月,CNES 开始开发演化模型 MEDEE。MEDEE 模型基于航天活动规律、爆炸概率、减缓措施、解体模型等。MEDEE 模型可实现空间密度时空演化规律的评估,其碰撞概率计算模块可实现单个空间物体碰撞概率的计算,可生成建议主动清除的空间物体列表,为空间碎片主动清除提供参考。

6. SDM 模型[58]

SDM 模型是意大利在 20 世纪 90 年代初在欧空局支持下研制的,用来描述地球周围空间环境与未来演化情况。后经过多次更新升级,最新版本为 SDM 4.1。历史发布的模型版本有 SDM 1.0(1994)、SDM 2.0(1996)、SDM 3.0(2004)、SDM 4.0、SDM 4.1(2009)等。SDM 4.1 为覆盖 LEO 至 GEO 轨道的三维空间碎片环境演化模型,可实现直径 1 mm 以上空间碎片环境的预测。SDM 4.1 中实施了三种轨道演化方法,可以根据不同的轨道方案和精度进行选择,可以使用 NASA/JSC 开发的 CUBE 算法或者基于 Öpik[52] 理论的完全分析算法来计算轨道运行物体之间的碰撞率。模型提供了多种解体模型,包括 NASA 标准解体模型。SDM 4.1 具有非常详细的交通模型,可以模拟碰撞规避和主动碎片清除等减缓方法。

7. LUCA 模型[59]

LUCA 模型是由德国布伦瑞克工业大学研制的碰撞长期效果评估模型,既可评估 LEO 到 GEO 区域的航天器碰撞风险,也可评价空间碎片减缓效果。LUCA 模型也多次升级。

8. NEODEEM 模型

NEODEEM 模型是由日本九州大学和日本宇宙航空研究开发机构联合开发的近地轨道碎片环境演化模型。NEODEEM 模型可对卫星星座部署方案下空间碎片环境演化趋势进行评估,为日本在 IADC 上对此问题的讨论奠定基础。

9. KSCPROP 模型

KSCPROP 模型是印度空间研究组织(Indian Space Research Organisation,ISRO)的长期碎片环境演化模型。模型实现低地轨道在 200 年内空间碎片环境演化趋势的预测,维克拉姆·萨拉巴伊(Vikram Sarabhai)空间中心利用 40 台并行计算设备对未来空间碎片环境演化趋势进行预测。

10. SDPA 模型

SDPA 是俄罗斯联邦航天局根据俄罗斯和美国登记在册的碎片数据所建立的半分析随机模型,用于低地球轨道空间碎片环境的短期和长期预测,可提供碎片密度和速度的空间分布以及碰撞风险评估。2001年后俄罗斯在此模型的基础上建立了空间碎片环境工程模型SDPA-E。

6.2.2 演化模型研究的发展趋势

国际上各航天国家积极建立空间碎片长期演化模型,共同研究未来空间碎片环境演化,研究减缓、清除策略对空间碎片环境长期演化的影响,为制定国际太空相关政策或指南提供研究基础和数据支撑。当前,随着航天发展形势的变化,空间碎片演化模型在以下几个方面也面临技术挑战和改进。

1. 小卫星和巨型卫星星座

当前随着一箭多星技术的成熟和应用,以及现代信息社会的各种需求,提出了大量小卫星和巨型卫星星座的发射计划,卫星发射的轨道高度、寿命,以及卫星星座的构型、补给计划等对空间碎片环境的长期影响将是空间碎片演化模型改进和应用的一个热点。

2. 针对小尺寸碎片的轨道预报模型

随着地基/天基监测能力的不断提升,大量较小尺寸的空间碎片将不断被发现。而当前的空间碎片长期演化模型大多是针对大尺寸碎片逐个进行轨道预报,对数量激增的小碎片,用同样的预报方法,在计算资源上,尤其在预报的精度和演化的可信度上,都面临巨大挑战。

6.2.3 我国空间碎片环境长期演化模型SOLEM

2015年,中国科学院国家天文台自主建立了一套空间碎片长期演化模型(SOLEM),如图6-11。SOLEM模型考虑碰撞解体、未来发射、自然陨落、任务后弃置策略和主动碎片清除策略等,采用了半分析法预报两种预报模型对空间碎片环境的长期变化规律进行演化分析。SOLEM模型的主要思路如下[60,61]。

图6-11 自主提出的SOLEM模型

SOLEM模型的工作流程如图6-12所示。

第一步先进行初始化,准备好初始空间碎片环境数据以及发射模型数据等数据文件,并设置各子模型的关键参数,如新发射卫星的任务寿命、划分的立方体大

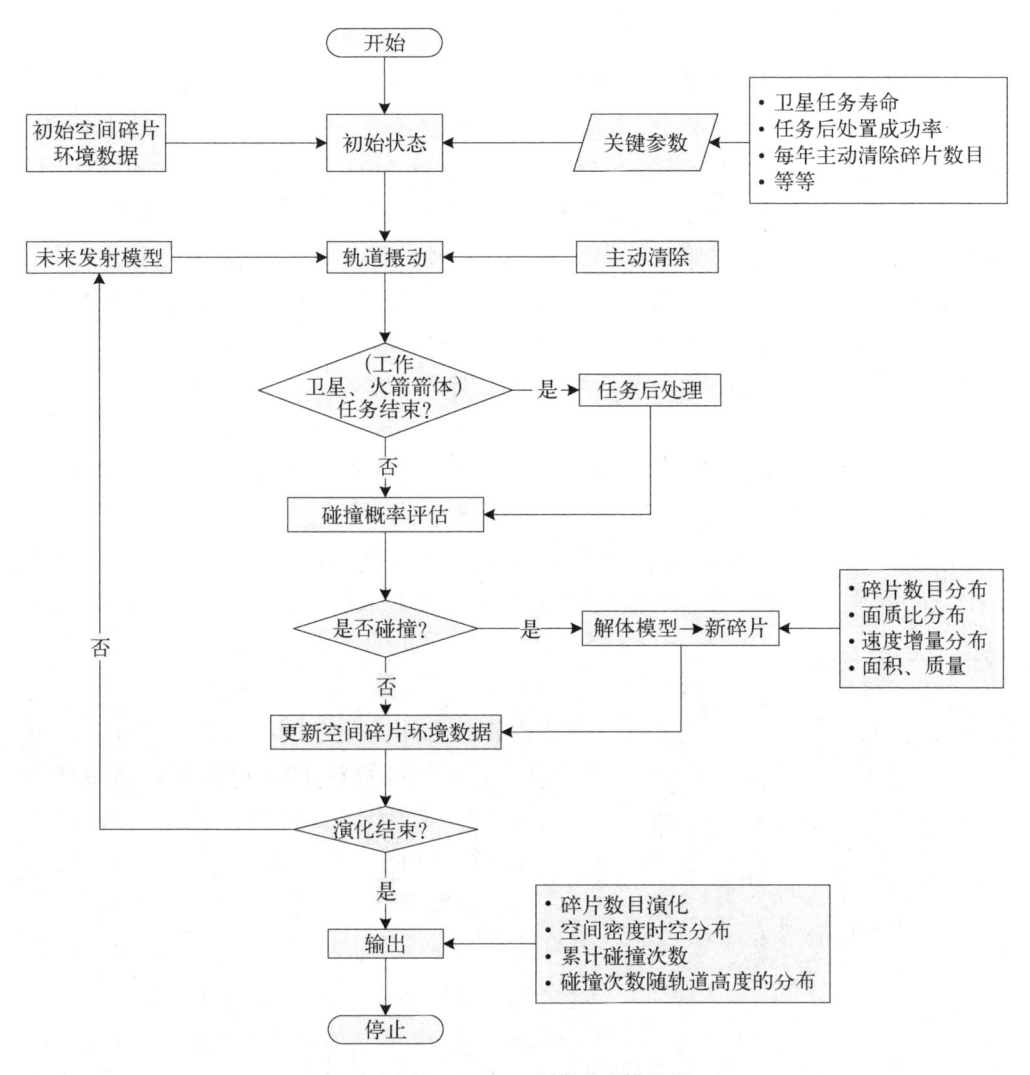

图 6-12 SOLEM 模型建模流程

小、采样时间间隔、任务后处置率、主动碎片清除开始的时间、每年清除的碎片数量等。

初始化之后,所有空间物体开始进行轨道预报,至下个时间节点。

随着时间的演化,新发射的空间物体也将进行轨道预报。在每个时间节点,SOLEM 模型会检查有无任务期结束的目标,若有,则对其进行寿命估计,若后续在轨寿命超过 25 年,则会进行任务后处置。

并且,在每个时间节点,SOLEM 模型将利用 I-Cube 算法评估尺寸大于 10 cm 的空间碎片间的碰撞概率。碰撞发生后,将利用解体模型生成解体碎片信息,更新空间碎片数据,进入下一步演化,直至演化结束。

1. 轨道演化算法

SOLEM 模型中轨道预报算法采用的是一种简化的半分析法,即对消去短周期项后的摄动函数进行数值积分,本质上讲,求解对象是平均化后的轨道动力系统。目前 SOLEM 的研究对象为处于或穿过 LEO 区域(200～2 000 km)的空间物体,对于近圆轨道物体,考虑的摄动因素主要为地球非球形引力和大气阻力,对于大偏心率轨道物体同时考虑日月第三体引力和光压摄动的影响[62]。在具体计算中,采用基于平均根数法得到的分析解表达式计算平均化的摄动函数。根据平均根数法,各摄动力函数均可分解为长期项、长周期项和短周期项,因此在半分析法中计算摄动函数时只需考虑相应摄动力的长期项和长周期项即可。

2. 碰撞概率算法

SOLEM 模型在考虑碰撞概率评估算法时参考了 CUBE 模型,针对其稳定性问题进行改进,提出 I‑Cube(improved‑Cube)模型。

I‑Cube 模型采用对演化系统进行时间均匀采样的方法来评估在长期演化过程中空间碎片发生碰撞解体事件的可能性。在每个采样时刻,将整个近地空间划分成边长为 h 的小立方体,并计算每个空间物体所在的位置,寻找处于同一个立方体内和相邻立方体内的空间物体。I‑Cube 模型假设只要与目标物体的距离达到阈值距离的空间物体都具有与目标物体碰撞的可能性。因此,除考虑同一立方体内两个及以上物体之间的碰撞概率外,也考虑与周边相邻立方体中距离小于立方体对角线 $\sqrt{3}h$ 的空间物体之间碰撞概率。寻找碰撞配对物体的空间范围增大后,应用气体动力学理论的空间范围也随之变大,因此 dU 表示的不再是立方体体积,而是以立方体对角线 $\sqrt{3}h$ 为半径的球体积(图 6‑13)。

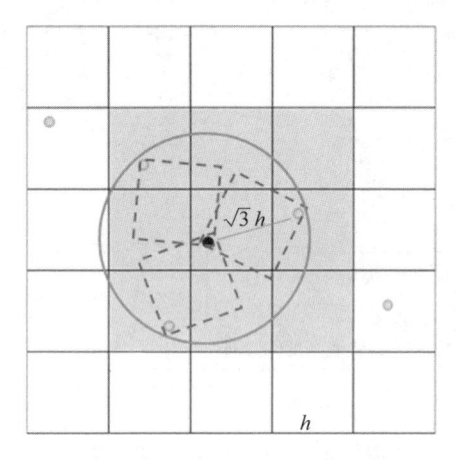

图 6‑13 I‑Cube 模型空间单元划分示意图

3. 发射模型(交通模型)

未来航天器发射是除在轨解体之外空间碎片增加的最重要的来源。然而,未来航天器的发射情况与航天技术的发展和各国空间政策高度相关,而航天技术的发展程度与各国的空间政策均不可预测。因此,未来发射模型通常以当前的发射水平作为参考,将过去 N 年的发射情况作为发射模型,在未来演化时间内不断循环或者适当调整发射数量、发射频次、发射质量等。作为预测未来空间碎片演化必不可少的一部分,发射模型的数据信息通常包括发射物体的所有特征,如每年发射的数量、每个发射物体的类型、质量、截面积或尺寸、目标轨道、发射时间等。

目前国际上空间碎片演化模型的主流做法是将演化开始时间之前 8 年的空间物体发射情况作为基本发射模型在未来演化中不断循环,新发射的航天器的任务寿命也假设为 8 年。故 SOLEM 模型在考虑发射模型时也与此设定一致。

SOLEM 模型默认使用的最新发射模型是 2009~2017 年发射模型。该模型包含了自 2009 年 9 月 1 日~2017 年 8 月 31 日的空间物体发射信息,如发射的空间物体类型、尺寸、质量、截面积、轨道根数、发射时间。

4. 解体模型

SOLEM 模型中采用了 NASA 标准解体模型来生成解体碎片。NASA 标准解体模型是目前使用最为广泛的解体碎片生成模型。SOLEM 模型在应用 NASA 标准解体模型的过程中做了适当补充修正。进入演化过程的空间物体分为四类,分别是航天器、火箭残骸、任务相关物体、解体碎片。在考虑碰撞解体时,鉴于大多数碎片来源于航天器爆炸或者碰撞解体,SOLEM 模型认为碎片发生碰撞后其解体碎片的面质比分布与航天器解体碎片的面质比分布相同。而任务相关物体多与航天器相关,因而认为其解体碎片的面质比分布也遵从航天器解体碎片的面质比分布。

SOLEM 模型采用了蒙特卡洛模拟的方法来区分解体碎片的母体。由于解体碎片的数量与质量因子 $M^{0.75}$ 呈正比,模型在生成数量-尺寸分布后,对于每个解体碎片,分别在区间 $(0, m_t^{0.75})$ 和 $(0, m_p^{0.75})$ 内生成两个随机数 m_1 和 m_2,若 $m_1 > m_2$,则认为该解体碎片来源于质量较大的母体(m_t),否则来自质量较小的母体(m_p)。确定来源母体后,该解体碎片的面质比分布根据其母体的类型生成。此外,该解体碎片的速度增量生成后将其叠加在其母体在解体前的速度上,从而进一步确定该解体碎片的轨道根数信息,进入下一步演化。

SOLEM 模型在全部解体碎片生成后会进一步检查解体碎片的总质量 Σm_i 是否与其母体的总质量 M 相符。考虑到解体过程中的质量损失,我们认为当 $\Sigma m_i/M \in (0.9, 1.0)$ 时,可认为满足质量守恒条件。若生成的解体碎片达不到质量守恒条件时,随机生成 2~8 个尺寸大于 1m 的大解体碎片,然后再检查是否满足质量守恒条件。当多次迭代后仍不能满足质量守恒条件时,守恒条件将适当放宽至 $(0.8, 1.0)$。

5. 自然陨落模型

运行在距离地面比较近的低轨道上的目标,大气阻力摄动是除地球引力场外最大的摄动因素。它使空间碎片的轨道周期逐渐变短,使椭圆变成圆轨道,呈螺旋状降低轨道高度,如图 6-14 所示。

地球大气摄动的总效果是消耗卫星的能量,引起轨道的衰减。对于轨道寿命

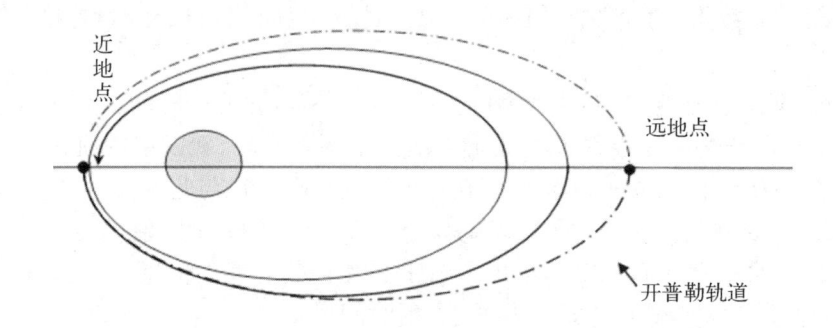

图 6-14 椭圆轨道自然陨落示意图

估计,可以作如下简化处理,即假设:

(1) 地球是球对称的;

(2) 忽略大气随着地球的旋转,卫星的轨道速度 v 近似等于卫星相对于大气的速度 v_a;

(3) 大气只产生与速度方向相反的阻力,而没有升力。

经典的轨道要素变动法在于求解轨道要素的微分方程:

$$\frac{\mathrm{d}a}{\mathrm{d}t} = \frac{2a^2 v}{\mu} f_t \tag{6-1}$$

$$\frac{\mathrm{d}e}{\mathrm{d}t} = \frac{1}{v}\left[2(e + \cos\theta)f_t - \frac{1}{a}r\sin\theta f_n\right] \tag{6-2}$$

式中,a 为半长轴;e 为偏心率;纬度幅角 $u = \omega + \theta$;ω 为近地点幅角;θ 为真近点角;f_t 为摄动加速度的切向分量(沿速度矢量向前);f_n 是法向分量(在轨道平面内指向曲率中心);f_h 是副法向分量(垂直于轨道平面,沿动量矩矢量方向)。

当仅考虑大气摄动时,于是得到一圈之内的变化公式如下:

$$\begin{aligned}(\Delta a)_{\mathrm{rev}} &= -\frac{2\sigma a^2}{\sqrt{\mu^3 p}}\int_0^{2\pi} r^2 v^3 \rho \mathrm{d}\theta \\ (\Delta e)_{\mathrm{rev}} &= -\frac{2\sigma}{\sqrt{\mu p}}\int_0^{2\pi} r^2 v\rho(e + \cos\theta)\mathrm{d}\theta\end{aligned} \tag{6-3}$$

进而可以估计出空间碎片的陨落时间。

6. 任务后处置模型

在 SOLEM 模型中,只针对在演化时间内发射的航天器或火箭实施任务后处置措施。对于航天器,任务寿命统一假定为 8 年,也可根据用户需要假定为其他值;

对于火箭,模型认为一旦将所搭载的航天器送入指定轨道,其任务寿命便结束,留下火箭体末级在轨运行。当航天器和火箭的任务寿命结束后,利用轨道预报算法估计其自然在轨寿命。若其自然在轨寿命超过 25 年,该失效航天器或火箭体末级将按一定处置率降轨至弃置轨道,以使其能够遵从"25 年规则",在 25 年内自然陨落,任务后轨道处置过程如图 6-15 所示。SOLEM 模型中处置率可由用户根据仿真需要自由设定。

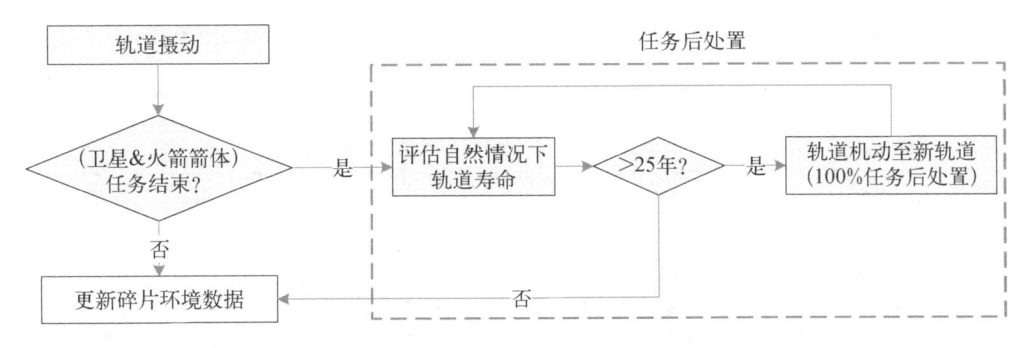

图 6-15 任务后轨道弃置流程图

7. 主动碎片清除模型

为进一步限制空间碎片数量的增长,2006 年 Liou 和 Johnson[63,64]建议在当前的减缓水平基础上,采取主动碎片清除(active debris removal,ADR)的措施。ADR 措施是将在轨的大且重的空间物体从碰撞活动高发区域中移除。通过每年移除一定数量的目标以保证空间环境的稳定性。ADR 的工程实施技术难度大,成本高昂,但其对空间碎片演化的影响已经通过计算机模拟得到了验证。考虑到正在不断发展的主动碎片清除技术,ADR 将是阻止未来空间碎片数量增长的另一项重要措施。对于清除目标的筛选条件,研究人员已经做过相关研究,并提出了基于目标质量和碰撞概率的筛选依据。SOLEM 模型建立空间碎片的碰撞风险指数如下式所示,并以此作为主动碎片清除的筛选条件。

$$R_i = \Sigma p_{ij} \times m_i \tag{6-4}$$

式中,m_i 为物体 i 的质量;Σp_{ij} 为过去一年内空间物体 i 与物体 j($j \neq i$)之间的累计碰撞概率。两者乘积 R_i 代表每个空间物体的风险指数,R_i 值越大,表示空间物体 i 的碰撞风险越高,一旦发生碰撞对空间环境的危害更大。

在演化期内,SOLEM 模型在每年年初会计算每个空间碎片的风险指数,并将其从大到小排序,根据清除策略去除若干个空间碎片。实施主动清除措施的空间目标不包括活卫星。主动清除措施的实施时间与清除的数量可根据用户的策略需要而设定。

6.2.4　SOLEM 模型与国际模型的主要研究结果

SOLEM 模型采用 IADC 默认设置,如表 6-3 所示,并将该设置作为研究的基本方案。

表 6-3　SOLEM 模型的默认设置

项目	描述
初始数据	2013.01.01 的空间环境,LEO 和穿过 LEO 的 10 cm 以上物体
发射模型	统计 2005.01.01~2012.12.31 的发射情况,在演化期间不断重复
卫星特征	8 年任务期,无碰撞规避和轨道维持,不考虑爆炸
太阳活动	常数,$F_{10.7} = 130$,AP = 9
减缓措施	60% 任务后处置成功率,无主动碎片清除
碰撞类型	碰撞能量大于 40 J/g 则为灾难性碰撞

1. 整体演化趋势的对比

为便于验证模型正确性,仿真初始条件设置与其他国家相一致,具体情况如下:

(1) 初始空间碎片环境为 2013 年 1 月 1 日的空间碎片环境,数据来源为 MASTER 模型,演化过程中仅考虑 LEO 和穿过 LEO 轨道区域的大于等于 10 cm 的空间物体;

(2) 发射模型,为对 2005 年 1 月 1 日~2012 年 12 月 31 日这 8 年的发射情况进行统计,并将该发射情况在未来的演化过程中不断循环;

(3) 太阳活动设置为常数,分别为 $F_{10.7} = 130$,AP = 9;

(4) 假设未来发射的航天器(S/C)任务寿命为 8 年;

(5) 任务后处置成功率为 60%,并满足"25 年规则";

(6) 不考虑爆炸,不考虑轨道维持和碰撞规避机动;

(7) 演化 200 年,且每个案例至少仿真 100 遍。

利用 SOLEM 模型结果参与 IADC 联合研究,得到结果如图 6-16 所示。

图 6-16 表示各个模型仿真得到的空间碎片总数与基准比值随时间变化图,图中,CNES 代表法国空间中心;CNSA 代表中国国家航天局;ESA 代表欧洲航天局;JAXA 代表日本宇宙航空研究开发机构;ASI 代表意大利航天局。可知各个模型 2213 年的空间碎片总数比值范围为 -22%~-8%。可以看出 SOLEM 模型结果(CNSA 对应的曲线)与标准结果的偏差小于 10%,这也验证了 SOLEM 模型的正确性。

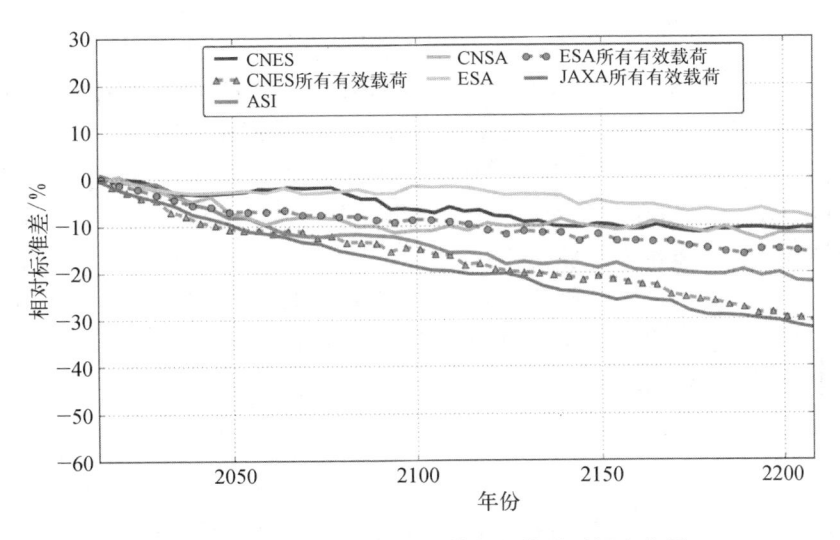

图 6-16 空间碎片总数与基准比值随时间变化图

2. 发射模型影响分析对比

为了分析发射模型中影响碰撞及未来空间环境预测的因子,设计以下不同方案并利用 SOLEM 模型进行模拟,变化参数包括发射数量、发射质量和发射面积。对每个变化参数均运行两个案例,一个案例中参数相对于基本方案减半,另一个案例中参数相对于基本方案加倍。表 6-4 是每个模拟方案的发射详细信息[65]。

表 6-4 模拟案例的发射详细信息

方　案	变　化　参　数
1a:发射率减半 1b:发射率加倍	发射数量
2a:发射质量减半 2b:发射质量加倍	单个物体发射质量、单个物体面质比
3a:发射面积减半 3b:发射面积加倍	单个物体发射面积、单个物体面质比
4a:发射数量减半 4b:发射数量加倍	发射数量、单个物体发射质量和发射面积

方案 1a 和 1b 分别将基本方案中的发射率减半和加倍,这是通过将基本方案中的发射时间减半或加倍实现的。因此,其影响等同于改变物体发射数量。

方案 2a 和 2b 分别将基本方案中每个物体的发射质量减半和加倍,发射数量、单个物体发射面积不变。由于每个物体的面积不变,因此面质比相应加倍或减半。

方案 3a 和 3b 分别将基本方案中每个物体的发射面积减半和加倍,但保持单个物体发射质量不变,因此,面质比变化与方案 2 情况相反。

方案 4a 将基本方案中发射数量减半,单个发射物体质量和面积相应加倍;而方案 4b 则将基本方案中发射数量加倍,单个发射物体质量和面积相应减半,因此,单个物体面质比与基本方案保持一致。

图 6-17~图 6-19 分别不同场景下未来灾难性/非灾难性解体事件预测结果的对比,图中不同颜色代表不同研究机构。图中被标准化为每个参与者结果的基线方案中的值,以便于识别由不同参数变化引起的变化。

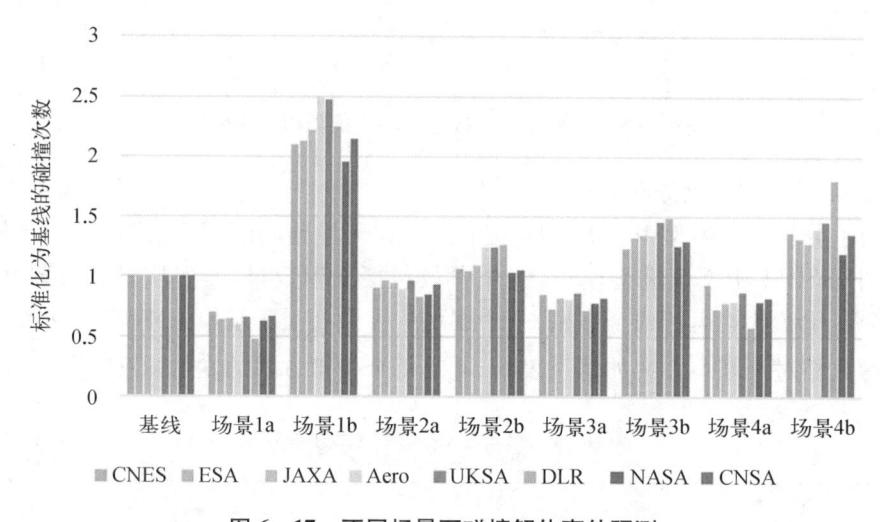

图 6-17 不同场景下碰撞解体事件预测

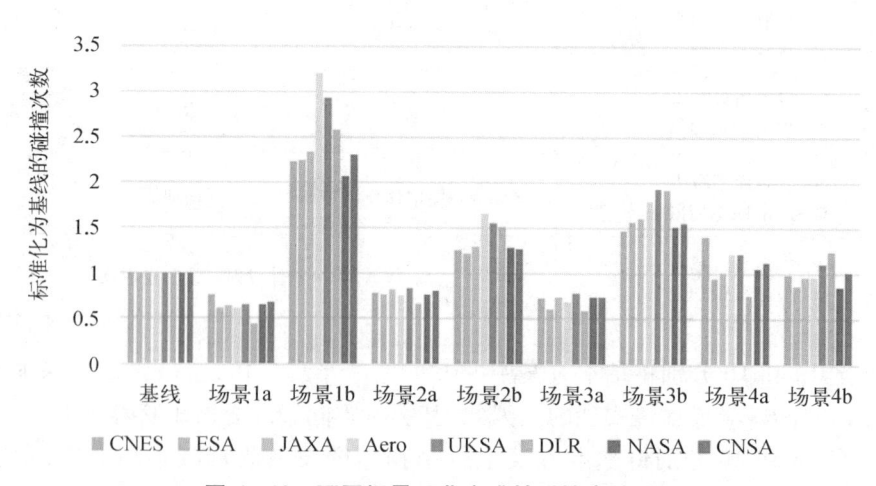

图 6-18 不同场景下非灾难性碰撞事件预测

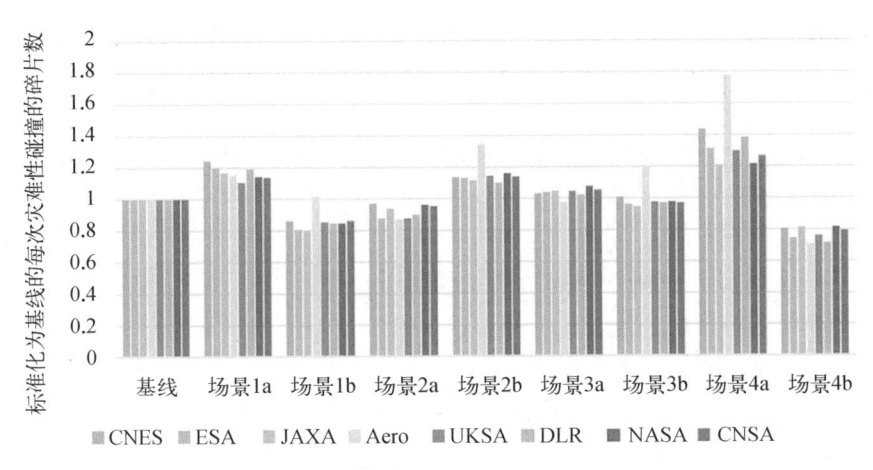

图 6-19 不同场景下解体事件生成的碎片数目

图 6-17~图 6-19 中，CNES 代表法国空间中心；ESA 代表欧洲航天局；JAXA 代表日本宇宙航空研究开发机构；Aero 代表美国航空航天公司；UKSA 代表英国航天局；DLR 代表德国航空航天中心；NASA 代表美国航空航天局；CNSA 代表中国国家航天局。

3. 碰撞解体事件预测对比

对于未来 200 年内发生的灾难性碰撞事件，SOLEM 模型预测平均每 6.7 年发生一次，如图 6-20 所示。考虑 1σ 标准差，灾难性碰撞事件的发生率为每 5.6~8.3 年发生一次。

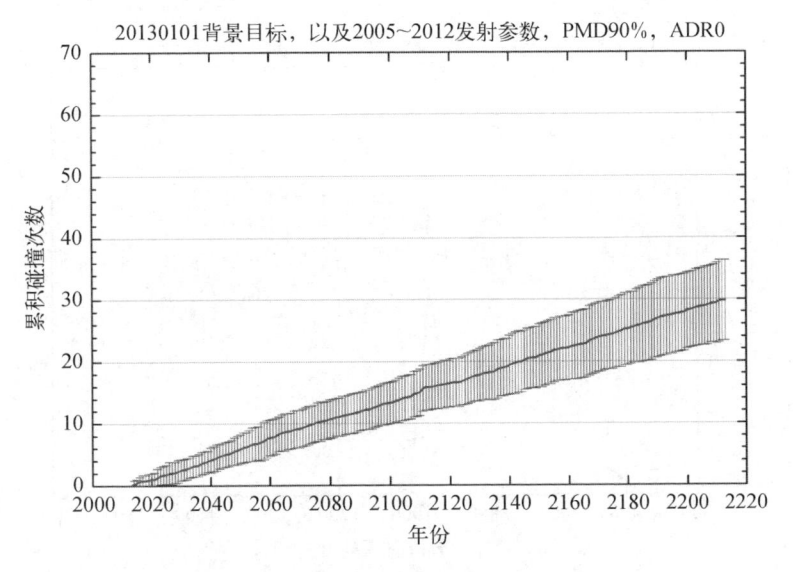

图 6-20 SOLEM 模型累计碰撞次数

而 IADC 研究报告中其他国家的演化模型对未来灾难性碰撞事件预测的结果为 5~9 年发生一次,如图 6-21 所示。

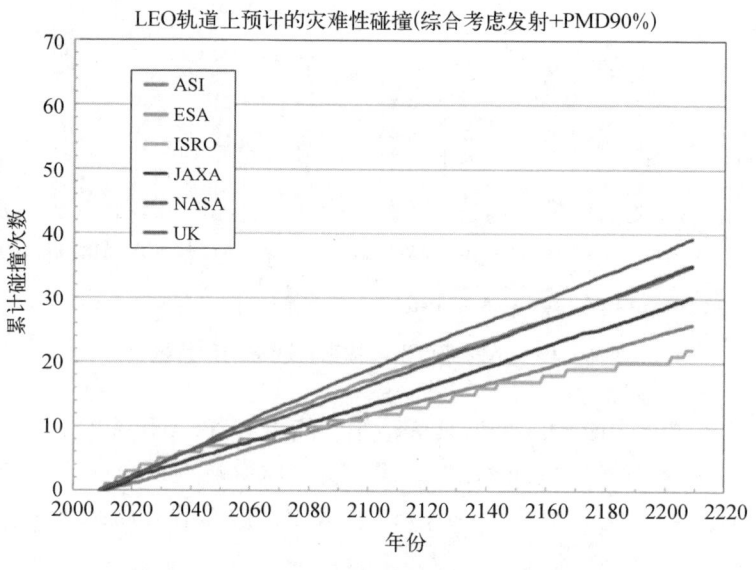

图 6-21 其他演化模型累计碰撞次数

此外,SOLEM 模型对灾难性碰撞事件随轨道高度的分布也进行了预测,如图 6-22 所示,灾难性碰撞事件主要发生在 700~1 000 km 以及 1 400 km 左右的范围内,其他模型预测结果如图 6-23 所示。

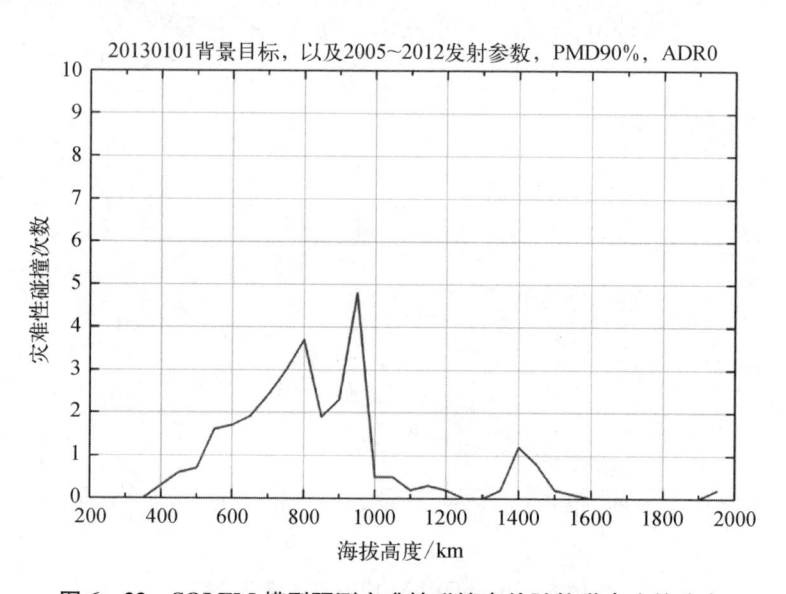

图 6-22 SOLEM 模型预测灾难性碰撞事件随轨道高度的分布

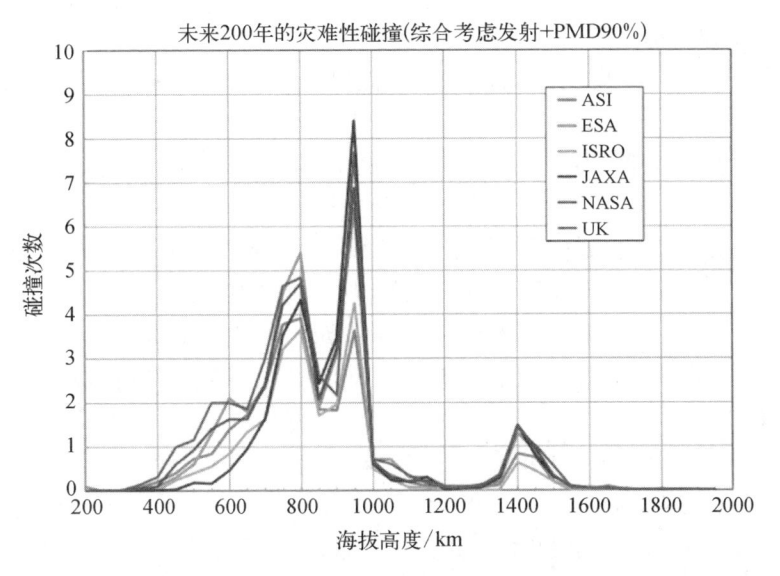

图6-23 其他演化模型预测灾难性碰撞事件随轨道高度的分布

6.3 空间碎片环境模型研究国际热点和方向

由上百颗甚至上万颗小卫星构成的巨型卫星星座是当前航天活动发展趋势之一,如图6-24所示。其中最引人注目的是SpaceX的Starlink部署计划。SpaceX获得美国联邦通信委员会的许可,可以将近12 000颗卫星送入轨道。SpaceX也向国际电信联盟提交了另外30 000颗Starlink卫星的频率申请,这意味着该公司将有约42 000颗卫星发射到轨道上。早在1978年,Kesser便提出凯斯勒效应的预言,即当空间碎片数量达到一定程度后,将发生联级碰撞使得空间碎片的数量急剧增加。巨型卫星星座的部署,使得空间环境危机四伏。

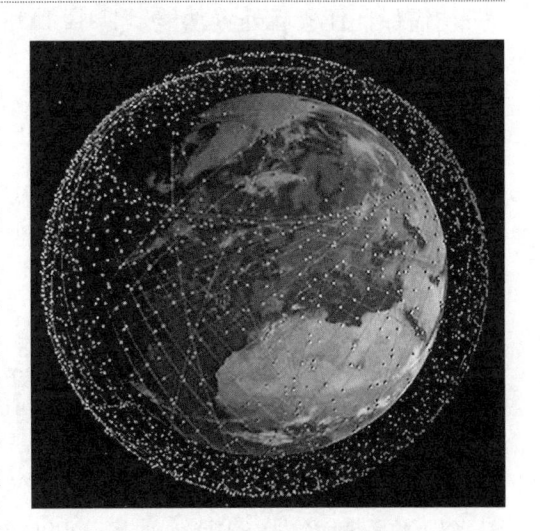

图6-24 巨型卫星星座示意图

为应对巨型星座带来的环境问题,IADC发布了《IADC关于低地球轨道大型星座的声明》[66]。声明中称,在卫星设计方面,应充分确保卫星的任务后处置功能,考虑监测任务后处置功能的可用性,在任务后处置功能降至临界值时(即使未达到任务寿命)立即启动处置行动;在设计中考虑机动规避能力和受控再入能力,并严格实施钝化,考虑一些自动钝化新技术以应对突发情况;增强卫星的可跟踪性,改进卫星的定轨和轨道预报能力,有利于交会风险分析。

IADC 模型与数据库组[67]在 2002 年的 *End-of-life Disposal of Space Systems in the Low Earth Orbit Region* 报告中研究了任务后寿命分别为 0 年、25 年、50 年的空间物体数量、碰撞次数,分析了任务后处置所需燃料情况,认为 25 年任务后寿命是最适宜寿命,可以在没有显著增加离轨燃料需求的情况下实现。后在已完结的 *Long Term Presence of Objects in GEO Region Report* 中指出 GEO 保护区及穿越 GEO 保护区的物体任务后寿命不能超过 25 年。2019 年,"25 年规则"加入《IADC 空间碎片减缓指南》。

国际标准化组织 ISO 对于任务后在轨寿命要求更为严格,其将任务结束后 25 年内离轨修改为进入工作轨道后 25 年内离轨,缩短了航天器的在轨运行时间。

2019 年 IADC 更新减缓指南,如果航天器或轨道级在经过低轨道区域或有可能干扰低轨道区域的轨道上终止其工作,则应采取离轨措施(最好是直接再入),或在适当情况下进入预期剩余寿命为 25 年或更短的轨道,处置成功的概率应至少为 90%。对于特定的操作,如大星座,可能需要更短的剩余轨道寿命和/或更高的处置成功概率。ISO 将任务后处置率至少为 90% 修改为航天器无论处于何种状态,均需保证任务后处置功能。其中,IADC 第二工作组(数据与模型组)也针对空间碎片环境的可持续发展问题,提出若干新的研究议题(行动计划 AI 或内部任务 IT)。

6.3.1 低地球轨道进行主动碎片清除的益处

AI 31.5 从长期环境模拟的不确定性研究低地球轨道上进行主动碎片清除的益处。

目的:量化任务后处置(post-mission disposal, PMD)和主动碎片清除(ADR)对控制未来 LEO 轨道碎片数量的有效性,并为指导环境修复规划的发展奠定技术基础;量化 PMD 成功率和 ADR 个数之间的相互作用。

结果如图 6-25 所示。

结论:

(1) 无 ADR 时,PMD 成功率为 90% 是合理的;

(2) PMD 为 60%,ADR 至少为 5 个;

(3) PMD 为 30% 时,ADR 为 8 个也不能使碎片环境优化。

6.3.2 解决小卫星和大星座增长的潜在减缓方法

AI 33.1 解决小卫星和大星座增长的潜在减缓方法。

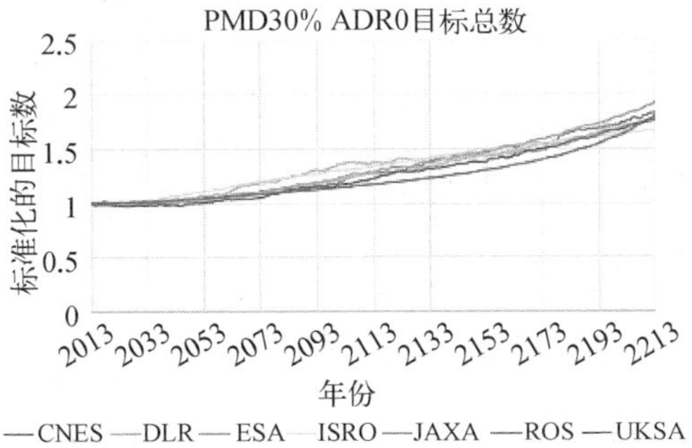
PMD30% ADR0目标总数
标准化的目标数
0
0.5
1
1.5
2
2.5
2013 2033 2053 2073 2093 2113 2133 2153 2173 2193 2213
年份
—CNES —DLR —ESA —ISRO —JAXA —ROS —UKSA

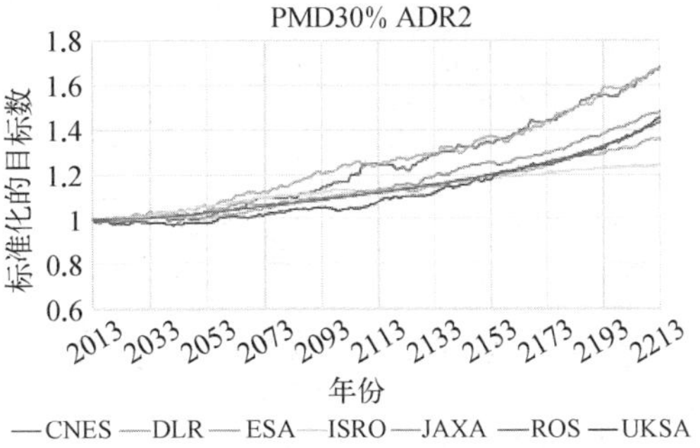
PMD30% ADR2
标准化的目标数
0.6
0.8
1
1.2
1.4
1.6
1.8
2013 2033 2053 2073 2093 2113 2133 2153 2173 2193 2213
年份
—CNES —DLR —ESA —ISRO —JAXA —ROS —UKSA

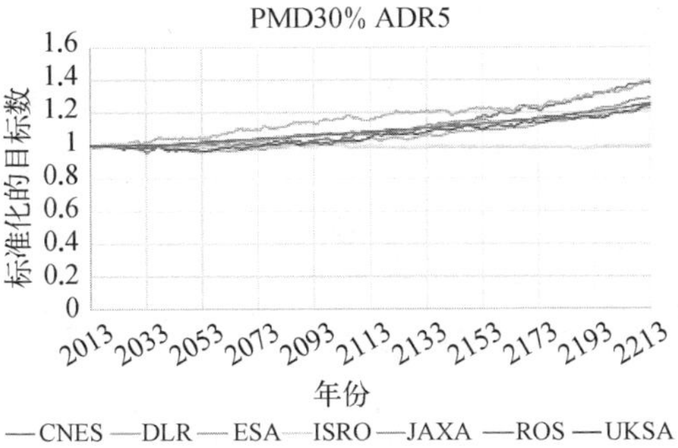
PMD30% ADR5
标准化的目标数
0
0.2
0.4
0.6
0.8
1
1.2
1.4
1.6
2013 2033 2053 2073 2093 2113 2133 2153 2173 2193 2213
年份
—CNES —DLR —ESA —ISRO —JAXA —ROS —UKSA

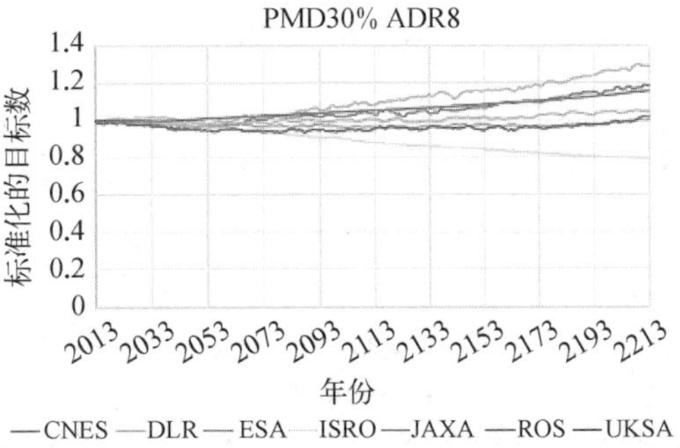
PMD30% ADR8
标准化的目标数
0
0.2
0.4
0.6
0.8
1
1.2
1.4
2013 2033 2053 2073 2093 2113 2133 2153 2173 2193 2213
年份
—CNES —DLR —ESA —ISRO —JAXA —ROS —UKSA

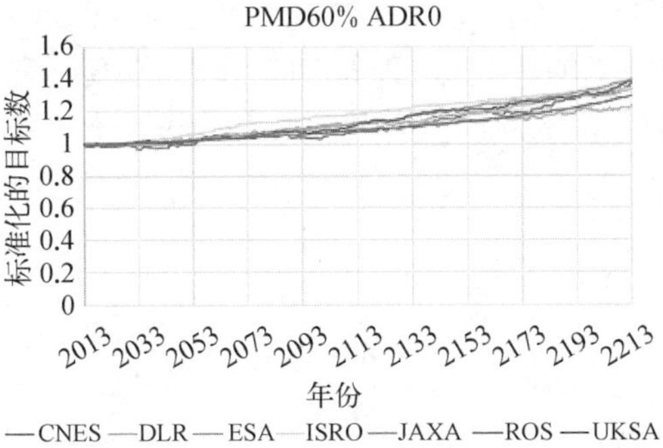
PMD60% ADR0
标准化的目标数
0
0.2
0.4
0.6
0.8
1
1.2
1.4
1.6
2013 2033 2053 2073 2093 2113 2133 2153 2173 2193 2213
年份
—CNES —DLR —ESA —ISRO —JAXA —ROS —UKSA

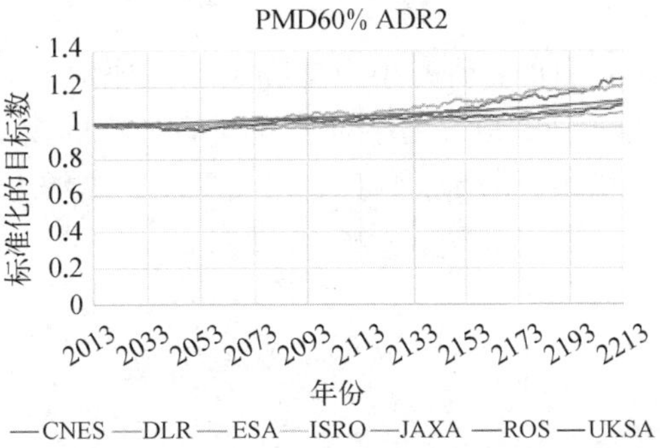
PMD60% ADR2
标准化的目标数
0
0.2
0.4
0.6
0.8
1
1.2
1.4
2013 2033 2053 2073 2093 2113 2133 2153 2173 2193 2213
年份
—CNES —DLR —ESA —ISRO —JAXA —ROS —UKSA

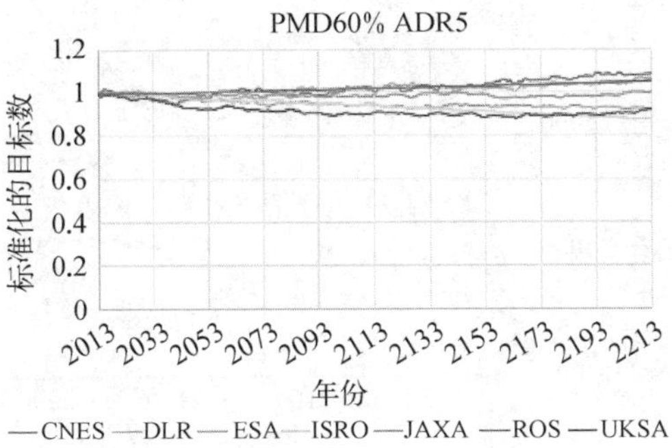
PMD60% ADR5
标准化的目标数
0
0.2
0.4
0.6
0.8
1
1.2
2013 2033 2053 2073 2093 2113 2133 2153 2173 2193 2213
年份
—CNES —DLR —ESA —ISRO —JAXA —ROS —UKSA

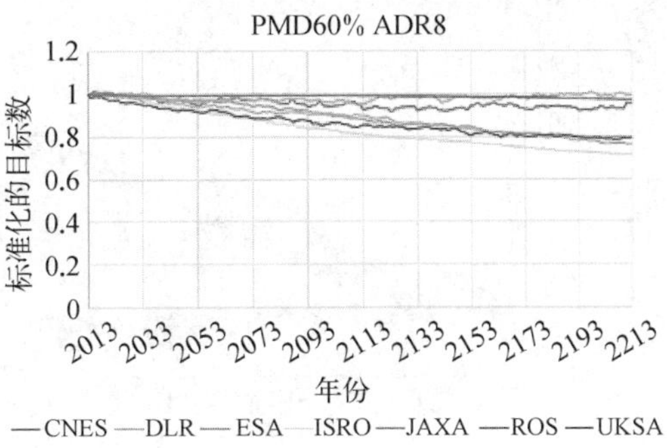
PMD60% ADR8
标准化的目标数
0
0.2
0.4
0.6
0.8
1
1.2
2013 2033 2053 2073 2093 2113 2133 2153 2173 2193 2213
年份
—CNES —DLR —ESA —ISRO —JAXA —ROS —UKSA

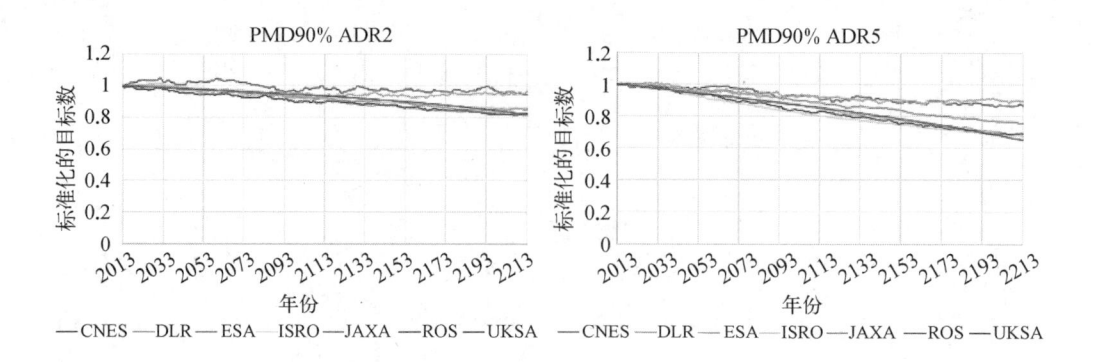

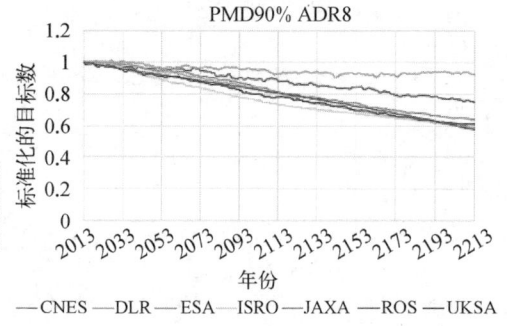

图 6-25 AI 31.5 研究结果图

目的：研究小卫星和大型星座对未来环境的影响；协助第四工作组（WG4）完成小卫星和大星座对未来环境影响的模型模拟，以确定是否在《IADC 空间碎片减缓指南》中增加小卫星和大星座的减缓方法。

结果如图 6-26 所示。

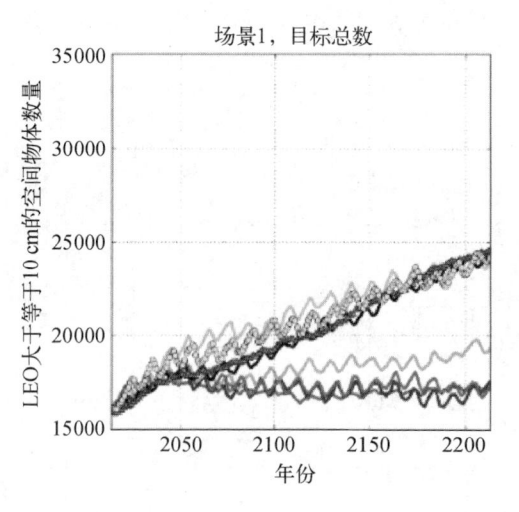

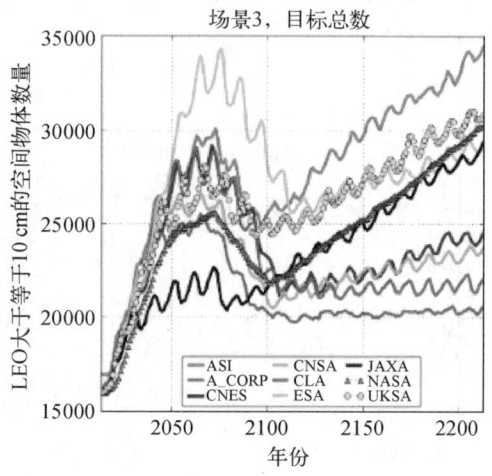

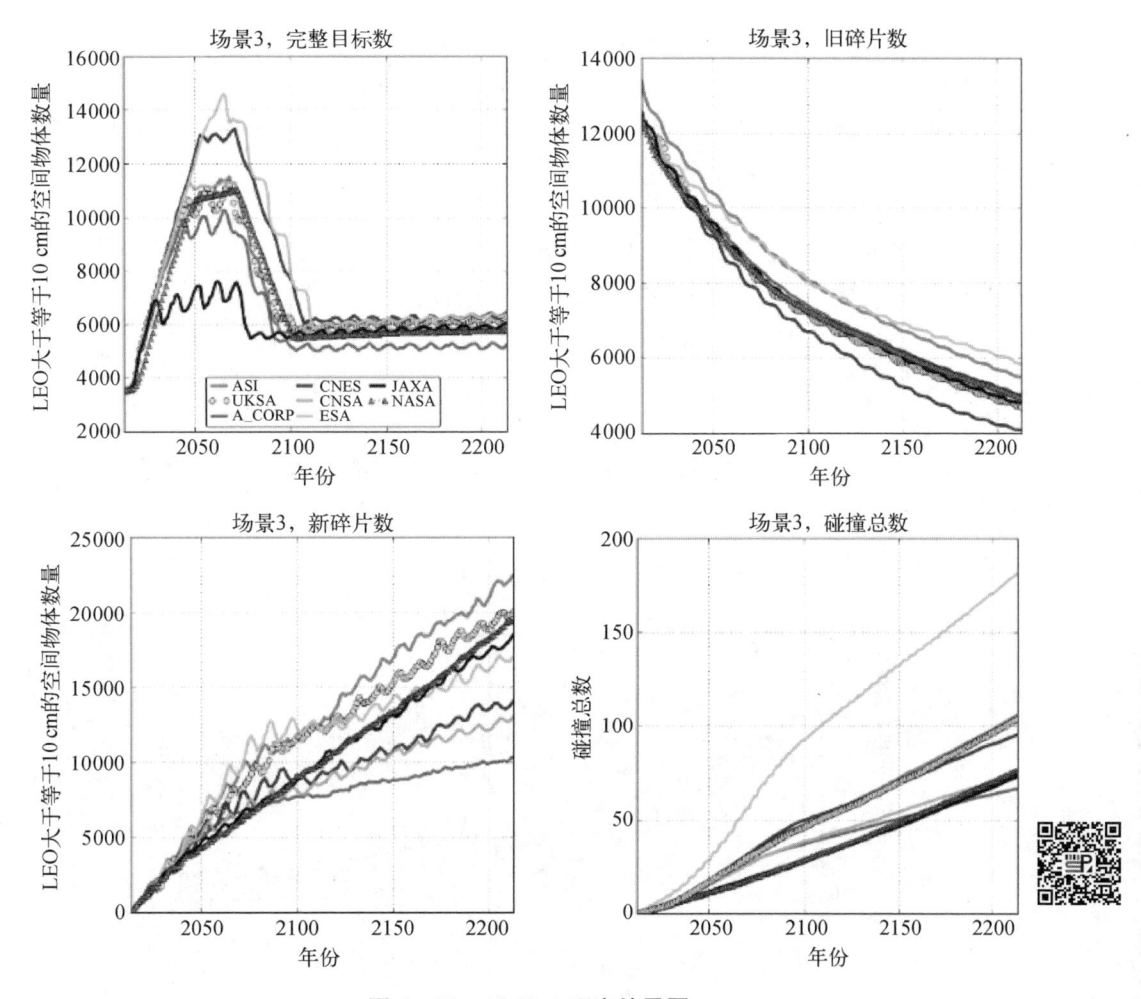

图 6-26　AI 33.1 研究结果图

结论：促成发布《IADC 关于低地球轨道大型星座的声明》。

6.3.3　发射模型建模研究

IT 31.1 发射模型建模研究。

目的：研究未来空间交通参数的变化对轨道碎片环境演变的影响；确定发射交通状况，提供有关发射活动变化对长期演化可能产生影响的信息，并最终确定如何改进未来交通的建模。

结论：

（1）影响碰撞次数的唯一因素是面质比；

（2）新增碎片数量与物体的总质量和面积以及物体的数量有关。

6.3.4 影响未来环境预测的不确定性调查

IT 32.1 影响未来环境预测的不确定性调查。

目的：识别和研究初始条件和物理不确定性对空间碎片种群长期预测的影响，补充 IT 31.1（非物理不确定性）。

方案：

（1）长期演化：比较个模型的碰撞概率计算算法；

（2）太阳活动：低、中、高、随机水平太阳活动；

（3）碎片生成模式：中心体-中心体、中心体-帆板、帆板-帆板。

结果如图 6-27 所示。

结论：

（1）太阳活动水平越高，空间碎片数量越少，太阳活动水平越低，空间碎片数量越多；

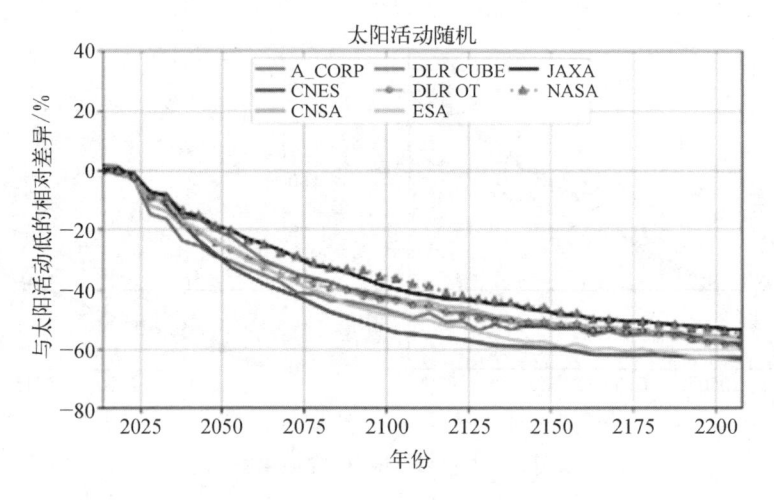

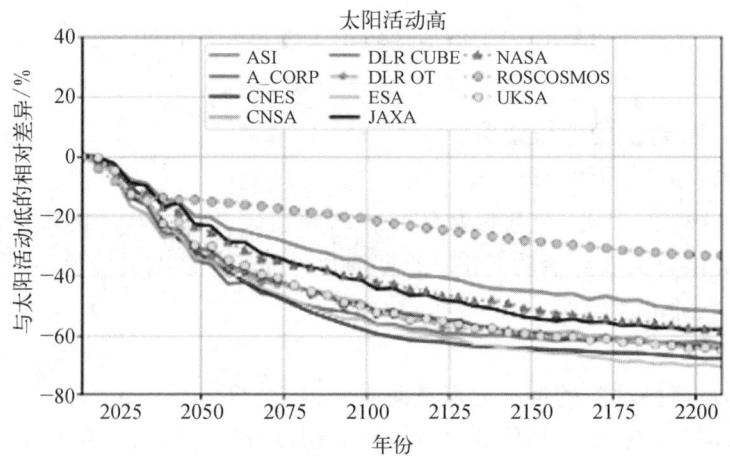

图 6-27 IT 32.1 研究结果图

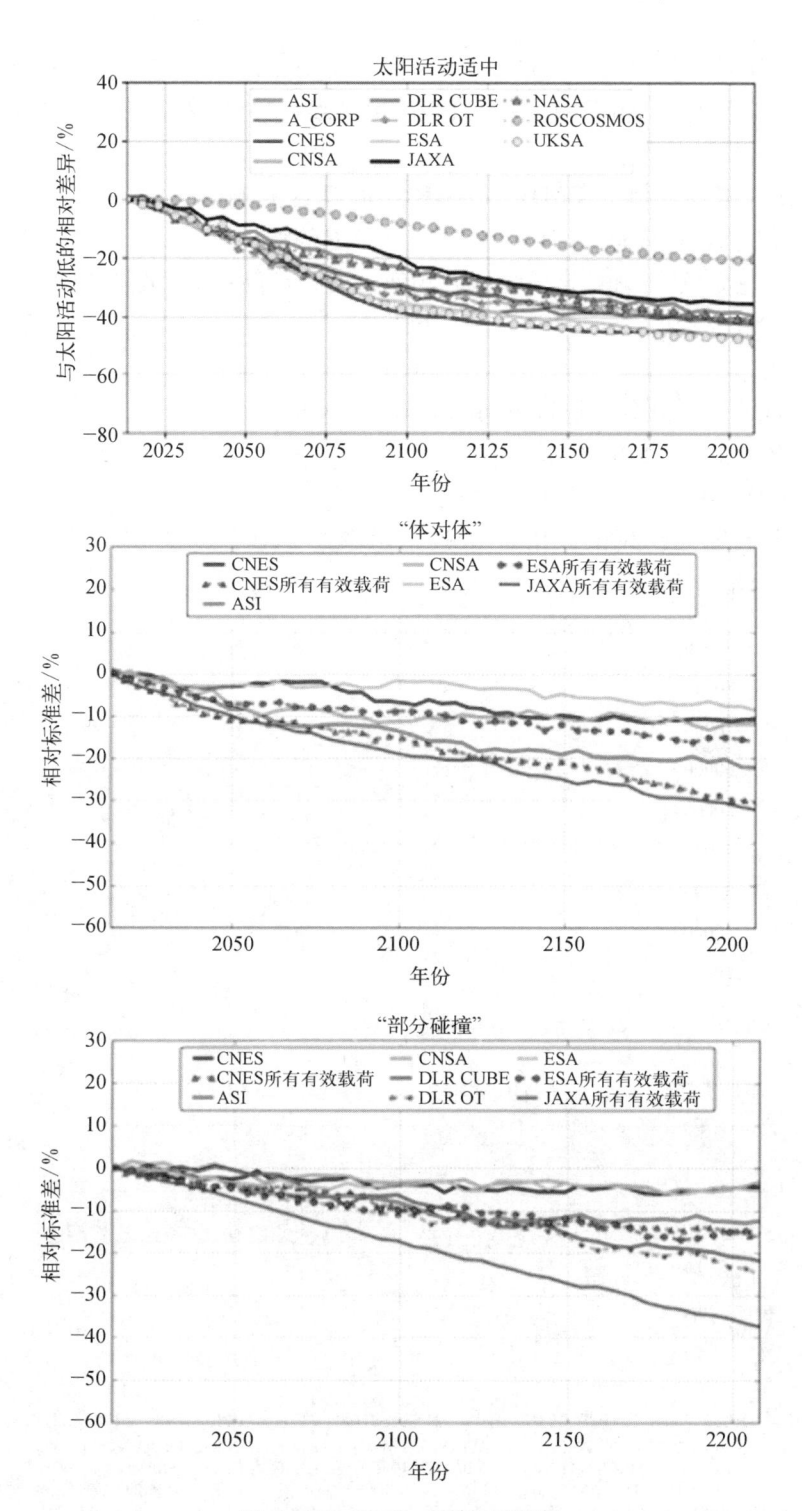

(2)"体对体"和"部分碰撞"模型与标准模型相比,通过减少碰撞中物体的质量,也减少了面积,从而减少碰撞次数和产生的碎片数量,从而导致数量减少。

6.3.5 描述环境对 PMD 和 ADR 实施延迟的响应

IT 36.1 描述环境对 PMD 和 ADR 实施延迟的响应。

目的:建立风险阈值,定义环境影响何时变得危险;识别危险或问题之前的信号;确定适当的行动以改变轨道并降低风险。

方案:

(1)在不同时间分别执行不同的 PMD 和 ADR;

(2)PMD:0%、30%、60%、90%;

(3)ADR:0个、3个、5个、8个;

(4)执行时间:2018.2.1、2040.1.1、2060.1.1、2080.1.1、2100.1.1。

结果如图 6-28 所示。

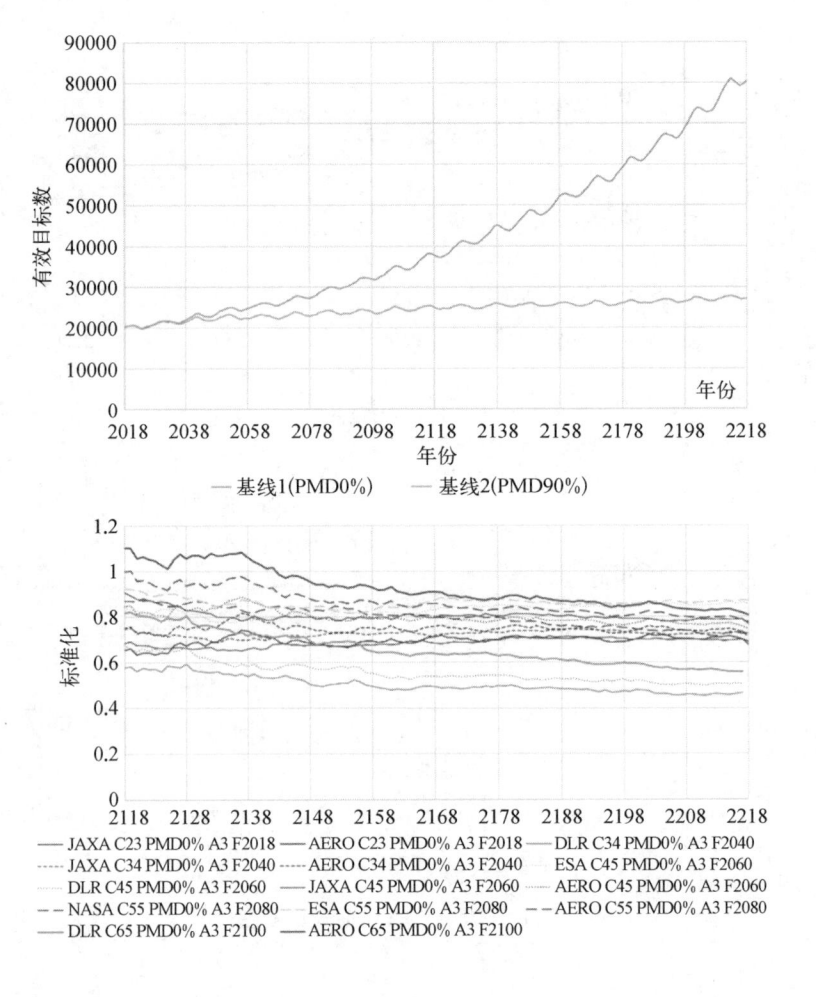

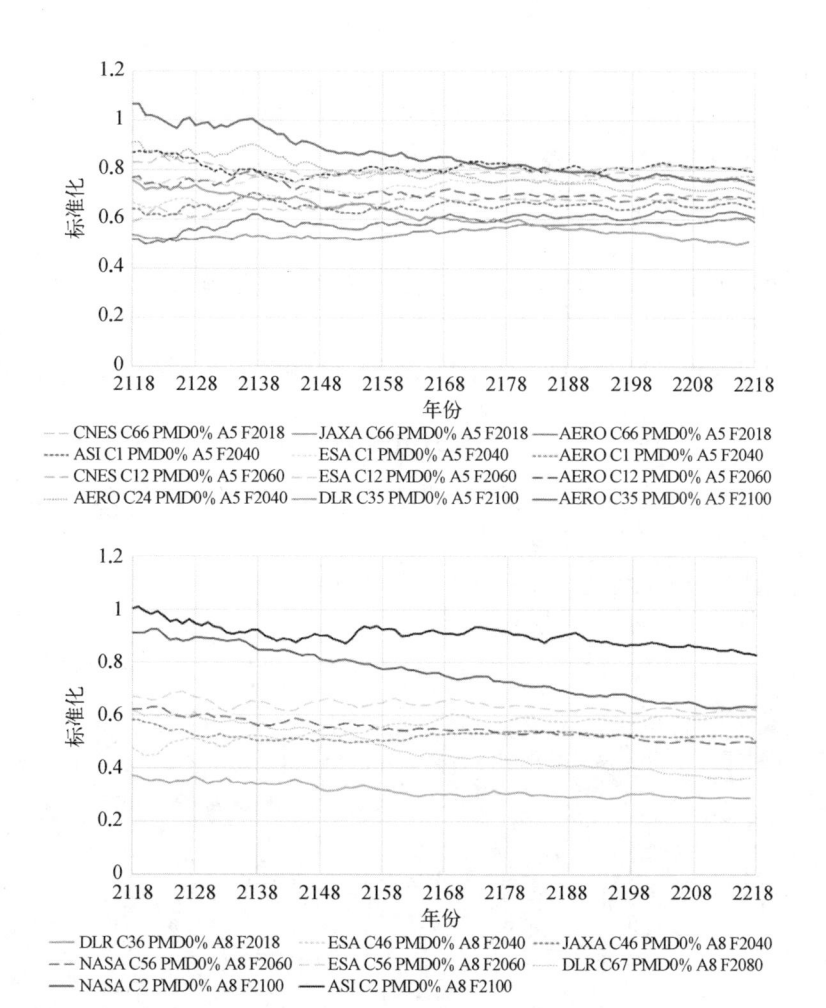

图 6-28　IT 36.1 研究结果图

6.3.6　空间碎片环境现状评价

IT 36.2 空间碎片环境现状评价。

目的：

（1）审查现有空间碎片指数；

（2）确定此类索引的目的；

（3）确定此类索引的范围；

（4）定义一个或一组指标，以评价空间碎片对环境的改善或退化。

6.3.7　低 LEO 大型星座对环境的影响

IT 37.1 低 LEO 大型星座对环境的影响

目的：

(1) 评估一个非常大的低 LEO 星座在低海拔时对环境的影响；

(2) 确定变量如何与观察到的影响相关；

(3) 说明部署/处置引起的反馈/交互影响。

方案：

(1) 星座卫星数量 19 500 颗，卫星任务寿命 5 年，卫星质量 250 kg，面积 2.5 m²，直径 3 m；

(2) 轨道高度 400~550 km，星座寿命 50 年，倾角 50°，星座 5 年部署完成。

复习思考题

1. 什么是空间碎片环境模型？为什么要对未来空间碎片环境进行演化？
2. 主要的空间碎片演化模型有哪些？
3. 导致空间碎片数量增长和减少的因素分别是什么？

第 7 章
空间碎片被动防护

7.1 航天器被动防护概述

尺寸大于 10 cm 的空间碎片可通过监测编目,碰撞预警的方式进行规避;尺寸在 1 cm 以下的微小碎片(图 7-1)虽然数量庞大且无法跟踪规避,是目前空间碎片被动防护的重点。尺寸 1~10 cm 的空间碎片目前尚不能准确跟踪定轨逐一预警和规避,且尚无切实可行的被动防护措施,所以也称为危险碎片。随着技术发展,这类碎片终将被编目且预警规避。

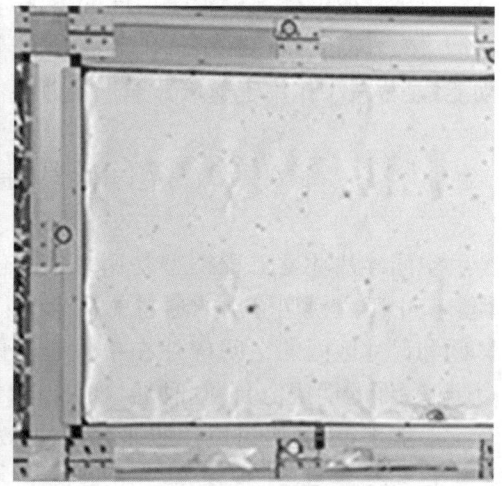

图 7-1 微小碎片在轨探测示意图　　**图 7-2 微小碎片在 LDEF 上形成的撞击坑**

微小碎片对航天器构成的威胁不容忽视。美国 LDEF 在轨运行 5.7 年,返回了宝贵的微小碎片在轨探测数据,加深了人类对微小碎片环境危害的认识。图 7-2 为微小碎片在 LDEF 上形成的撞击坑。由此可知,航天器被动防护必不可少[1]。

广义的航天器空间碎片防护是指提高航天器在空间碎片环境中生存能力的措施。防护的具体过程包括:

（1）航天器在空间碎片撞击下的易损性（损伤阈值和损伤程度）分析；

（2）基于空间碎片环境模型的航天器撞击风险评估；

（3）基于撞击风险评估的航天器设备布局优化设计；

（4）在航天器的高撞击风险部位和易损组件加装防护屏。

航天器空间碎片防护设计主要流程为：

（1）通过一系列超高速撞击地面模拟实验，收集分析实验数据；

（2）基于实验数据，建立弹道极限方程；

（3）研发航天器风险评估软件；

（4）以航天器撞击参数为输入，利用风险评估软件，评估微流星体、空间碎片对航天器造成的风险，即计算航天器在微流星体、空间碎片影响下的撞击概率与失效概率。

航天器空间碎片被动防护技术的发展始于20世纪50年代中期，主要为解决洲际导弹防护问题和航天器抵御微流星体的撞击问题。这种方法最早由美国天体物理学家惠普尔（Whipple）首先提出，即航天器空间碎片防护结构的基本构型——惠普尔防护结构。

惠普尔防护结构由防护屏、后墙和一定的间距组成。防护的基本原理就是通过在航天器舱壁外部设置防护屏的方法，使初次入射的碎片与防护屏发生超高速碰撞，使之碎化、熔化甚至气化形成二次碎片云，最大限度减小和分散入射碎片的动能，显著减小作用于航天器舱壁的碰撞能流密度，缓解后靶板的损伤破坏效应。

7.2 空间碎片撞击航天器的现象

空间碎片环境工程模型是用来描述航天器所面临的空间碎片环境的主要途径。其中工程模型输出的通量的概念为：在空间中指定的位置区间内，指定速度区间和尺寸区间的空间碎片在单位时间内通过航天器单位面积单面平板的数量（随机事件的期望值）。这种通量的空间碎片对航天器的撞击，表现出不同的效应。

一般来说，撞击可以按照速度-撞击效应分类如下。

1. 低速撞击

撞击效应主要表现为撞击点局部材料响应与撞击体结构响应耦合在一起。弹性碰撞、汽车碰撞是典型的低速撞击，如图7-3所示。

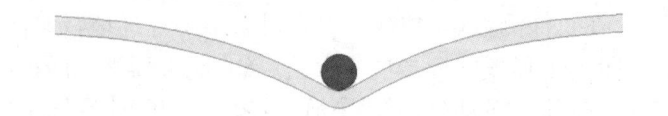

图7-3 低速撞击示意图

2. 高速撞击

撞击效应以撞击点局部的材料响应为主,局部材料强度起作用。子弹侵彻、空间碎片撞击为典型的高速撞击,如图7-4所示。

图7-4 高速撞击示意图

3. 超高速撞击

撞击点局部材料发生熔化或气化现象,材料强度可以忽略。我们要研究的空间碎片撞击,就属于超高速撞击,如图7-5所示。

图7-5 超高速撞击示意图

7.2.1 超高速撞击现象

超高速撞击造成的典型单板损伤模式随着单板的厚度由厚向薄,分别呈现出成坑、层裂、剥落、临界穿透、穿孔等不同的情况,表现形式如图7-6~图7-8所示。

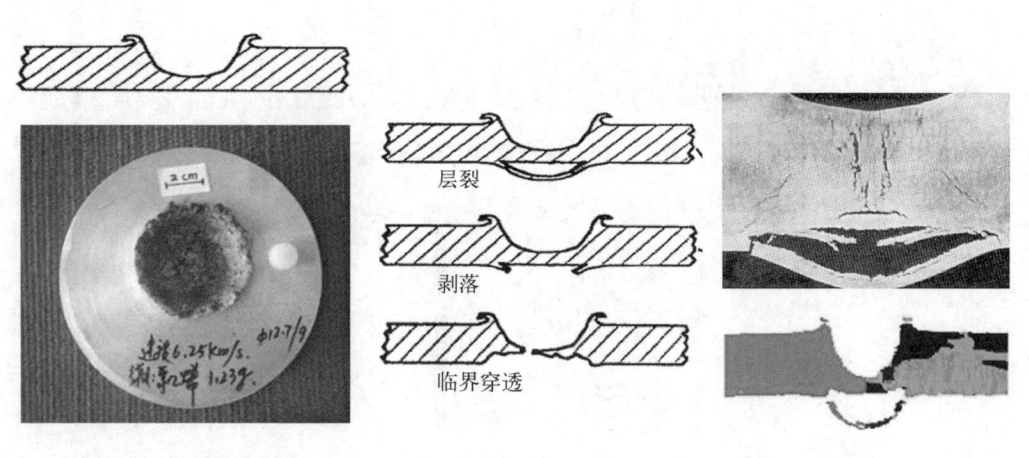

图7-6 厚板-成坑

图7-7 中厚板-剥落或临界穿透

图 7-8 薄板穿孔

7.2.2 超高速撞击中弹丸行为

超高速撞击过程弹丸碎裂情况与撞击速度直接相关。当撞击速度较低时,弹丸仅发生塑性形变;随着速度的提升,弹丸将出现碎裂甚至气化,不同撞击速度下弹丸的形态变化如图 7-9~图 7-11 所示。

图 7-9 撞击速度:2.31 km/s

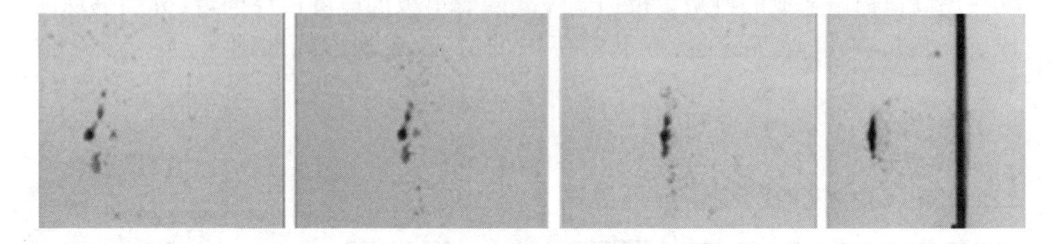

图 7-10 撞击速度:3.23 km/s

图 7-11 撞击速度:5.26 km/s

7.3 惠普尔防护结构

惠普尔防护结构的原理为：空间碎片高速穿透薄板防护屏后，自身发生破碎形成碎片，碎片云在向舱壁运动的过程中膨胀，降低了撞击舱壁的能量密度，如图7-12所示。

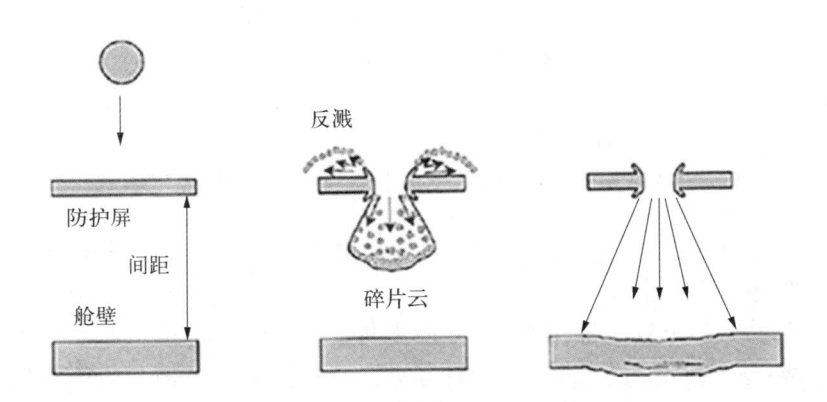

图7-12 惠普尔防护结构

撞击极限是用以表征防护能力的主要参数。撞击极限及其相关概念的定义如下。

（1）失效：指航天器上的结构或部件失去自身功能。根据功能不同，失效模式与失效准则各异：照相机镜头等光学器件，表面形成一定程度的撞坑即被视为失效；舱壁出现穿孔，宇航员居住的密封舱即视为失效。

惠普尔防护结构的失效准则：后板出现临界穿孔（或出现剥落）。

（2）撞击极限（ballistic limit）：满足失效准则的临界撞击参数值的组合。对于惠普尔防护结构，包括弹丸尺寸、撞击速度、撞击角度等弹丸撞击参数与防护屏厚度、防护间距等防护结构参数。

（3）撞击极限方程（ballistic limit equation）：满足失效准则的撞击参数之间关系的方程。

（4）撞击极限曲线（ballistic limit curve）：在其他参数值确定的情况下，任意两种撞击参数之间的关系曲线。

惠普尔防护结构中，后板直接与航天器内部相邻，是防护重点。前板生成的碎片云是导致后板损伤的重要因素。而影响碎片云形成的主要因素有防护屏厚度、防护间距、撞击角度、撞击速度及弹丸尺寸，如图7-13所示。

与单层板相比，惠普尔防护结构具有更强的防护能力。

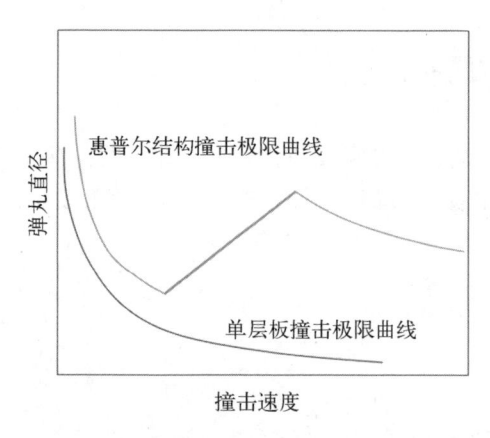

图 7 - 13 惠普尔防护结构撞击防护效果

图 7 - 14 惠普尔防护结构撞击极限曲线分段

随着撞击速度的增加,图 7 - 13 中惠普尔防护结构撞击极限曲线可划分为如图 7 - 14 所示的阶段。

（1）弹道段(ballistic phase)：弹丸撞击防护屏时产生的冲击波无法粉碎弹丸。后板(舱壁)受到的撞击与原弹丸的撞击速度及方向都很相似。对于固定参数的防护结构,其防护性能与单层板相似,撞击速度越大,能够防护住的临界弹丸尺寸越小。

（2）粉碎段(shatter phase)：弹丸撞击防护屏时产生的冲击波使弹丸发生破碎,形成碎片云。碎片云使撞击能量分散到较大面积上,减轻了后板损伤。对于固定参数的防护结构,撞击速度越大,弹丸破碎越严重,碎片尺寸越小,能防护住的临界弹丸尺寸越大。

（3）熔化/气化段(melt/vaporization phase)：弹丸撞击防护屏时产生的冲击波使弹丸和防护屏材料发生熔化或气化。对于固定参数的防护结构,撞击速度越大,碎片云施加在后板上的冲量越大,能够防护住的临界弹丸尺寸越小。

一般而言,防护结构防护屏厚度大将产生更多空间碎片,同时外泡碎片云(图 7 - 15)中碎片尺寸大,撞击舱壁损伤严重。

不同的弹丸形状,也会对碎片云产生影响(图 7 - 16)。

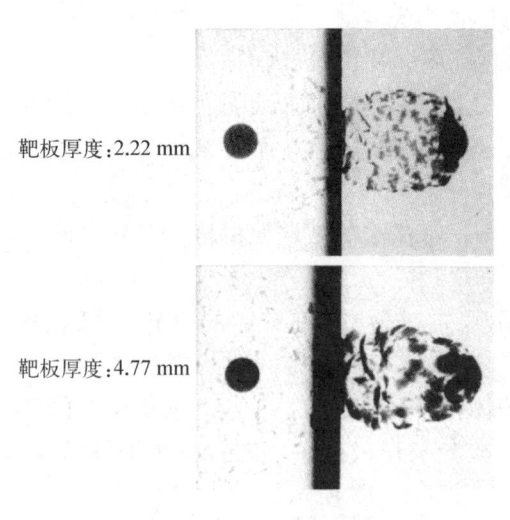

靶板厚度:2.22 mm

靶板厚度:4.77 mm

图 7 - 15 碎片云示意图

圆柱体长度/直径:3.55

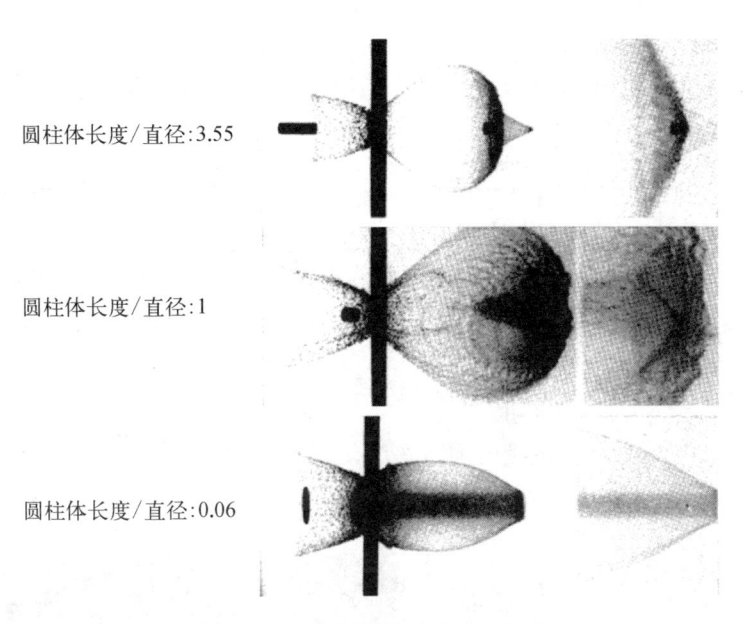

圆柱体长度/直径:1

圆柱体长度/直径:0.06

图 7-16　弹丸形状对碎片云影响

7.3.1　惠普尔防护结构的发展

早期的惠普尔防护结构在 1946 年由美国著名天文学家 Whipple(1906~2004,曾提出彗星"脏雪球"理论)提出,最初为了保护航天器在微流星体撞击下的安全。彼时的惠普尔防护结构为铝合金平板防护屏,如图 7-17 所示。

20 世纪 80 年代末至 90 年代,惠普尔防护结构加入了新的结构。

1. 加强肋防护屏(图 7-18)

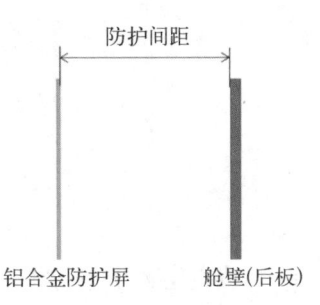

图 7-17　惠普尔防护结构中铝合金平板防护屏

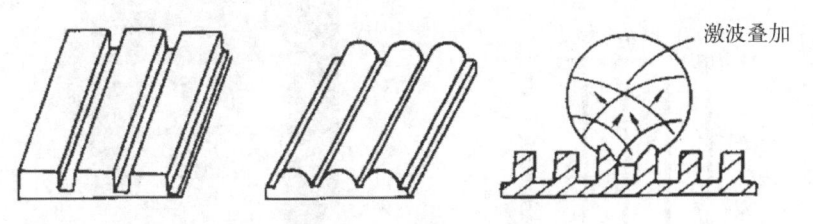

图 7-18　加强肋防护屏

弹丸与肋发生多点撞击,弹丸内冲击波发生叠加、增强,加重弹丸破碎。肋高、基板薄、肋间距小的防护屏防护效果好。

2. 波纹防护屏(图7-19)

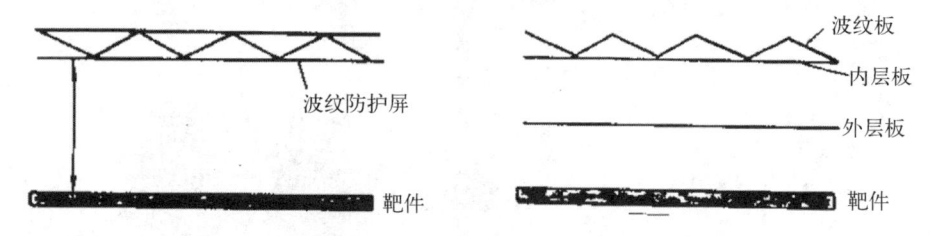

波纹防护屏增加了大部分空间碎片的撞击角度,结合了多层防护屏的概念。

图7-19 波纹防护屏

20世纪90年代至今,惠普尔防护结构逐渐发展成多层防护屏结构。

3. 填充惠普尔防护结构(图7-20)

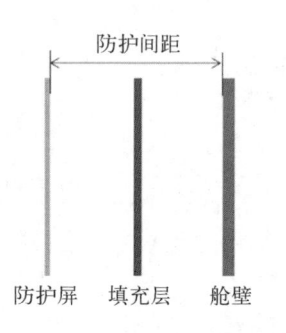

图7-20 填充惠普尔防护结构

填充层的作用:进一步破碎碎片,阻挡碎片运动。填充层的材料:铝合金、高强纤维织物(Nextel、Kevlar、玄武岩纤维布等)、泡沫金属、复合材料等。

4. 多冲击防护结构(图7-21)

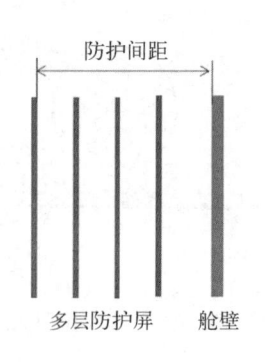

图7-21 多冲击防护结构

防护屏多采用高强纤维织物,各层厚度相同,层间间距相同,总防护间距大。

多冲击防护结构放入防护机理是:多次撞击增加弹丸温度,更易破碎;大防护间距使碎片云充分扩散;多层防护屏的阻挡降低了碎片运动速度。

5. 综合型结构(网格防护屏,图7-22)

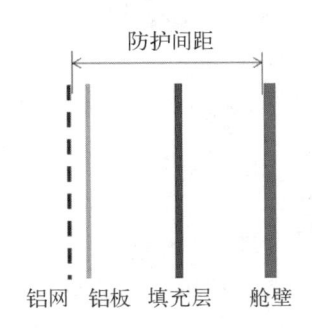

图7-22 综合型结构

在前述防护结构基础上增加一层铝网,铝网具有面密度低的特点,其金属丝相交处可增强对空间碎片的破碎效果。但铝网一般不单独使用。

6. 蜂窝夹芯板(图7-23)

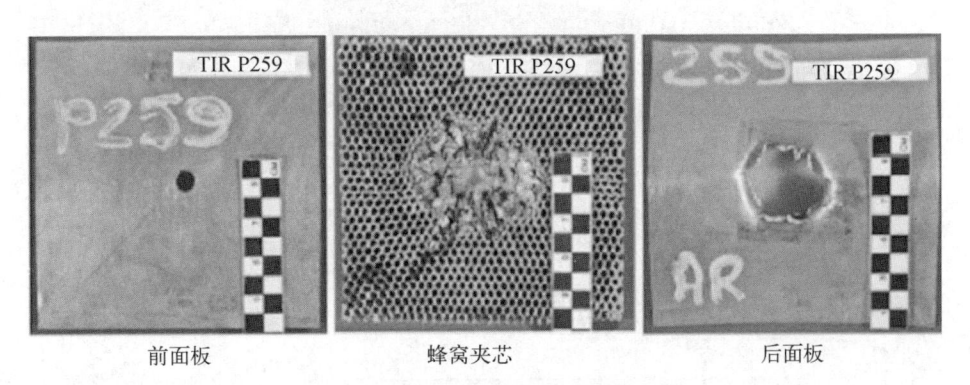

图7-23 蜂窝夹芯板

是在两层板之间增加蜂窝夹芯,此类结构一般用于非载人航天器的结构板。

7.3.2 惠普尔防护结构的应用

实际航天活动中,通常根据航天器不同部位、航天活动性质等,采用多种防护结构相结合的方式。图7-24为国际空间站(ISS)的整体结构示意图。

其中,ISS-哥伦布(Columbus)实验舱防护结构如图7-25所示。

ISS-"希望"号实验舱防护结构如图7-26所示。

ISS-转移居住舱(TransHab)如图7-27所示。

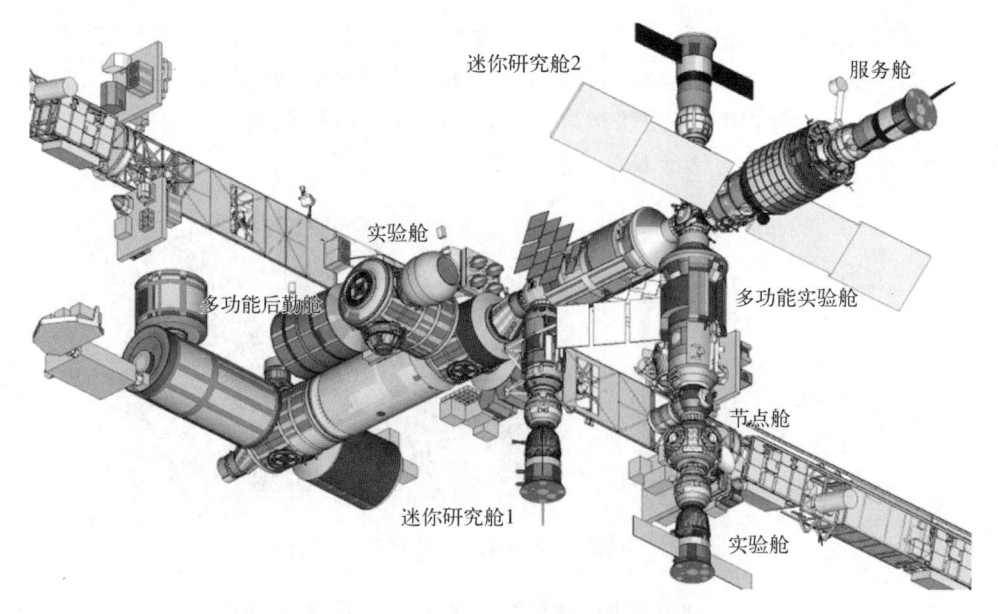

图 7-24　国际空间站的整体结构示意图

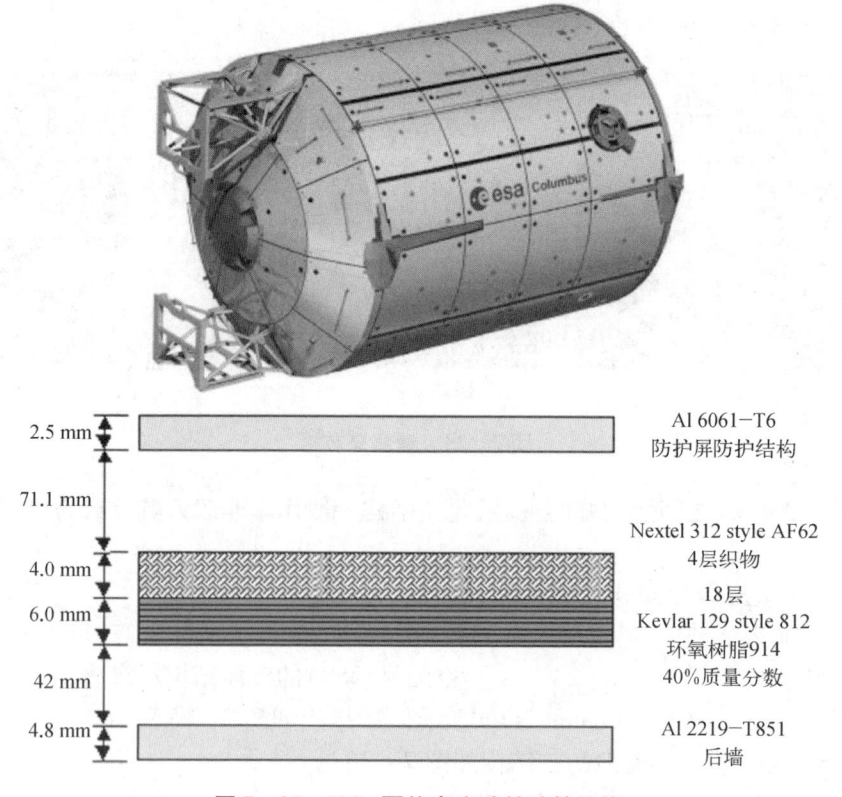

图 7-25　ISS-哥伦布实验舱防护结构

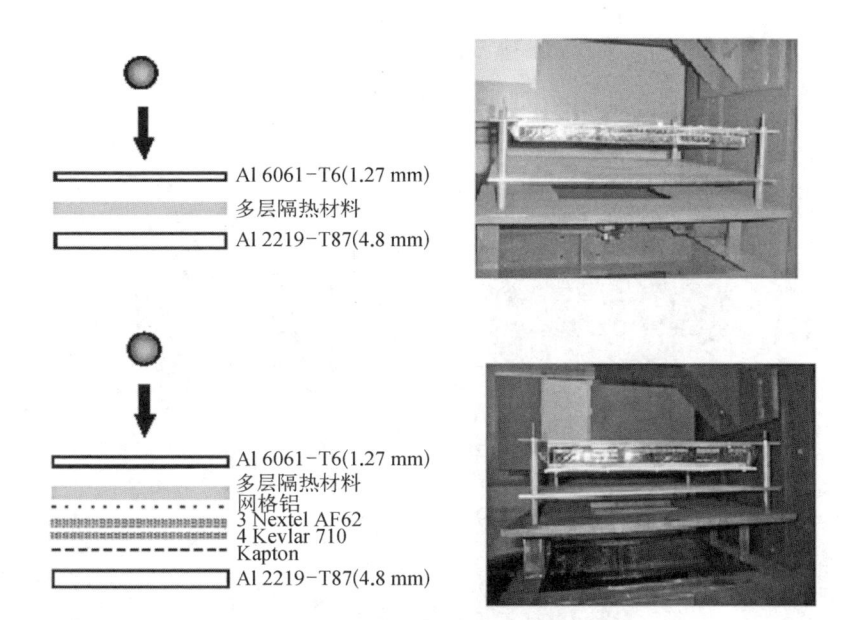

图 7-26 ISS-"希望"号实验舱防护结构

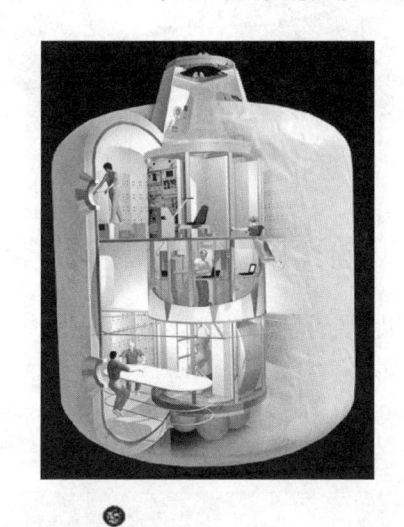

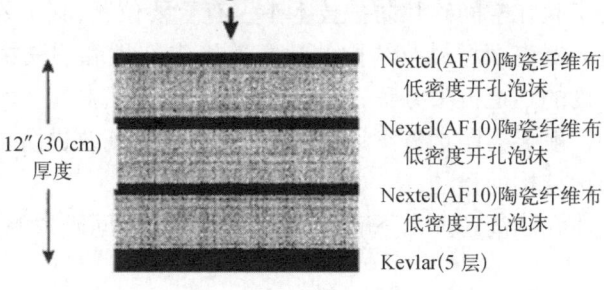

图 7-27 ISS-转移居住舱(TransHab)

ISS‐BEAM(Bigelow Expandable Activity Module)[毕格罗(Bigelow)宇航公司开发的充气式模块,用于在国际空间站(ISS)上进行实验和测试]如图7‐28所示。

图 7‐28 ISS‐BEAM

ISS‐"星辰"号服务舱如图7‐29所示。

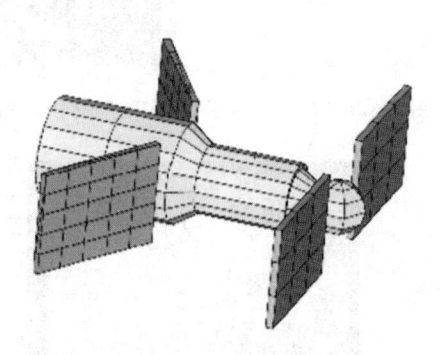

图 7‐29 ISS‐"星辰"号服务舱

图7‐29中蓝色的即为惠普尔防护结构,由三层结构组成,外间距为200 mm,材料为陶瓷纤维布。

7.4　超高速撞击地面试验

超高速撞击实验在空间碎片防护技术中占有重要位置,其主要研究内容有:

(1)获取航天器表面材料及结构的超高速撞击特性和损伤模式,建立相应损伤方程和防护结构的弹道极限方程;

(2)实验验证航天器防护方案设计的有效性,以达到改进防护方案、筛选高性能防护材料和防护结构的目的;

(3)研究物体在超高速撞击下破碎、解体模型,为空间碎片源模型的建立提供实验数据;

(4)研究超高速碰撞理论和材料的损伤破坏特性并建立材料模型[68]。

根据当前的工程需求,cm/mm 尺寸空间碎片的航天器防护工作是今后空间碎片防护技术的中心任务。发展大尺寸、速度 10 km/s 以上弹丸超高速发射技术,同步发展诊断测试技术,研究对超高速弹丸形状、姿态和速度等的测量技术都是未来超高速撞击技术需要重点解决的问题。

在国际超高速撞击研究中,美国为技术领先的国家。拥有较强的地面设施。以 NASA 为例,其负责超高速撞击地面模拟实验的单位主要有:超高速撞击试验(HyperVelocity Impact Testing,HVIT)实验室、白沙实验场和埃姆斯(Ames)研究中心等。其中,HVIT 负责分析空间碎片、微流星体对航天器的碰撞风险,进而开发新的防护方案及航天器构型设计,并研制先进的防护结构样本。HVIT 实验室也具有独立进行小规模超高速撞击实验技术的能力。白沙实验场对防护样本进行弹道极限测试,并分析实验结果。其研究成果在国际空间站等航天器的防护措施设计及评估中起到不可忽视的作用。Ames 研究中心在 NASA 开展的行星地质与地球物理计划、阿波罗登月计划、双子星探测器设计等方面做出突出贡献。

7.4.1 超高速撞击发射设备

为了掌握空间碎片撞击航天器的效应,需要系列化的超高速发射设备。超高速撞击发射设备包括如下多种类型,如图 7-30 所示。

1. 二级轻气炮

二级轻气炮适用于加速模拟毫米级尺度的空间碎片弹体,目前二级轻气炮可以将 0.04 g 微粒加速到 11 km/s,最大可使 2.5 g 的粒子加速到 4.7 km/s。尽管被加速粒子在速度、重量、尺寸、材料、形状上有较大局限性,但轻气炮的主要优点在于弹体的质量和尺寸可以精确测定,发射速度可以精确测量。

2. 聚能加速器

聚能加速器可以将克级弹丸发射至 10 km/s 以上的超高速,其局限性在于弹体形状为射流,不能发射指定形状的弹丸,弹体质量也需要通过试验过程中拍摄的照片通过图像处理进行评估。

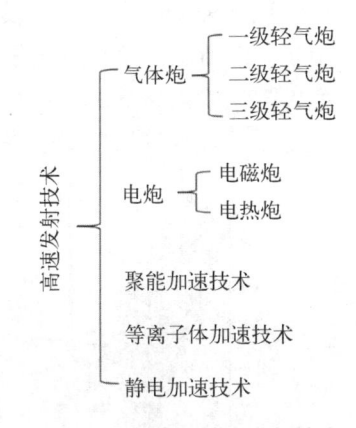

图 7-30 超高速撞击发射技术

3. 导轨型电磁加速炮

弹体的加速依靠其内部涡流与运动的磁流感应作用来实现。内部有一个磁场爆炸挤压层,可以使质量为 0.01 g 的微粒弹体速度达到 10 km/s。该设备的缺点是在接触时产生弧光放电,经常在加速过程中损坏弹体和加速线圈。

4. 等离子体加速器

借助于高速等离子体的吸引可以使弹体微粒达到很高的速度。当具有高电压的电容通过导线放电时产生高速等离子体,它将隔膜及隔膜上的样品一起撕碎,并在加速筒中使其达到很高的速度。它能发射并加速 10 000 个细小的玻璃球(直径为 50 μm)。遮挡屏和电磁阀可隔断偏离轴线的压力及慢速飞行的粒子,它们被淘汰而不会像先期到达的玻璃球那样打到靶上。质量 10^{-7} g 的球最大速度可达 20 km/s。等离子体加速器的缺点是,微粒处于高温等离子体区域会被烧蚀,另一个缺点是它存在一个电磁场干扰,很难研究高速撞击作用的过程。此外很难判定粉尘碎片的质量和形状,而且它只能加速薄膜型碎片。

5. 静电加速器

当加速电压为 200 kV 时,可将直径 1~1.5 μm 铝球加速到 2~10 km/s。在更高 1~2 MV 电压下,可将 0.05~1 μm 的粒子加速到 20~50 km/s。静电加速器可以单个地加速符合一定尺寸要求的粉尘粒子。它的缺点是设备构造复杂,有高压。

采用带有极强能量的纳秒和千分之一纳秒的激光也可作为粉尘粒子的加速装置。有文献介绍,激光与金属薄片相作用产生等离子体,等离子体可使 200 μm 的粒子获得超过 1 km/s 的速度。

6. 爆炸加速器

加速粒子束,从简单的角度出发,比较合理的是使用装有粉尘微粒的炸药片。当炸药爆炸时几乎所有粉尘微粒都可处于 1~5 km/s 的速度。

用于表征超高速发射设备发射能力的主要参数为弹体质量及其发射速度,如图 7‑31 所示。鉴于各种发射设备具有不同的发射能力,空间碎片超高速撞击地面模拟试验设备的配置应根据不同尺度空间碎片撞击效应研究的需求、试验成本、技术发展程度等情况综合考虑予以决定。对于毫米级空间碎片,宜选用二级轻气

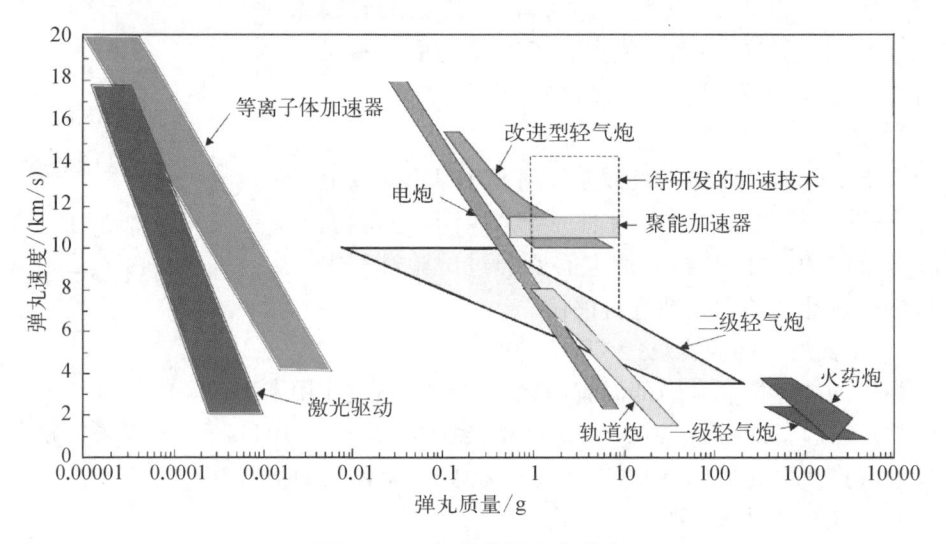

图 7‑31 各种发射设备能力

炮、聚能加速器等设备；对于 μm 级空间碎片宜采用静电加速器、激光驱动加速器、等离子加速器等设备。

各种发射设备的能力汇总如表 7-1 所示。

表 7-1 各种发射设备能力

发 射 器 类 型	发射速度/(km/s)	弹体质量/g	成 本
火药炮	0.1~3	1~100	低
二级轻气炮	1~10	0.01~10^2	中
聚能加速	5~12	0.03~10	中
轨道炮	2~10	0.3~300	高
等离子加速器	1~20	10^{-11}~10^{-2}	高
静电加速器	1~30	10^{-15}~10^{-10}	高
激光驱动加速器	约 15	10^{-3}~10^{-5}	中

7.4.2 撞击速度测量技术

在超高速撞击实验中,为分析靶板材料防护能力,需要测量弹丸撞击靶板速度。毫米级弹丸测速装置有：激光测速装置、X 射线测速设备和超高速摄像设备等。

1. 激光测速方法

即激光时间间隔计。在发射管处设置两处激光光幕。实验中测量弹丸通过两个激光幕的时间间隔 Δt,已知两激光幕间距离为 d,则可计算出弹丸速度 $v = d/\Delta t$。这种测速方法对氢气驱动的二级轻气炮不适用,因为由弹丸间隙飞到弹丸前端的氢气持续长时间发光,光电管受到发光氢气的照射,难以产生截止信号,装置如图 7-32 所示。

图 7-32 激光测速装置

2. X 射线测速方法

当弹丸进入第一个 X 射线成像区时,X 射线管闪光,计时器记录弹丸投影到底片上时的闪光时间。当弹丸到达第二个成像区时,计时器再次记录闪光时间。通过时间间隔,结合底片上记录的弹丸飞行距离,即可计算出弹丸飞行速度。

3. 超高速摄像机测速方法

在撞击处附近设置超高速摄像机。通过测量相邻两帧相片之间弹丸位移,结合相机拍摄速度,可求得弹丸飞行速度。

X 射线闪光照相:超高速撞击实验中,有时会发生弹丸在发射过程中破裂的现象。X 射线闪光照相用于检验弹丸的完整性,同时用于记录碎片云的演化过程。图 7‑33 为二级轻气炮上安装的 X 射线闪光相机。该二级轻气炮安装了 3 个 X 射线发射装置,一个工作电压为 100 kV,与弹丸飞行方向垂直,用于测量弹丸撞击前是否完整;另外 2 个工作电压为 300 kV 发射装置探入撞击腔内,用于记录撞击过程。

图 7‑33　X 射线闪光相机

图 7‑34 为白沙实验场 X 射线闪光照相装置拍摄到的直径 6 mm 弹丸撞击瞬间图像。该装置成像速度为 1 亿帧/s。

白沙实验场超高速摄像机共有 3 种:Cinema 相机,拍摄速度可达一万帧/s;红外相机,拍摄速度可达二百万帧/s;数字相机,拍摄速度可达 2 亿帧/s。基于以上实验设备,NASA 的 JSC 空间中心进行了大量的超高速撞击地面模拟实验,在美国 ISS、航天飞机、舱外活动单元(extra-vehicular mobility unit,EMU)和长期在轨暴露设备等的防护方案设计中起到了重要作用。

NASA 目前正在对载人飞船登陆火星的可行性进行评估,此项任务中需要对速度未知的微流星体对航天器构成的威胁进行分析。

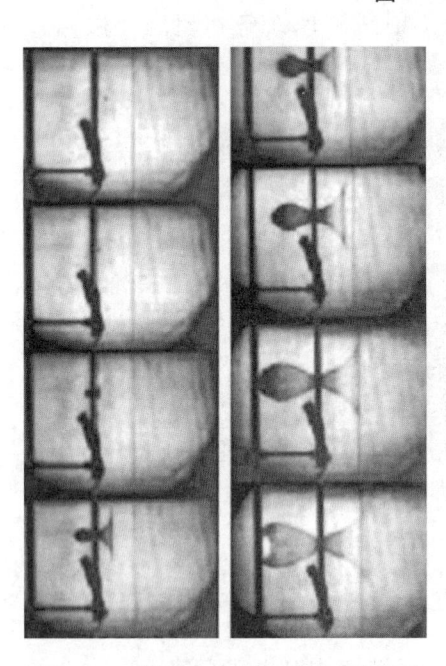

图 7‑34　直径 6 mm 弹丸撞击瞬间图像

据估计太阳系中微流星体速度可达 70 km/s，而来自宇宙深空的微流星体速度可达 240 km/s。其研究人员希望能对这样的超高速撞击情况进行分析。因此在未来的研究中，NASA 将继续发展超高速撞击地面模拟实验能力，从而为其航天任务的发展奠定基础。

4. 其他常用测速方法

除以上介绍方法外，超高速撞击地面实验设备中常采用的测速方法还有电探针法和磁感应法等。

1）电探针法

以速度 v 飞行的弹丸前端与接地探针接触，然后依次通过间距为 d 的两根探针。在弹丸碰撞板接触每根探针时，会有信号输出。通过时间间隔 Δt 即可计算出弹丸速度。该方法在一级轻气炮上有较好的应用，采用特制探针也可应用于二级轻气炮。

2）磁感应法

在弹丸飞行路径上设置磁环，磁环平面垂直于弹丸飞行方向。导体（弹丸）飞行时，穿过导体的磁通量发生变化，内部激发感生电流，感生电流方向与磁通量变化方向垂直。由电磁相互作用原理和场的叠加性，由感生电流产生的磁场改变原有的磁场强度，使磁环中磁通量发生变化。该变化发生的时刻即为导体通过磁环的时刻。通过在弹丸飞行路径上设置多个磁环，记录各感应信号，可计算出弹丸的飞行时间。该测量方法要求弹丸必须为导体材料，否则无法测速。这种测量方法适用于小口径二级轻气炮，此时磁环在发射过程中不易损坏，可多次重复使用。

对于大口径轻气炮，常采用磁飞行体方法进行测速，即在弹丸内安装小磁体，同时利用普通线圈代替磁环。当弹丸通过线圈时，同样会在线圈中产生感应电信号。这种方法节约了实验成本，但这样便破坏了弹丸的整体性。

7.4.3 数值仿真

数值仿真基于待解问题的内在物理关系，利用一定的数值方法，建立控制方程并进行数值计算求解。计算机技术是数值计算的一个重要基础[69]。

大多数工程问题，几何模型复杂，边界条件复杂，载荷条件复杂，很难直接获得理论解析解；实验手段需要耗费大量的经济和时间成本；借助计算机可获得比较精确的数值解，在一定程度上可以满足大部分工程需求，还比较容易观察物理过程的细节。

超高速撞击采用有限元法实现数值仿真，如图 7-35 所示。有限元法指将所要计算的对象分割成有限个小区域，称为有限单元，这些单元仅在结点处相连接，组装所有单元的刚度方程，求解各节点位移，进一步获得其他物理量。一个连续的无限自由度问题变成离散的有限自由度问题。

仿真流程如图 7-36 所示。

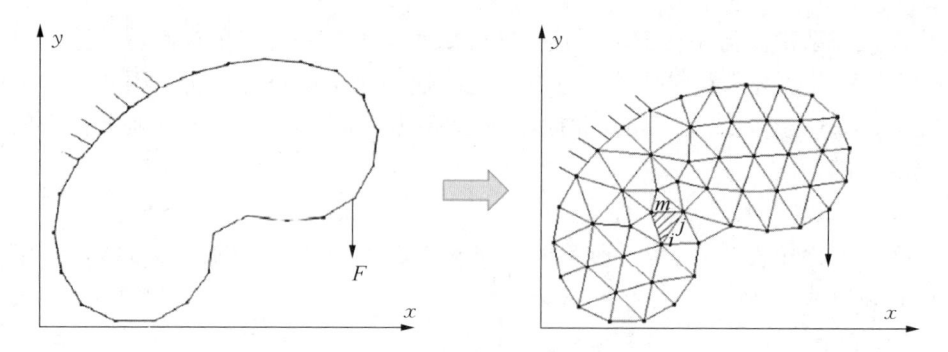

图 7-35　有限元法数值仿真

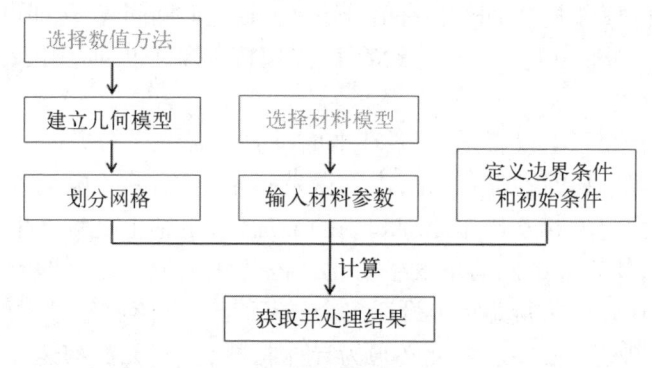

图 7-36　仿真流程

数值仿真过程需建立的材料模型包括：

(1) 强度模型，描述材料应力应变关系的函数表达式，多数考虑应变率、温度等影响；

(2) 物态方程，描述物质系统中各状态参量（压力、体积、温度、内能等）之间关系的函数表达式；

(3) 失效模型，定义固体材料发生临界失效时的应力应变条件。

随着现代计算机的飞速发展，数值仿真已可较为贴切地实现真实情况的描述。图 7-37 为超高速相机拍摄图像与数值仿真结果的对比，图中铝球弹丸直径为

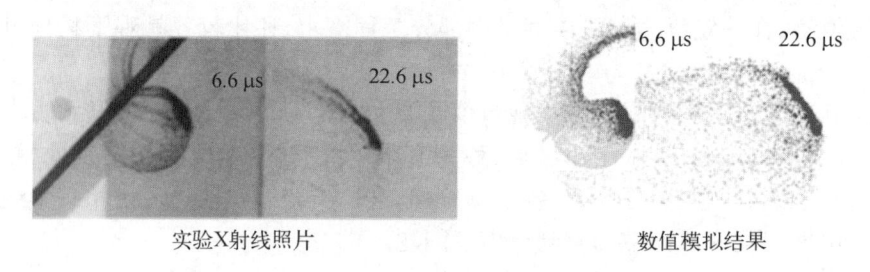

图 7-37　实验室 X 射线照片及数值模拟结果

9.53 mm,45°角斜撞击,撞击速度为 6.5 km/s,防护屏厚度 1.4 mm。

7.5　撞击风险评估

航天器撞击风险评估的目的是计算(载人)航天器遭受空间碎片撞击的概率以及密封舱壁发生失效的概率,为航天器防护结构设计提供依据[70]。

空间碎片撞击航天器事件为泊松(Poisson)分布,撞击 k 次的概率为

$$P(k) = \frac{N^k \mathrm{e}^{-N}}{k!}, \quad k = 0, 1, 2\cdots \qquad (7-1)$$

式中,k 为撞击发生的次数;N 为撞击发生的期望数(统计的对象是能使航天器失效的空间碎片);P 为撞击发生 k 次的概率。

不发生撞击失效的概率:

$$P(k = 0) = \mathrm{e}^{-N} \qquad (7-2)$$

发生撞击失效的概率:

$$P(k > 0) = 1 - \mathrm{e}^{-N} \qquad (7-3)$$

当前国际典型风险评估软件如表 7-2 所示。

表 7-2　国际典型风险评估软件

风险评估软件	开 发 机 构
DAS	美国国家航空航天局
BUMPER	美国国家航空航天局 日本宇宙航空研究开发机构
ESABASE/DEBRIS	欧洲航天局
COLLO,BUFFER	俄罗斯联邦航天局
MDPANTO	德国宇航中心
SHIELD	英国国家太空中心
MODAOST	中国

7.6　当前研究现状

20 世纪 70 年代以来,为了保障载人航天器及长寿命、高可靠大型航天器的安

全运行,各国就空间碎片防护问题开展了大量研究工作,建立了完善的空间碎片超高速撞击地面模拟试验基地,研制了多种防护方案并积累了一批数据,进行了空间碎片探测并建立了空间碎片环境工程模型,开发了风险评估与防护设计软件,研究成果成功应用于空间站、航天飞机等重要航天器设计中[71]。

1. 防护设计软件与防护手册

国际上已经开发研制了多个版本的风险评估与防护设计软件,在航天器防护结构设计中得到了应用。随着空间碎片环境模式、撞击风险评估方法、超高速撞击特性及部件/分系统失效模式的进一步改进和完善,这些软件将进一步升级。

IADC 集成各成员国的研究成果与工程实践,编辑出版了防护手册,并准备编辑防护指南。防护手册的编辑出版和防护指南的制定将成为航天器空间碎片防护设计的重要参考。

2. 材料与结构及部件/分系统超高速撞击效应

在对多种防护材料(如铝合金、铝合金网、铝蜂窝板、凯芙拉、Nextel 等)进行了大量地面模拟实验研究的基础上,发展了惠普尔防护结构、填充惠普尔防护结构、多层冲击防护结构等多种防护方案,取得了丰硕的研究成果,并应用于诸如"和平号"空间站、国际空间站、航天飞机、重要应用卫星等航天器的防护设计中。美国、俄罗斯、日本和欧空局等国家或组织仍致力于开发新型防护材料及具有优良防护性能的先进防护结构;超高速撞击实验将进一步考虑影响空间碎片超高速撞击效应的航天器实际运行环境和条件(如空间碎片形状效应、等离子体环境效应、温度效应、温度的周期变化效应等);在航天器防护设计中,防护对象的重心逐渐由舱体结构转移至部件/分系统,开始关注部件/分系统受空间碎片超高速撞击导致功能下降或失效的机理以及失效准则等深层次问题。

3. 微小空间碎片探测

对于几百千米轨道以上的毫米级或微米级空间碎片,目前在地面尚无法观测,回收航天器暴露物体表面或将探测器搭载在航天器上并暴露于空间进行在轨直接探测,是空间碎片环境工程模型建模所需数据源的重要手段。航天器表面被回收后,通过对其上残留的撞坑或撞痕进行系统分析,包括残留物质的化学成分分析、根据地面模拟试验结果对撞坑或撞痕进行校正分析,推定轨道上的微小空间碎片环境。美国、俄罗斯、欧空局、日本等国家或机构已利用从空间回收的样品[包括航天飞机、哈勃望远镜、长期暴露装置以及空间飞行器装置(Space Flyer Unit,SFU)等]获取了大量探测数据,所获得的数据主要分布在轨道倾角为 28.5°及 51.6°的低地球轨道区域。

天基搭载探测器搭载在卫星上以原位探测方式探测如质量、速度、方向以及化学组成成分等空间碎片信息。到目前为止,已开发研制并取得成功应用的探测器类型有半导体探测器、等离子体探测器等,NASA 以及 ESA 等研究机构发射了探测器并取得了探测数据。

日本、俄罗斯等国家在国际空间站等航天计划中正在实施在轨搭载直接进行超高速撞击实验的计划。如日本在日本实验舱(Japanese Experiment Module，JEM)上搭载微小粒子捕获器用于探测空间碎片，试验装置发射重量 28.5 kg，回收重量为 9 kg。试样在空间暴露一定时间后分期分批利用飞船回收，对回收后的试样进行分析并与地面试验进行对比。在不断积累探测数据的基础上，空间碎片环境工程模型的版本也不断升级。

4．超高速撞击

20 世纪 70 年代后期，根据载人航天器空间碎片防护的需要，美国在约翰逊空间中心设立了空间碎片超高速撞击试验基地，重点结合空间站和航天飞机进行了空间碎片超高速撞击实验研究及工程验证。欧空局、俄罗斯和日本也建立并形成了空间碎片防护研究与工程验证评估体系。这些国家或组织的实验基地设施配备齐全，能够满足开展防护研究与工程验证的需求。实验基地配备了二级轻气炮、聚能加速装置、轨道炮、电磁炮等超高速发射设备及与其配套的高速摄影机、速度测量系统等测试诊断仪器。目前，具有更高发射速度的超高速发射设备和技术仍为空间碎片防护研究工作者的努力目标。

5．超高速撞击数值仿真

当前国际数值仿真技术上取得了较大进展，开发研制了 AUTODYN、EPIC、EXOS、MAGI、PAMSHOCK、SPHINX、SOPHIA 等超高速撞击数值仿真软件。为了规范数值仿真试验实施方法，检验数值仿真模拟空间碎片超高速撞击效应的实用性，IADC 防护工作组拟定了超高速撞击数值仿真校验工况。NASA、ESA、JAXA 等机构或国家将数值仿真试验与地面模拟试验相结合应用于如国际空间站等重要航天器的空间碎片防护结构设计中。数值仿真与地面模拟实验相结合是研究空间碎片超高速撞击效应的发展趋势。

复习思考题

1. 微小碎片对航天器的撞击危害是什么？
2. 目前在用的防护结构或防护材料有哪些？
3. 进行超高速撞击研究的主要方法有哪些？
4. 进行地面超高速撞击实验时，发射和测试的方法都有哪些？

第 8 章
空间碎片环境减缓

空间碎片数量的持续高速增长对人类空间探索利用活动造成严重的影响。保护空间环境的措施如图 8-1 所示。近年来,国际上对空间碎片的研究越来越重视,主要的目标是如何有效控制空间碎片的数量增长,使得空间环境能长期、可持续地利用[1]。

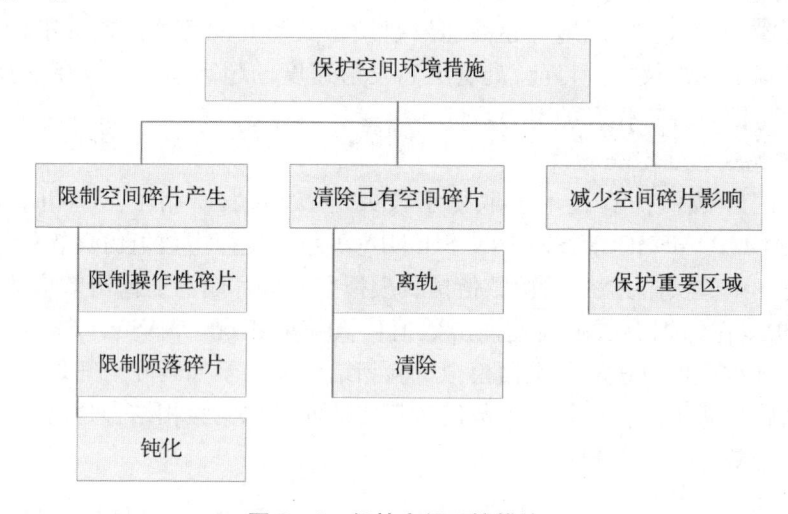

```
                   保护空间环境措施
                          │
        ┌─────────────────┼─────────────────┐
   限制空间碎片产生    清除已有空间碎片    减少空间碎片影响
        │                 │                 │
   限制操作性碎片         离轨            保护重要区域
        │                 │
   限制陨落碎片           清除
        │
      钝化
```

图 8-1 保护空间环境措施

为控制空间碎片的增长,科学家们提出了减缓的概念。空间碎片减缓的内涵就是在航天器设计、运行、任务结束后、陨落前采取各种处置措施,减小自身解体概率,减少与其他航天器和碎片的碰撞可能,限制空间碎片产生,减少对其他在轨航天器以及地面人员财产的危害。这些为防止空间碎片危害所采取的措施就是减缓措施。随着各种产生大量空间碎片的事件的发生,仅仅采取传统的减缓措施已经不能满足空间环境长期稳定可利用的需求,空间碎片主动清除的概念应运而生。空间碎片主动清除是利用各种主动手段将空间碎片从原有轨道上移走或缩短其运行时间,清除手段可以从根本上遏制空间碎片数量的增长,防止发生空间连锁碰撞的凯斯勒效应。

实施合理有效的空间碎片减缓措施对遏制空间碎片数量的增长、安全实施航天活动、保证外空活动的长期可持续发展具有深远的意义。2007年联合国颁布的《联合国外空委空间碎片减缓指南》是联合国和平利用外层空间委员会(简称联合国外空委)发布的有关外空环境发展和可持续的第一部国际软法规则,对人类外空活动的发展有重要作用。虽然大型星座计划的实施使得传统航天活动规律发生了显著变化,使得对空间碎片减缓要求更高,但目前,这仍然是一部对空间碎片以及产生空间碎片的活动进行约束的一个最重要的法律性文件。目前国际相关平台已将减缓措施的改进和升级提上议事日程。未来减缓措施需要更加细化、定量化,以利于更加可操作、可实施。

8.1 空间碎片减缓指南

机构间空间碎片协调委员会(IADC)是国际上以空间碎片问题研究和应对为主题的唯一政府间机构,于1993年由美国、俄罗斯、欧空局、日本发起成立,中国国家航天局于1995年正式加入IADC。截至2024年,IADC有13个成员国或机构(美国、俄罗斯、欧空局、中国、日本、意大利、法国、加拿大、德国、印度、乌克兰、英国、韩国)。

IADC的宗旨是交换成员机构之间的碎片研究活动信息,为成员机构之间的空间碎片合作研究创造机会,检查合作活动进展,确认空间碎片减缓措施选择。IADC成立后,积极响应国际组织相关空间碎片问题需求,制定权威的空间碎片术语定义,开展空间碎片联测活动,比较研究空间碎片工程模型和演化模型,并以量化模型和数据分析支持评估减缓措施的有效性,先后制定了多条得到国际社会公认的空间碎片减缓措施,2002年汇集成《IADC空间碎片减缓指南》,提交联合国外空委后,于2007年获联合国大会(简称联大)决议通过,成为《联合国外空委空间碎片减缓指南》。目前,以该减缓指南为基础的一系列空间碎片环境减缓措施,成为各国航天活动设计和实施过程的重要参考和审核依据。

IADC将空间碎片减缓定义为,通过在给定空间飞行任务的设计、制造、操作和处置阶段采取有关的措施,以减少空间碎片产生的整体努力。碎片减缓开始于地面和在航天器发射到轨道之前,包括任务设计和发展以及发射、操作和处置阶段。

联合国外空委的空间碎片减缓指南详细要求如下。

在航天器和运载火箭轨道级的飞行任务规划、设计、制造和操作(发射、运行和处置)阶段,应考虑以下准则。

◆**准则1：限制在正常运作期间分离碎片**

空间系统应当设计成不在正常运作中分离碎片。如果这样做不可行,则应尽可能降低分离的任何碎片对外层空间环境的影响。

在航天时代早期的几十年中,运载火箭和航天器的设计者允许有意分离与飞行任务有关的大量物体,使之进入地球轨道,其中主要包括传感器罩、分离装置和伸展装置。由于认识到此类物体所造成的威胁,专门设计上的努力已有效减少了空间碎片的这一来源。

◆准则2：最大限度地减少操作阶段可能发生的分裂解体

航天器和运载火箭轨道级的设计应当避免可能导致意外分裂解体的故障形式。如果检测到将会导致发生此类故障的状况,则应计划并执行加以处置和钝化的措施,以避免分裂解体。

从历史上看,有些分裂解体是由空间系统故障引起的,如推进系统和动力系统的灾难性故障。通过将可能发生的分裂解体情况纳入故障模式分析,可以减少这些灾难事故的发生。

◆准则3：限制轨道中意外碰撞的可能性

在航天器和运载火箭级的设计和飞行任务规划期间,应当估算并限制系统发射阶段和轨道寿命期内发生意外碰撞的可能性。如果现有的轨道数据表明可能会发生碰撞,则应考虑调整发射时间或者进行在轨避撞机动。

已经发现了一些意外碰撞。大量的研究表明,随着空间碎片数量和质量的增加,碰撞可能会成为新空间碎片的主要来源。有些会员国和国际组织已经采取了避免碰撞的措施。

◆准则4：避免故意自毁和其他有害活动

由于碰撞风险的增加可能会对空间操作造成威胁,应当避免任何在轨航天器和运载火箭轨道级的故意自毁和可产生长期存在的碎片的其他有害活动。

如果有必要进行有意分裂解体,则应在足够低的高度进行,以缩短所产生的残块的轨道寿命。

◆准则5：最大限度地降低剩存能源导致的任务后分裂解体的可能性

为了限制意外分裂解体对其他航天器和运载火箭轨道级所造成的危险,所有随载储存能源,凡不再需要用于飞行任务操作或任务后处置的,均应作耗尽或安全处理。

迄今为止,在所编目的空间碎片中,由航天器和运载火箭轨道级分裂解体造成的空间碎片最多。这些分裂解体大多是意外形成的,其中许多是由于废弃那些携载大量剩存能源的航天器和运载火箭级所造成的。最有效的减缓措施是在飞行任务结束时对航天器和运载火箭轨道级做钝化处理。钝化处理需要清除包括剩余推进剂和压缩液体在内的各种剩存能源,并对储电装置实施放电处理。

◆准则6：限制航天器和运载火箭轨道级在任务结束后长期存在于低地轨道区域

对于已经结束轨道操作阶段而穿越低地轨道区域的航天器和运载火箭轨道级,应当在控制下将其从轨道中清除。如果这不可能,则应在轨道中对其进行处置,以避免它们在低地轨道区域长期滞留。

对于从低地轨道清除物体的可能方法做出决定时,应予以适当注意,确保那些持续存在而到达地球表面的碎片不会对人员或财产造成不应有的危险,包括有害物质所造成的环境污染。

◆准则7:限制航天器和运载火箭轨道级在任务结束后对地球同步区域的长期干扰

对于已经结束轨道操作阶段而穿越地球同步区域的航天器和运载火箭轨道级,应当将其留在不会对地球同步区域造成长期干扰的轨道内。

对于地球同步区域内或附近的物体,可以通过将任务结束后的物体留在地球同步区域上空的轨道来减少未来碰撞的可能性,从而使之不会干扰或返回地球同步区域。

该准则除了航天器设计和钝化要求外,减少碎片的关键是从某些轨道,即"受保护的轨道区域",移除任务结束后的卫星。

IADC的准则中对任务后处置给出了明确的建议。对于低地球轨道区域(低于2 000 km的高度),建议在25年内移除航天器,因此首选的解决方案是直接控制再入,其次是地面伤亡风险小于10^{-4}不受控再入,最后是再回到2 000 km上方。对于GEO区域,建议将任务后卫星机动到地球同步轨道高度保护区的±200 km之外。

8.2 空间碎片的减缓措施

空间碎片减缓措施包括任务中控制操作性碎片、禁止在轨解体、实施碰撞规避;任务后处置实施钝化、离轨等。

8.2.1 控制操作性碎片

航天器从发射入轨到在轨运行,直至离轨陨落,整个生命周期内,按照设计从航天器或运载火箭上分离出来并滞留在轨道上的部件,称为操作性碎片。在发射过程中运载火箭级间分离、航天器分离均可能抛出的爆炸螺栓和弹簧释放机构等物体,以及航天器入轨后释放出来的各类保护罩、太阳电池阵展开解锁时抛出的压紧装置等物体均属于典型的操作性碎片。在运载火箭和航天器研制设计阶段,需要整体考虑,尽可能减少操作性空间碎片的产生。

8.2.2 禁止在轨解体

根据NASA于2022年发布的第16版在轨卫星解体报告显示,截至2022年5月底共计观测到268次解体事件和87次异常事件[2],据统计在轨解体事件产生的空间碎片超过目前轨道编目碎片的一半,同时也是小尺寸空间碎片的主要来源之一。因此控制在轨解体事件对空间碎片环境减缓有着重要意义。

随着近年来在IADC和联合国框架下先后推出了空间碎片减缓指南,各国积极落实指南相关规定,在轨解体事件明显减少,对空间碎片环境的减缓起到明显的效果。

8.2.3 实施碰撞规避

由研究可知,未来在轨碰撞事件将成为空间碎片的主要来源。因此对在轨碰撞事件的控制将对空间碎片环境减缓起到重要意义。碰撞事件的避免途径包括改变当前轨道高度以躲避碰撞、改变航天器形状设计以减小碰撞横截面积等方法。由于当前大部分在轨的空间物体无法进行主动变轨,而且现有跟踪定轨技术也无法达到技术要求,因此全空间内的碰撞规避在短期内无法实现。目前仅部分正在使用中的航天器可通过主动变轨的方法实现碰撞规避。国际空间站自1998年入轨以来,已进行35次(截至2023年3月15日)轨道机动,以躲避空间碎片的撞击[72]。随着未来技术水平的发展,将有可能通过在轨机动或地面激光实现变轨,从而对局部空间区域进行碰撞事件的避免。

8.2.4 离轨

在轨航天器主要运行在低轨和同步轨道区域,是人类航天活动最频繁的区域。IADC为保证这两个区域长期利用,设置了两个保护区,低轨道(2 000 km以下)和倾角±15°的地球同步轨道。要求在此区域运行的运载工具或航天器任务结束后利用剩余推进剂离开原来轨道,从保护区移到弃置区;或降低轨道高度,缩短其轨道寿命;或直接返回地面。

低轨道区域的航天器受大气影响,轨道高度缓慢下降。低轨道区域工作的航天器任务结束后,建议执行离轨机动降低轨道,确保航天器在25年内陨落。大气阻力产生的曳力使空间碎片离开轨道迅速陨落。大气阻力的效果如图8-2所示。

大气阻力取决于大气密度、阻力系数、航天器面质比等,如式(8-1)所示:

$$f = \left(\frac{1}{2}\right) C_D \rho S / m v^2 \quad (8-1)$$

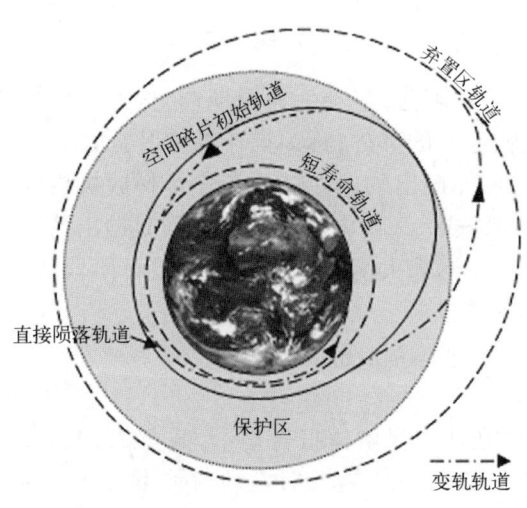

图8-2 大气阻力使空间碎片陨落过程

大气密度随着高度降低指数增加,600 km 高度以下,大气密度显著增加,大气阻力的影响就比较显著了。

欧空局卫星 SPOT‑1 的离轨就是典型的将低轨道大型航天器任务后处置,离轨到 25 年寿命的例子。其离轨过程如下。

第一阶段:2003 年 11 月 17 日两次点火,从运行轨道下降 15 km,避免和其他 SPOT 卫星碰撞,耗费燃料 5.9 kg。

第二阶段:2003 年 11 月 19 日到 27 日点火 8 次,近地点从 810.6 km 降低 619.2 km,耗费推进剂约 40 kg。

第三阶段:最后一次最大的机动于 2003 年 11 月 28 日进行,近地点高度降低到 580 km,耗尽推进剂 8.34 kg 实现钝化。

剩余轨道寿命从变轨前的 200 年缩短到 18 年。

SPOT‑1 卫星的离轨处置成为该类航天器任务后处置的典范。

同步轨道的航天器结束任务后,建议执行离轨机动进入坟墓轨道,也就是在同步轨道往上约 235 km 处,大约在任务结束后要保留可提供 10 m/s 速度脉冲的燃料。

保护区域(图 8‑3)包括:

区域 1:200~2 000 km 的近地轨道区域;

区域 2:同步轨道高度上下 200 km,纬度 15°的轨道范围。

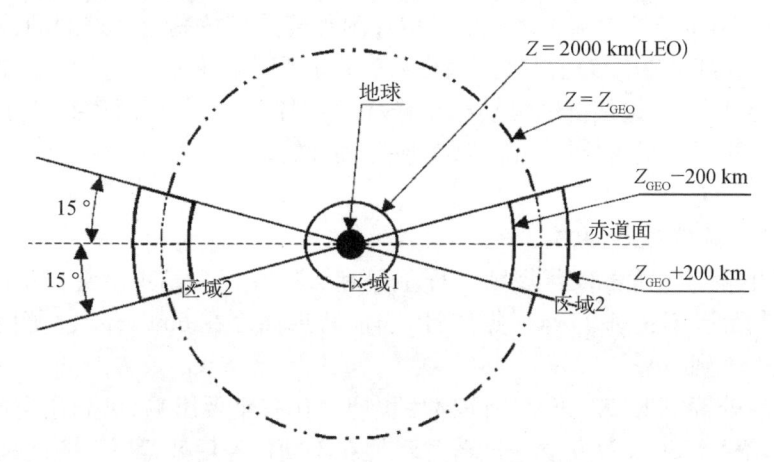

图 8‑3 地球轨道重点保护轨道区域

8.2.5 火箭和航天器的钝化

运载工具和航天器上的能量是爆炸解体的原因,钝化是指将完成任务以后的运载工具和航天器上的能量释放从而避免它们爆炸所采取的措施。剩余推进剂的能量、高压气瓶的能量、电池的剩余能量、惯性器件和运动部件的能量等都可能引起爆炸解体。火箭和航天器钝化指火箭和航天器完成任务后,排空剩余推进剂,排空高压设备中的高压气体,永久切断电源,释放惯性部件和运动部件的能量,将电池短路,及时释放蓄电池所储存的电能,即消除一切可能引起爆炸或者解体的能量。钝化措施又称为"消能",如图8-4所示。

图8-4 火箭和航天器的钝化

目前多家航天国家或单位已先后展开任务后处理工作,其中包括:

美国德尔塔(Delta)系列火箭末级利用发动机重新点火,耗尽剩余推进剂,采取沉底正推火箭连续工作的方式排空剩余氮气,通过设备继续供电的方式耗尽电池,进行了钝化。"半人马座"(Centaur)上面级通过主发动机排放液氢和液氧,通过打开贮箱保险活门排放气氢和气氧,通过姿控发动机工作耗尽肼类推进剂,通过设备继续供电耗尽电池,从而达到钝化效果。美国还尝试通过在轨燃料加注延长卫星寿命来减少空间碎片的产生。

欧洲阿里安4(Ariane-4)火箭末级采取了排放剩余推进剂、排放高压气体的钝化措施。Ariane-5火箭末级采取了增加附加管路排放剩余推进剂的钝化措施。日本H-2系列火箭末级通过打开预冷活门排放剩余液氢、液氧,通过增加电爆活门排放常温氦气,通过使沉底发动机工作耗尽姿控推进剂,从而达到钝化效果;通过氢氧发动机低工况工作模式降轨,实现离轨目的。

8.2.6 减缓效果评估

目前,国际上提倡"25年规则",即卫星和火箭在任务结束后在低地球轨道上的滞留时间最长不超过25年。据统计,当前轨道高度在600 km以上的航天器任务后处置率不到20%。

任务后处置率水平对未来空间碎片长期演化有重要影响,可利用空间碎片环境长期演化模型SOLEM仿真空间碎片环境在不同任务后处置率下的演化趋势。

对任务后处置率(PMD,亦称任务后处置成功率)分别为30%、40%、50%、60%、70%、80%、90%时空间碎片环境的演化进行仿真,不考虑主动碎片清除措施、爆炸、轨道维持以及碰撞规避等,分析不同的任务后处置率对空间碎片数量、密度分布以及碰撞事件发生率的影响。仿真的结果如图8-5所示。

图8-5为空间碎片在未来实施不同任务后处置率情况下的数量演化情况,可看到随着任务后处置率的提升,空间碎片的增长速率不断下降,当任务后处置率提

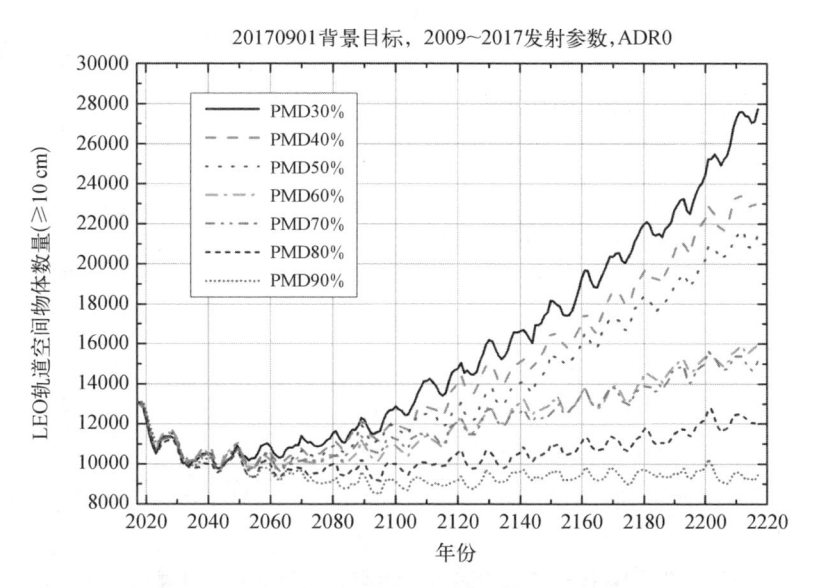

图 8-5　不同任务后处置率下未来 LEO 空间碎片的演化

升到 60% 时，对减缓空间碎片数量的增长速度有显著效果，相比于 PMD 30% 时 200 年后的空间碎片总数大幅度减少。当任务后处置率为 90% 时，空间碎片数量将维持在一个长期稳定的状态。

图 8-6 和图 8-7 分别为空间碎片在未来 200 年内累计的灾难性碰撞次数和非灾难性碰撞次数，随着任务后处置率的提升，两种类型的碰撞次数均有不同程度的下降。

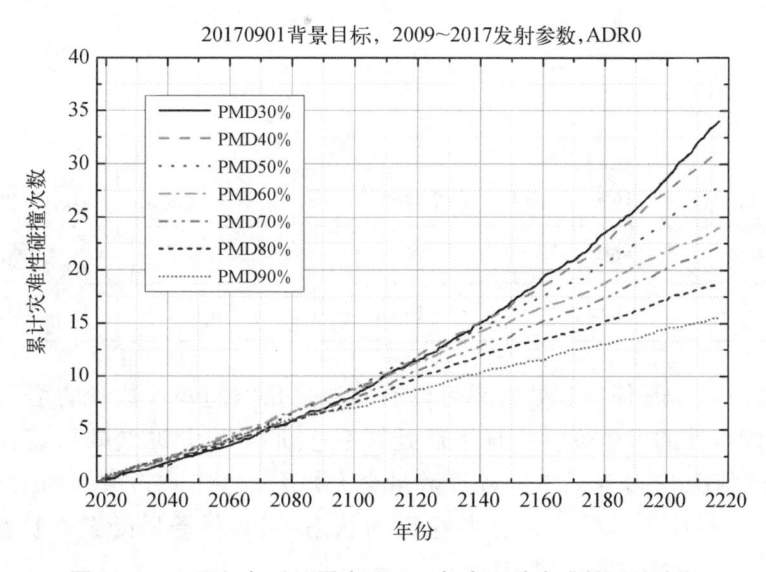

图 8-6　不同任务后处置率下 200 年内累计灾难性碰撞次数

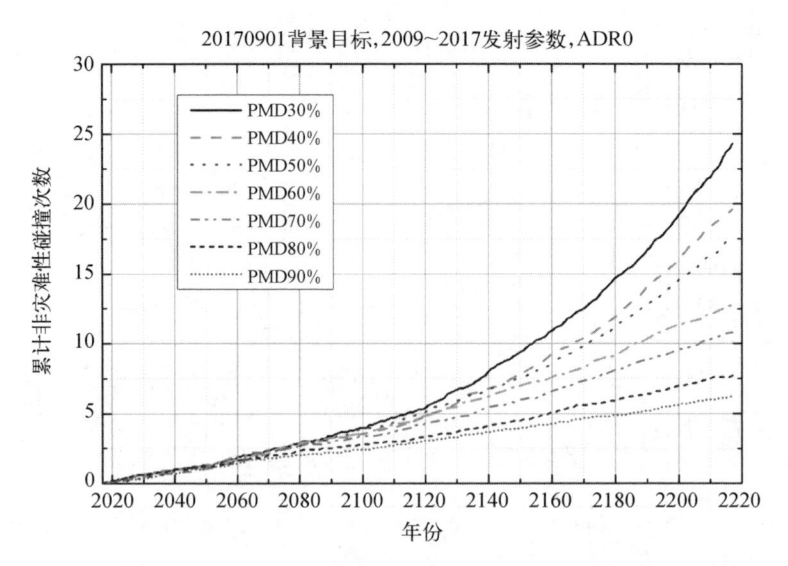

图 8-7 不同任务后处置率下 200 年内累计非灾难性碰撞次数

对不同任务后处置率仿真的量化结果如表 8-1 所示。

表 8-1 不同任务后处置率仿真的量化结果

减缓措施	200 年后空间碎片数量增长百分比	灾难性碰撞次数	非灾难性碰撞次数	灾难性碰撞事件平均发生率(次/年)
PMD30%	112%	34	24	1/5.9
PMD40%	78%	31	20	1/6.4
PMD50%	64%	28	18	1/7.2
PMD60%	23%	24	13	1/8.3
PMD70%	16%	22	11	1/9.0
PMD80%	-6%	19	8	1/10.7
PMD90%	-28%	16	6	1/12.9

综上可知,提升任务后处置率可以有效地阻止空间碎片数量的增长,并降低灾难性碰撞事件的发生率。当任务后处置率达到 60% 时,减缓效果显著,相比于 PMD30% 的情况,200 年后空间碎片数量会大幅度减少。要改善当前的空间碎片环境,使空间碎片数量维持在长期稳定的状态,需将任务后处置率提高至 90% 以上。

8.3 空间碎片减缓标准

针对空间碎片问题，国际上一致认为需要管理空间活动，以减少空间碎片的产生和在轨航天器的风险。本章介绍了关于ISO空间碎片减缓标准的现状，并分析这些标准将在未来几年如何演变。这些准则转化为工程实践是ISO发布的空间碎片减缓标准的一个关键目标。

8.3.1 当前框架

自2010年以来，国际标准化组织已经出版了一系列空间碎片减缓国际标准和技术报告，旨在确保航天器和运载火箭轨道级的设计、运行和处理方式能够防止其在轨道使用期间产生空间碎片。这个文件框架具有层次结构，如图8-8所示。最高层的国际标准ISO 24113:2023是最重要的主旨文件。它规定了适用于发射或近地空间航天器的主要空间碎片减缓要求，包括运载火箭轨道级，操作飞船和任务相关物体[73]。

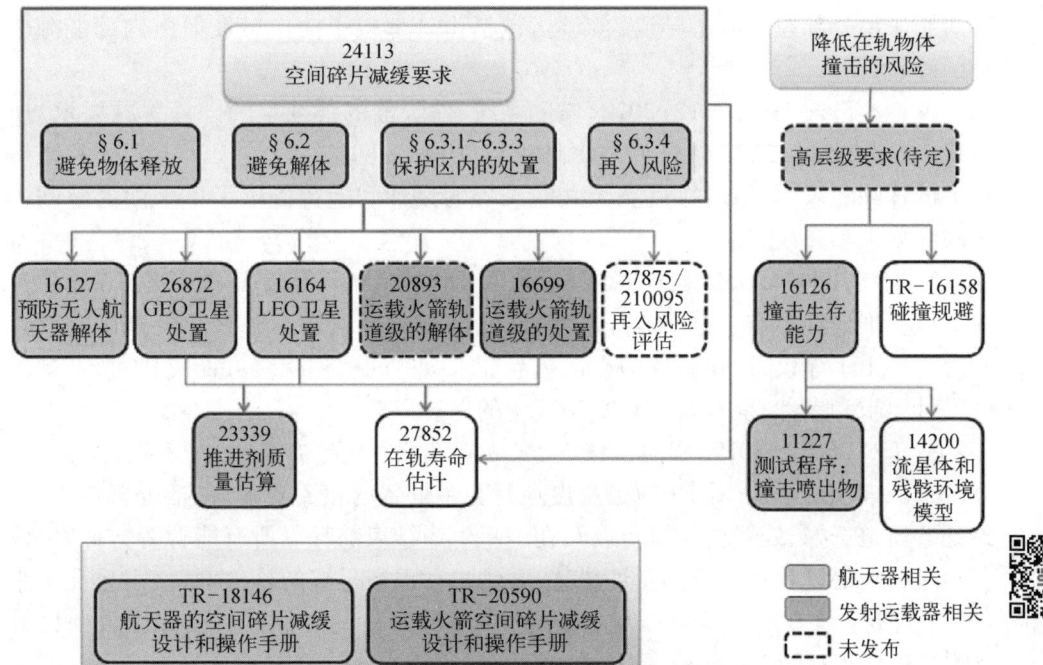

图8-8 目前的ISO空间碎片减缓标准框架

在ISO 24113:2023框架的层次结构中，有几个低一层级的国际标准和技术报告描述了详细的要求和实施措施，旨在符合ISO 24113:2023中的高级要求。

这些文件涉及碎片减缓的所有重要方面。包括航天器和上面级，包括任务后处置，防止在轨解体，估计轨道寿命，限制再入风险，避免碰撞和评估抗碎片撞击的生存能力。

在框架结构的最底层，有两个支持性的技术报告 TR-18146 和 TR-20590，其中包含非规范性的信息，以指导空间系统工程师应用上述标准。

目前，大部分 ISO 空间碎片减缓标准已经公布，由航天器制造商或运营商自愿采用，或通过客户与供应商之间的商业合同实施，或作为制定一套减缓空间碎片政策法规的依据。

8.3.2　各个标准的范围

1. ISO 16127:2014《空间系统-防止无人航天器解体》

该标准规定了减少无人航天器在运行期间和寿命结束后在轨解体风险的要求，旨在通过降低由意外内部事件导致解体的可能性，以及在航天器寿命结束时将所有储存能源消耗至安全水平来实现这一目标。它仅适用于在地球轨道上运行的无人航天器，不适用于载人航天器、运载火箭轨道级以及航天器内的核动力源，也不适用于由外部粒子撞击导致的碎裂（包括由外部粒子撞击触发但由内部能源驱动的碎裂）。

该标准已被 ISO 23312:2022《空间系统-航天器的详细空间碎片缓减要求》所取代。ISO 23312:2022 整合了 ISO 16127:2014 以及其他与航天器空间碎片减缓相关的详细要求，为地球轨道上无人航天器的设计和运行提供了更全面的空间碎片减缓要求和建议。

2. ISO 20893:2021《空间系统-运载火箭轨道级的详细空间碎片缓解要求》

该标准详细界定了空间碎片减缓要求，并就地球轨道运载火箭轨道级的设计和运行提出了建议，旨在为各国在运载火箭末级空间碎片减缓方面提供可行、规范的设计要求和参考，统一规范对空间环境的保护要求。

3. ISO 26872:2019《空间系统-处理地球同步高度的卫星》

该标准规定了地球同步轨道高度运行卫星处置的相关要求，包括处置规划、最终处置轨道选择、处置机动执行以及在卫星寿命结束前耗尽所有能源等方面，以确保卫星最终处置具有充分的特性描述，并为机动保留足够的推进剂，使卫星在未来 100 年内不会重新进入运行区域，减少产生空间碎片的可能性。该标准目前已被 ISO 23312:2022《空间系统-航天器的详细空间碎片缓减要求》取代。

4. ISO 16164:2015《空间系统-在近地轨道运行或穿越近地轨道的卫星的处置》

该标准聚焦于在低地球轨道运行或穿越低地球轨道的航天器在任务结束后的处置问题，不适用于在低地球轨道运行或穿越低地球轨道的轨道发射级的处置。

它规定了以下方面的要求：

（1）处置规划和钝化：确保航天器最终处置具有充分的特性描述，并为所需的推进机动保留足够的推进剂；

（2）处置轨道选择：选择航天器将在未来25年内重新进入地球大气层，或在未来100年内不会重新进入受保护区域的处置轨道；

（3）处置机动成功概率估计：在发射前估计成功执行处置机动的概率为90%或更高。该标准目前已被ISO 23312:2022《空间系统-航天器的详细空间碎片缓减要求》所取代。

5. ISO 16699:2015《空间系统-轨道发射阶段的处置》[74]

该标准主要聚焦航天器发射过程中使用的运载火箭轨道级在任务结束后的处置问题。当航天器被释放到太空后，轨道级运载火箭会留在轨道上，而该标准旨在规范如何将这些轨道级运载火箭从受保护的太空区域移除，以避免其在未来与其他航天器发生碰撞或产生干扰。同时，标准还规定了在处置阶段，应按照可控的顺序永久性耗尽或确保所有剩余的星载储能源处于安全状态，该标准反映了当前国际公认准则并考虑当前操作程序和最佳实践的轨道级运载火箭处置规划和执行技术。

6. ISO 23339:2010《空间系统-无人飞船-估计剩余可用推进剂的质量》[75]

该标准详细说明了评估剩余推进剂质量的流程，介绍了多种估算剩余推进剂质量的方式，给出验证和确认估算结果的过程，包括对估算方法的适用性、可靠性和精确度进行评估。

7. ISO 27852:2024《空间系统-轨道寿命估算》[76]

该标准用于航天器、运载火箭、上面级和穿越低地球轨道的相关碎片在任务阶段（包括任何任务寿命延长）后的长期轨道寿命预测。该标准描述了轨道寿命预测过程，明确了太阳和地磁活动建模的方法和资源、大气模型选择的资源以及航天器弹道系数估计的方法，为空间系统轨道寿命的估算提供了标准化的指导和分析方法。

8. ISO 27875:2015《空间系统-无人航天器和运载火箭轨道级再入大气层的风险管理》

该标准为评估、降低和控制无人航天器及运载火箭轨道级再入地球大气层并撞击地球表面时对人员和环境构成的潜在风险提供了一个框架，适用于必然会发生受控或非受控再入的航天器任务的规划、设计和审查。

9. ISO/TR 16158:2021《空间系统-避免轨道物体之间的碰撞》

该技术报告为确保空间环境的安全和有效利用，提供了在轨物体避免碰撞的协作方法。它描述了一些广泛使用的技术，用于察觉近距离接近情况、估计碰撞概率、估计生存累积概率以及执行避碰机动。

10. ISO 16126:2024《空间系统-缓解空间碎片目的的无人航天器对抗空间碎片和流星体撞击的生存能力》[77]

该标准为无人航天器的设计提供指导,确保其在受到空间碎片和流星体撞击时能够生存下来,从而减少空间碎片的产生。该标准提供了详细的测试方法,包括模拟撞击实验、评估航天器的抗冲击性能、分析撞击产生的碎片等,以确保航天器在真实撞击条件下的表现符合标准要求。该标准规定了认证程序,以确保符合标准的无人航天器能够被确认为具有空间碎片减缓能力的产品。认证程序可能包括对航天器的设计和制造过程的审查,以及对实际撞击实验结果的评估。

11. ISO 14200:2021《空间环境(自然和人工)-基于过程的流星体和碎片环境模型的实施(轨道高度低于地球同步轨道+2 000 km)》[78]

该标准规定了用于航天器和运载火箭轨道级风险评估的流星体和空间碎片环境模型的通用选择和实施过程,为模型的选择过程提供了指导方针,并确保在航天器或运载火箭轨道级的设计阶段使用模型的可追溯性,以用于航天器设计和运行等方面的撞击通量评估。

12. ISO 11227:2012《空间系统-超高速撞击下航天器材料喷射物评估的试验程序》[79]

该标准描述了一种实验程序,用于评估航天器和运载火箭轨道级外表面材料在轨道碎片或流星体撞击下的行为,为材料排序提供统一方法,帮助评估材料在空间使用的适用性,同时减少小空间碎片的产生。通过该实验程序,可确定表面材料受超高速弹丸撞击时产生的喷射物数量,评估喷射物总质量与弹丸质量的比率以及碎片的尺寸分布,为建模计算表面材料在轨道寿命期间可能释放的撞击喷射物量提供必要输入数据。

13. ISO/TR 18146:2020《空间系统-航天器空间碎片缓减设计和操作手册》

该指南包含了运载火箭轨道级减缓空间碎片的设计和操作实践信息,在系统层面的活动方面,包括限制物体释放的设计,阐述了 ISO 24113:2023 中相关要求的意图、工作分解、释放物体的识别和设计措施、操作中的监测以及故障预防等;包括防止解体,如由故意行为或储存能量、与编目物体的碰撞、碎片或流星体的撞击等导致的解体情况;以及任务结束后的处置,以尽量减少对受保护区域的干扰等。

14. ISO/TR 20590:2021《空间系统-运载火箭轨道级空间碎片缓减设计和操作手册》

该指南包含了运载火箭轨道级减缓空间碎片的设计和操作实践信息,为工程师提供了空间碎片减缓标准系列中所需或推荐的内容,以确保运载火箭轨道级在设计、运行和处置过程中避免在其轨道寿命内产生碎片,从而减少空间碎片的增长。

空间碎片减缓标准未来的架构如图 8-9 所示。

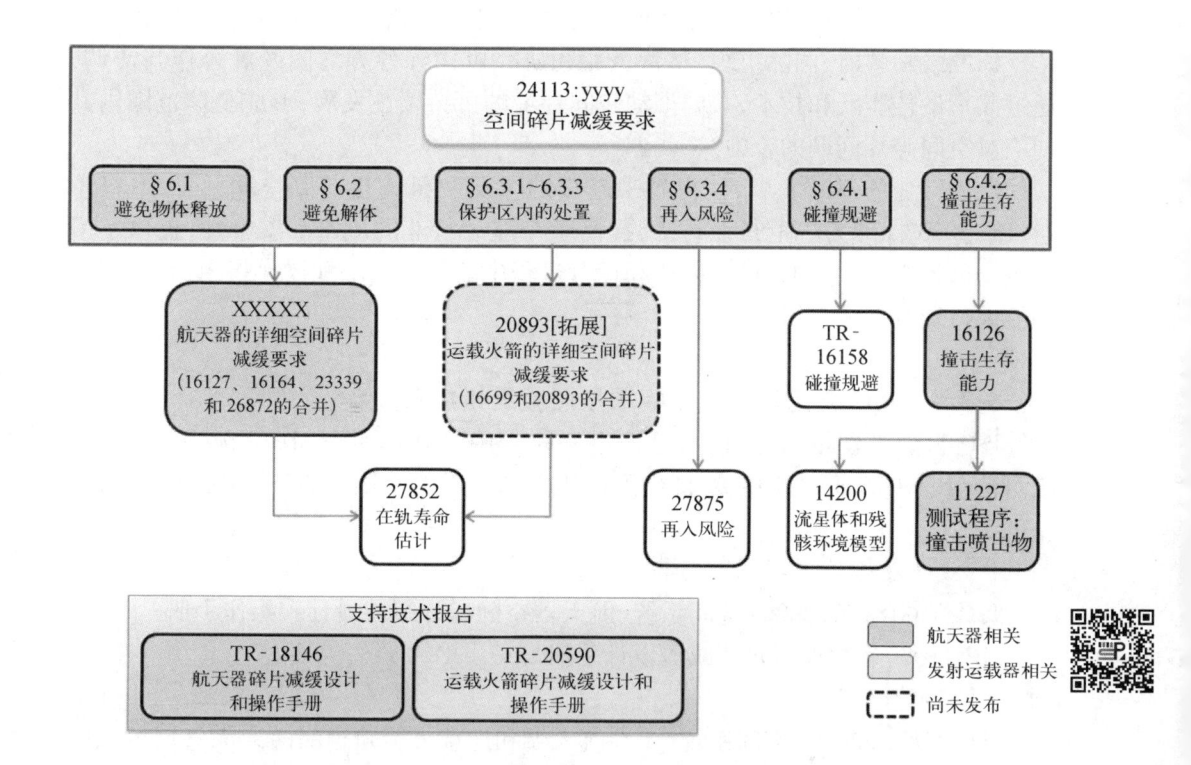

图 8-9 ISO 空间碎片减缓标准的未来框架

8.3.3 ISO 24113:2023

ISO 24113:2023《空间系统-空间碎片减缓要求》：该标准 2023 年修订发布。明确减少空间碎片的关键原则为避免、减少、控制和回收。这些原则需应用于所有空间活动的规划和实施过程中，从源头上降低空间碎片产生的可能性。建议采取一系列具体措施来实现空间碎片的减少。例如，优化发射窗口，选择合适的发射时间和轨道，减少发射过程中产生的碎片；设计使用周期有限的组件和设备，便于在任务结束后进行处理；使用降落伞或机械回收技术，对一些可回收的部件进行回收；优化轨道维持技术，减少因轨道调整产生的碎片；以及在必要时采用燃烧销毁等方式处理废弃的空间物体。

标准要求空间系统必须符合相关的技术标准，在设计和实施过程中要严格遵守空间碎片减少的要求。这涉及发射技术、轨道控制技术、材料科学和航天器设计等多个方面，确保空间系统的各个环节都能满足减缓空间碎片的目标。

标准要求空间系统定期监测和报告其产生的空间碎片数量和类型。报告内容包括发射、运行和终止期间产生的碎片，以及任何可能对其他空间系统造成威胁的碎片信息，以便及时掌握空间碎片的情况，采取相应的措施。

标准鼓励政府、国际组织、私营企业和研究机构等各方之间开展合作与协调。通过共享最佳实践和技术，共同推动空间环境的可持续性发展，形成全球范围内共同应对空间碎片问题的合力。

航天行业的不断发展，使得越来越多的企业和机构参与到空间活动中。ISO 24113:2023 标准为规范行业行为，提高整个航天行业的质量和安全性，提供了引导企业进行空间系统的设计、制造和运营过程中的技术要求和操作指南，有助于推动航天行业的健康发展。

8.3.4　ISO 空间碎片技术标准按照减缓措施归类

ISO 目前已发布标准、技术报告遵从联合国、IADC 的空间碎片减缓指南，包括可测量且可验证的顶层要求以及具体方法或程序，分类如下（包括现行与废止的）。

1. 减缓设计

ISO/TR 18146:2020《空间系统-航天器空间碎片缓减设计和操作手册》

NP 1108《运载火箭碎片减缓设计手册》

2. 模型和计算

ISO 27875:2019《空间系统-无人航天器和运载火箭轨道级再入大气层的风险管理》

ISO 27852:2024《空间系统-轨道寿命的估算》

ISO/TR 11233:2014《空间系统-轨道确定和估算-描述技术的过程》

ISO 14200:2021《空间环境（自然和人工）-基于过程的流星体和碎片环境模型的实施（轨道高度低于地球同步轨道+2 000 km）》

ISO 16126:2024《空间系统-缓解空间碎片目的的无人航天器对抗空间碎片和流星体撞击的生存能力》

ISO 23339:2010《空间系统-无人飞船-估计剩余可用推进剂的质量》

3. 程序和规范

ISO 11227:2012《空间系统-评估超高速撞击时航天器材料喷射物的试验程序》

NP 1152《降低再入风险的程序》

4. 防止在轨解体和碰撞

ISO/TR 16158:2021《空间系统-避免轨道物体之间的碰撞》

ISO 16127:2014《空间系统-防止无人航天器解体》

ISO 20893：2021《空间系统-运载火箭轨道级的详细空间碎片缓解要求》

ISO 19389：2014《空间数据和信息传输系统-连接数据消息》

5. 任务后处置

ISO 16164：2015《空间系统-处置在近地轨道运行或穿越近地轨道的卫星》

ISO 26872：2019《空间系统-处置在地球同步高度运行的卫星》

ISO 16699：2015《空间系统-轨道发射阶段的处置》

8.4 空间碎片主动清除

研究表明,仅仅依靠卫星任务末期离轨处置并不能完全控制空间碎片的增长,随着空间碎片的增长,在轨航天器面临的碰撞风险逐渐增大,极有可能再次发生类似美俄卫星碰撞的事件,或导致更严重的凯斯勒效应[80]。

随着 2007 年《联合国外空委空间碎片减缓指南》的通过,各主要航天大国相继推出空间碎片减缓办法和技术要求,但随着技术的颠覆性进步,进入太空的技术门槛越来越低,越来越多的航天器或者小卫星进入太空,也意味着越来越多的空间碎片滞留太空;面对空间碎片数量持续增长的趋势,国内外航天机构以及主要学术团体逐步形成共识:主动清除空间碎片是控制空间碎片数量增长,有效治理空间碎片环境的根本措施。

空间碎片主动清除涉及多个技术环节,覆盖面广泛,掌握空间碎片清除技术能彰显一个国家的航天技术能力。目前以美国 NASA、欧洲 ESA 和日本 JAXA 等为代表的航天机构进行了很多新技术的探索,并逐步开展了空间碎片清除的技术演示验证。我国非常重视空间碎片主动清除策略与技术的研究,研究经费投入也逐年增大。

主动碎片清除主要是通过直接捕获后回收、利用激光照射烧蚀变轨后陨落等多种方法。由于成本过高,这些技术并未得到广泛应用。截至目前仅进行了有限的清除活动,且主要目的并不是为了减缓空间碎片环境,而是通过对回收物体的维修或检测,重复利用,降低载荷成本;或将地面检测结果用于空间环境研究。主动清除活动对空间碎片环境的减缓效果有限。有研究结果表明,即使未来不再进行任何航天活动,每年需清除至少 5 个在轨空间碎片,才有可能使轨道空间碎片总数不再增长。

当前国际上的主动碎片清除计划列举如下。

美国空军和 NASA 曾联合提出名为"猎户座"(Orion)的计划,研究使用地基传感器和低功率激光器清除空间碎片的系统,它利用高能激光束在目标处产生热物质射流的方式将空间碎片移动到指定位置。

德国 DLR 提出了一些治理空间碎片的设想,例如:利用太空飞爪抓住废弃航天器并将其拖入大气层烧毁;在太空释放一张大网来捕获废弃的航天器等。

英国曾计划将太阳帆作为气动式制动器来进行为期1年的实验,可以围绕地球飞行收集危险的空间碎片。

日本曾提出一种利用主动捕捉方式的电动力绳索系统,该系统用于捕获和清理空间非合作目标,使用机械臂进行捕获,并使用电动力绳索使其再入大气。

从2012年起,ESA的"清洁太空"(Clean Space)倡议系统考虑了全生命周期的空间活动,包括从早期的概念设计到任务寿命结束,甚至考虑如何清除空间碎片。"清洁太空"倡议的三个措施包括Ecodesign(通过生态设计降低对人类的影响)、Cleansat(通过卫星设计减少空间碎片)和e.Deorbit(通过主动清除技术实现空间碎片离轨)。ESA于2019年进行了空间碎片主动清除的在轨试验验证,相关关键技术得到充分验证。

本章主要介绍空间碎片主动清除策略、空间碎片清除技术以及空间碎片清除面临的挑战。其中清除策略中主要阐述"每一年应该清除多少碎片、清除哪些空间碎片效益最高"的问题;空间碎片主动清除技术则是介绍当前主要的技术研究热点领域;最后从法律、法规、职责、成本、回报等方面分析空间碎片主动清除面临的困难与挑战。

8.4.1 清除策略

空间碎片主动清除任务成本很高,因此首先要解决问题是最高效益选择空间碎片清除的策略,包括每一年常规清除多少碎片?这些碎片又该如何选择?

1. 清除年计划

为量化主动碎片清除的影响,通常引入有效因子(effective reduction factor,ERF),其定义为:在时间t内空间碎片减少的数量(相比于无ADR,即ADR0),除以被清除的碎片总数,即

$$\text{ERF}(t) = \text{CNR}(t)/[N(t) - N_s(t)] \quad (8-2)$$

式中,$N(t)$为没有采用主动清除措施时空间碎片演化至t时刻时的数量;$N_s(t)$为采用主动清除措施时空间碎片演化至t时刻时的数量;$\text{CNR}(t)$为截至t时刻累计被清除的碎片总数。

假设在任务后处置率为30%的情况下,从2020年开始实施主动清除措施,改变每年主动清除的碎片数量,分析在不同的清除措施下空间碎片的演化情况。我们基于SOLEM模型,引入各种主动清除策略,ADRn(n = 0、2、5、8、10)指的是每一年主动清除n个碎片,研究结果如图8-10所示。

每种清除措施的有效因子ERF如表8-2所示。

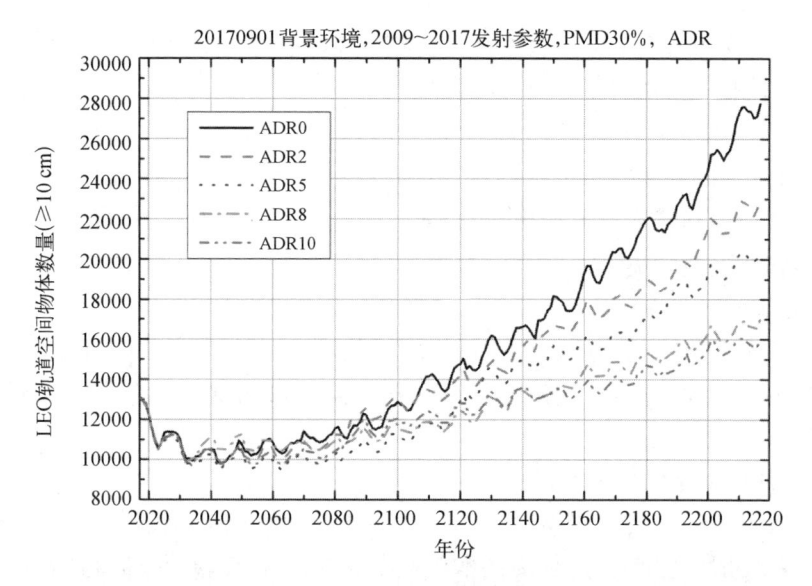

图 8-10 各种清除策略下的 LEO 空间碎片数量 200 年长期演化情况

表 8-2 各种清除策略下的 LEO 空间碎片数量 200 年长期演化增长率情况

清除策略	200 年后空间碎片增长百分比	平均 ERF
ADR0	112%	—
ADR2	75%	24.9
ADR5	56%	7.4
ADR8	30%	2.5
ADR10	22%	1.4

从上述仿真研究结果可知,随着每年主动清除碎片数量的增加,空间碎片数量的增长速度明显放缓,200 年后空间碎片的数量可得到有效遏制。此外,考虑到效费比,清理数量不宜过多,从 ERF 因子可发现,当清理 5 颗重要危险碎片时,ERF 因子下降 70%,再往上效费比提升有限,因此建议有选择性地每年清除 5~8 颗高危险目标为最佳策略。

2. **清除目标选择标准**

对于如何正确选择这 5~8 个危险目标,我们建立了一个空间碎片碰撞风险指数模型,并以此作为空间碎片主动清除的筛选条件,公式如下:

$$R_i = \sum p_{ij} \times m_i \tag{8-3}$$

式中,m_i 为物体 i 的质量;p_{ij} 为过去一年内空间物体 i 与物体 j ($i \neq j$) 之间的累计碰撞概率；R_i 为每个空间物体的风险指数，R_i 值越大，表示空间物体 i 的碰撞风险越高，一旦发生碰撞对空间环境的危害更大。

8.4.2 清除技术

空间碎片主动清除技术大致可以分为三类：接触式主动清除类、非接触式主动清除类和增阻离轨类。

1. 接触式主动清除技术

接触式主动清除是指通过一些机构与操控设备，捕获目标碎片形成一个整体，然后进行离轨机动，直至达到清除目标。接触式主动清除技术又分为刚性接触和柔性接触。

1）刚性接触空间碎片清除技术

刚性接触式清除技术主要面向的是一些大型、旋转速度较慢的空间碎片。其核心技术和一般的空间交会对接技术很类似。常见的有利用空间机械臂（也称太空机器人）抓捕的方式、直接对接形成综合体的方式。比如国际空间站上著名的机械臂（CanadaArm）就是一类典型的刚性接触抓捕机构，利用机械臂抓捕飞船，完成交会对接。空间碎片姿态运动不稳定、不规则，会使得抓捕平台受到极大的不确定力矩，导致抓捕过程中存在极高风险，甚至损毁抓捕平台。刚性抓捕空间碎片的技术难点是在非合作对接过程中如何对失控、失管状态碎片的稳定精确操控。

国际在刚性接触式清除技术研究方面起步很早，相对较为成熟。日本的工程试验卫星（Engineering Test Satellite，ETS-Ⅶ）、美国的实验卫星系统卫星-11（Experimental Satellite System-11，XSS-11）等项目主要验证了合作目标与非合作目标的接近和交会、绕飞监测、编队飞行、机械手抓捕、耦合航天器（即捕获目标后整个空间飞行机器人组合体）的稳定和标定、耦合航天器机动飞行、基于遥视现场的地面控制、组合体离轨等技术，如图 8-11 所示。

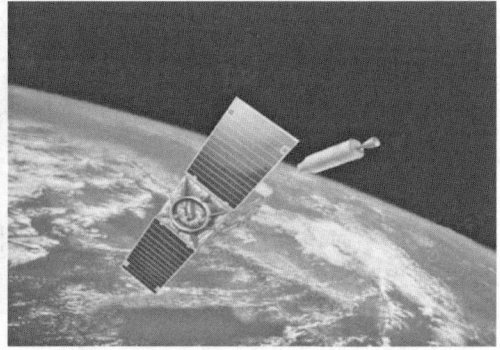

(a) EST-Ⅶ 利用机械臂抓捕碎片　　(b) XSS-11 接近废弃火箭残骸

图 8-11　ETS-Ⅶ 与 XSS-11 任务

2019年10月9日,美国诺斯洛普·格鲁门集团研制的延寿飞行器(Mission Extension Vehicle-1, MEV-1)发射升空,并在2020年2月与Intelsat-901通信卫星对接,实现首次针对无对应抓捕接口目标的抓捕对接,预计这次服务可以为Intelsat-901延长5年寿命,将产生很大的商业回报,如图8-12所示。

图8-12 MEV-1与Intelsat-901交会对接为其提供延寿服务

2)柔性抓捕类空间碎片主动清除

柔性抓捕类空间碎片主动清除技术是利用柔性装置捕获空间碎片,然后将碎片拖离危险区域,达到清理目标。常见的太空柔性抓捕装置有飞网、飞叉等。柔性抓捕类清除技术相较于刚性体而言,优势在于安全性,两者不需要零距离交会对接,通过远程释放装置完成对空间碎片的捕获,两者形成柔性连接的综合体。这类清除技术适合捕获快速翻滚的碎片以及一些小型的碎片。

早在2002年,欧空局ESA提出了地球同步轨道清理机器人(Robotic Geostationary Orbit Restorer, ROGER)计划,设计一个同步卫星轨道空间清理机器人,采用飞网捕获失效卫星将较大碎片拖离轨道,转移到坟墓轨道(Graveyard Orbit)上,由于种种原因项目没有工程化,但设计的思想很有代表性,任务实施场景的示意如图8-13所示。

由萨里大学领导的RemoveDEBRIS项目是欧盟委员会和其他项目合作伙伴共同资助的。该项目采用一个100 kg重的主卫星平台,由SpaceX的猎鹰9号火箭发射到国际空间站,再部署到轨道。进入轨道后,计划进行一系列捕获空间碎片的实验,包括网捕获实验、视觉导航实验、鱼叉捕获实验和拖曳帆实验等。2018年,RemoveDEBRIS平台发射到国际空间站。在随后的实验中,成功进行了飞网捕获快旋立方体卫星试验、飞叉捕获演示,验证了视觉导航技术等,为未来空间碎片清除技术的发展提供了重要的技术支持和实践经验,如图8-14所示。

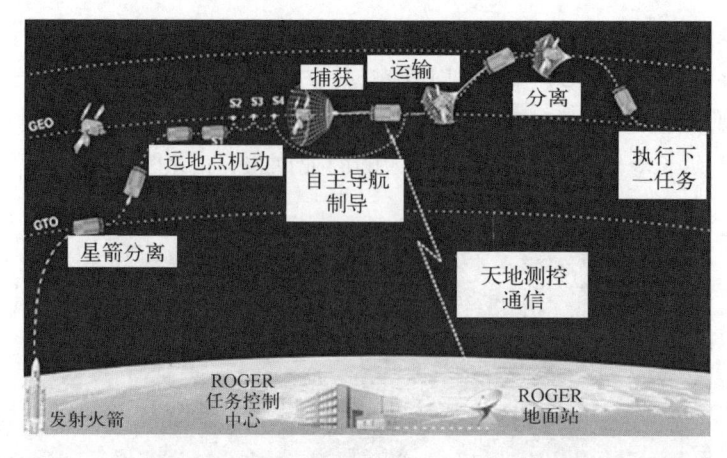

图 8-13 ROGER 计划的任务实施场景

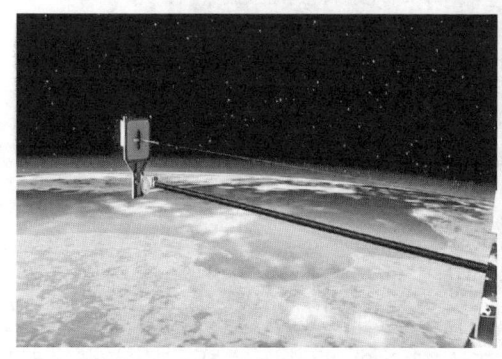

(a) 飞叉捕获 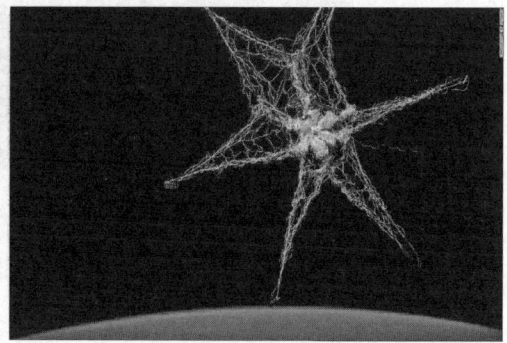　　　　(b) 飞网捕获

图 8-14 萨里大学 RemoveDEBRIS 卫星飞叉和飞网技术

2. 非接触式主动清除技术

非接触式主动清除技术是指在清理过程中天基清除平台和空间碎片保持一定的作用距离,不会有机构物理连接。激光清理空间碎片是一种利用激光技术对地球轨道上的空间碎片(如失效卫星、火箭残骸等)进行移除或减缓威胁的方法。其核心原理是通过激光与碎片的相互作用,改变碎片的轨道或使其减速,最终坠入大气层烧毁。利用高能激光照射碎片表面,使其部分材料瞬间汽化(烧蚀),产生反冲力推动碎片改变轨道,或者通过激光光压(光子动量传递)对碎片施加微小但持续的力,使其轨道发生微弱变化。

1996 年,NASA 和美国空军资助 Phipps 等[81]提出的 ORION 计划,计划在赤道附近的高山上建立地基高能脉冲激光站,输出功率 30 kW,发射口径 6 m,重频数 2 Hz,计划清理 1 000 km 轨道高度上的空间碎片,目前该计划尚未实现,地基激光清理碎片的示意如图 8-15 所示。

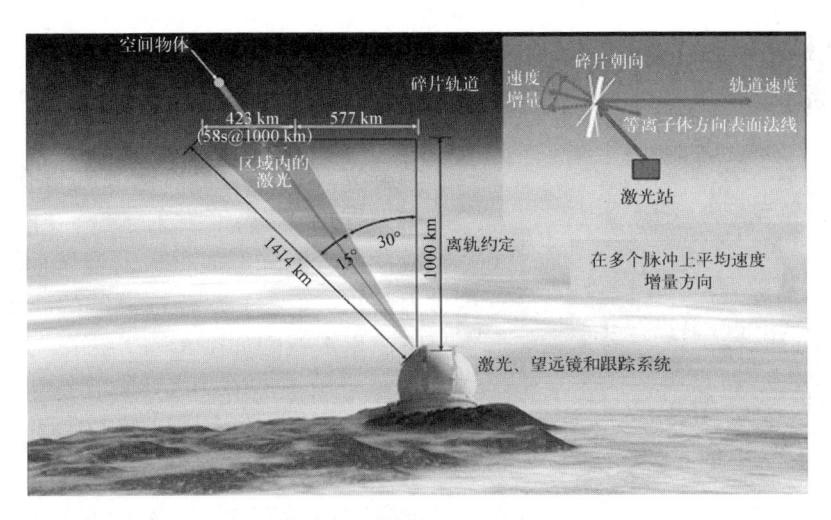

图 8-15 地基激光清理 LEO 碎片的示意

显然,地面发射激光会受到大气层的影响,地基激光清理碎片有很大的局限性。可以把激光器搬到天上去辐照碎片,形成天基激光清理空间碎片平台,达到更好的效果。天基激光可以清理空间任意位置的任意尺寸大小碎片,具有安全性好、适应性强的特点。

CPhipps[82]于 2014 年论述了采用天基高能脉冲激光清理低轨几十厘米尺寸碎片的原理与可行性,设计了天基激光轨道碎片清除(Laser-Orbital-Debris-Removal,LODR)系统清理 800~1 000 km 高度碎片。LODR 的原理示意如图 8-16 所示。由于天基激光显而易见的优势,近年来逐渐成为各国在主动清除领域主要发展技术之一。国内的航天科技集团、高等院校等在激光清除碎片方面都取得了一定的进展。

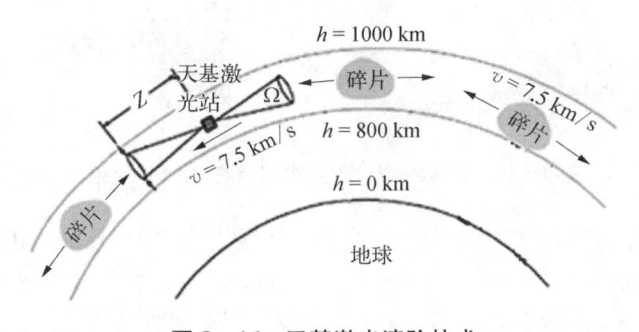

图 8-16 天基激光清除技术

3. 增阻离轨技术

增阻离轨技术是一项适用于 LEO 区域任务后航天器离轨的新技术,借助近地轨道区域的高层大气阻力或地球磁场产生洛伦兹力,使完成了特定任务或失效的航天器降低轨道高度,最终在 25 年内进入稠密大气层并烧毁。

1）气动增阻离轨

对于轨道高度低于 1 000 km 的近地轨道区域，气动增阻离轨技术是一种很好的解决方案。增阻离轨装置折叠储存在航天器内，随火箭发射入空，在航天器完成任务后展开形成很大的迎风面，增大阻力面积，加速任务后航天器的轨道衰减。阻力帆示意图如图 8-17 所示。增阻离轨装置可用于废弃卫星、微小卫星、废弃的运载火箭上面级的离轨，可作为后续低轨卫星任务后自主离轨的通用化产品，应用前景广阔，可切实减缓空间碎片增长趋势，保障航天器在轨运行安全。

图 8-17 阻力帆

NanoSail-D 是 NASA 开发的一款小型太阳帆（solar sail）技术验证飞行器，旨在测试超薄薄膜帆在太空中的展开和推进性能。2011 年 1 月 20 日，NanoSail-D 成功从搭载的 FASTSAT 卫星释放，1 月 27 日薄膜帆完全展开，如图 8-18 所示。2011 年 9 月薄膜帆卫星再入大气层烧毁。该任务为后续深空探测和空间碎片清除提供了重要技术参考。

图 8-18 NanoSail-D 实物照及在轨展开效果图

美国行星协会"LightSail"项目研制了一个规格为 3U（10 cm×10 cm×30 cm）的立方体卫星（CubeSat），如图 8-19 所示。"LightSail"由四个三角形的帆板组成，展开面积约为 32 m^2，材料为厚度 4.5 μm 的聚酯薄膜，整星重量约为 10 kg。2015 年 5 月 20 日和 2019 年 6 月 25 日，"LightSail-1"和"LightSail-2"薄膜帆薄膜帆航天器分别被发射到 425 km 和 720 km 的地球轨道，成功进行了薄膜帆的在轨展开试验，两次任务分别在 7 天后和一年半后再入大气层烧毁。

另一种气动增阻方式是利用充气部件增大有效阻力面积。在离轨开始时将惰性气体充入薄膜容器，由于太空的真空环境，整个装置快速膨胀，阻力面积急剧增

图 8-19 LightSail 实物照及在轨展开照片

加。2018 年,北京理工大学研制的"北理一号"率先进行了充气离轨的技术演示验证试验,如图 8-20 所示。

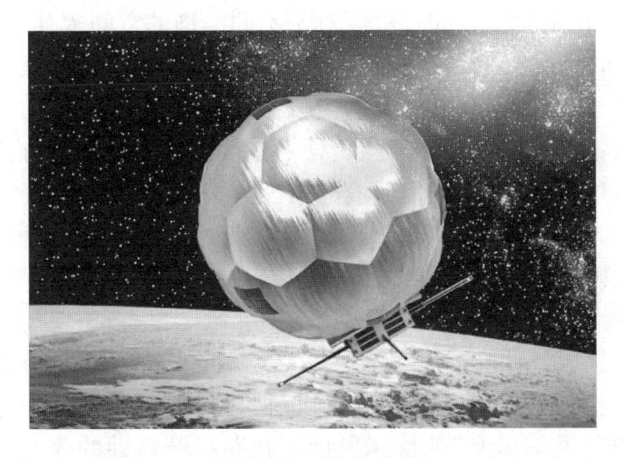

图 8-20 北理一号

2)电磁力增阻离轨

利用地球磁场产生洛伦兹力进行空间碎片增阻离轨。利用具有放电能力的绳系拖曳失效低轨 LEO 卫星,带电绳系不断切割磁力线运动产生指向运动方向相反的洛伦兹力,使得低轨卫星高度逐渐下降,实现离轨和再入陨落,达到清除碎片的目的。由于地磁场强度的影响,这种技术更适用于 500 km 高的空间碎片,受力的原理示意如图 8-21 所示。

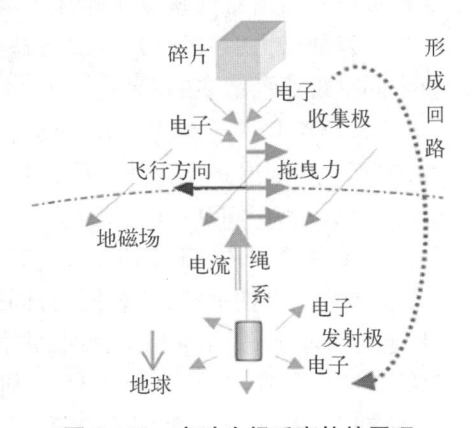

图 8-21 电动力绳系离轨的原理

8.4.3 空间碎片清除面临的挑战

虽然主动碎片清除的重要性在国际上已达成基本共识,技术发展也日新月异,但是空间碎片清除常态化、业务化推进仍然面临诸多难题。

1. 法律挑战

空间碎片主动清除面临的法律困境比其在技术问题之外面临的更严峻挑战。空间碎片的所有权、管辖权在国际上定义模糊,主动清除权利和责任存在争议。目前的国家法律框架中,有效卫星和空间碎片之间不存在严格界定,统称为空间物体,而每一个人造的空间物体事实上都属于发射国的财产,受其管理控制和法律保护。任何主动清除空间碎片的行为都要受到碎片所有国的许可,否则就是侵犯他国的权益。所有权不明确可能导致清除行为被视为太空军事活动,触及违反和平利用外层空间原则甚至禁止使用武力原则等,引发更加复杂的外空争端。2018 年 3 月,美国在《国家太空战略》中明确提到,对太空体系关键组成部分的任何有害干扰或攻击,将招致美国在其选定的时间、地点、方式和作战域上给予有准备的反击。

为此,空间碎片主动清除的合法性对于不同类型的空间碎片应有细分,对于失效卫星,合法性主要解决谁有权利对其进行清除,因为这可能涉及卫星上所载的技术、材料、知识产权纠纷等问题;对于碰撞、自毁、解体而产生的碎片,合法性主要解决谁是清除责任主体及履行何种清除责任。空间碎片主动清除合法性还需要解决碎片清理后的轨位资源、清除过程造成的第三方损失由谁赔偿等问题。

总而言之,通过空间碎片主动清除国际规则,需要各航天大国政府间的合作,但显然在当前大国博弈背景下难度很大。

2. 经济挑战与机遇

在传统航天领域,空间碎片主动清除在地球同步轨道可能带来一定的商业利润,在空间碎片最密集的低轨区域并没有商业利润空间。然而,这种困境随着"商业航天"以及"低轨通信星座"的快速发展正在获得革命性的改变。国外一些主要的投资机构纷纷对低轨空间碎片主动清除进行了市场调研,表示非常看好其未来的市场发展潜力,并预测其经济效益会逐年稳定增长。近两年空间碎片清除的商业合同呈现逐渐增多的趋势。

2019 年,ESA 与瑞士 ClearSpace 公司签订了一份额度 1.29 亿美元的合同,计划在 2026 年开展一项碎片清除卫星项目,旨在移除 2013 年织女星(Vega)火箭发射时遗留在 800×660 km 轨道上的一个适配器,该适配器重约 100 kg。

2020 年 2 月 13 日,JAXA 又与日本 Astroscale 公司签下了一份 2 100 万美元的"商业碎片清除技术验证"合同,合同约定在 2023 年 3 月 31 日前,发射一颗演示卫星,逼近日本 H-2A 火箭上面级,进行悬停、绕飞等操作,获取近距离监视数据;项目第二阶段是在 2026 年 3 月 31 日前完成对火箭上面级的对接,并加速其离轨再入大气层。Astroscale 公司在 2020 年底成功实施其首颗离轨演示验证试验卫星

"ELSA-d"项目,设追踪器和目标器,用于验证交会和逼近操作。合同主任务 ADRAS-J 已于 2024 年 2 月 18 日发射,目前正在执行对日本 H2A 火箭上级残骸的观测任务。

2020 年初,NASA 与麦克萨(Maxar)公司达成了一份价值约 1.42 亿美元的商业合同,其内容为利用新型机械臂完成轨道航天器组装工作,利用太空基础设施灵巧机器人完成在轨卫星装配或修复等任务,这项技术和空间碎片清除技术是通用的。

未来空间碎片主动清除转向商业化、工程化、常态业务化模式,将催生大批航天新技术。

复习思考题

1. 为什么要进行空间碎片的减缓?
2. 空间碎片的减缓措施都有哪些?
3. 空间碎片主动清除的方法都有哪些?
4. 激光清除技术的主要局限性有哪些?

第 9 章
空间交通管理

9.1 空间交通管理基本概念

近几年随着小卫星技术的发展,小卫星的发射数量迅速增加(图9-1),各类大型小卫星星座计划被不断提出并蓬勃发展。大型小卫星星座项目蓬勃发展。随着空间技术的发展和卫星应用的大量增加,卫星轨位资源日益紧张(图9-2)。同时,近年来空间碰撞事件频繁发生,导致航天器安全和未来环境可持续面临巨大威胁[1]。

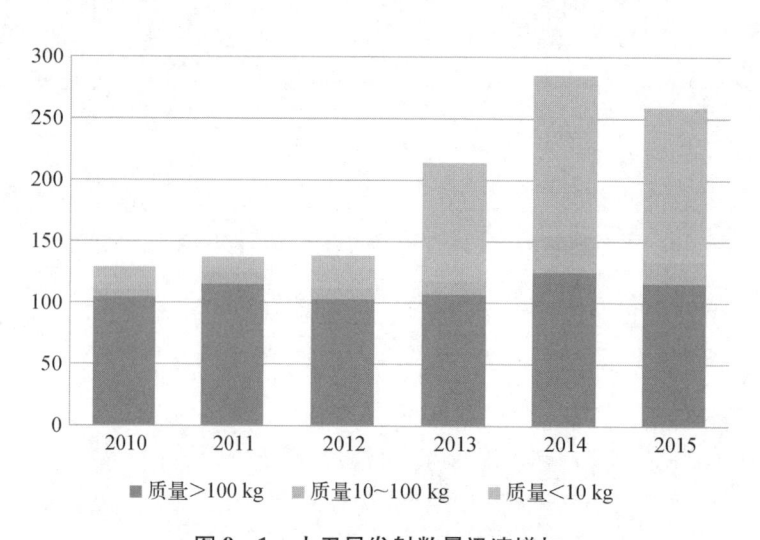

图 9-1 小卫星发射数量迅速增加

自人类进入太空以来,共发生了200多次在轨解体和碰撞事件(图9-3)。2007年欧洲的地球同步气象卫星 Meteosat-8 被未编目的碎片击中,导致轨道改变。2007年失效的美国高层大气研究卫星 UARS 被未编目的碎片击中。2009年俄罗斯宇宙-2251与美国铱星-33相撞。2013年,厄瓜多尔立方体卫星飞马座与苏联 S14 火箭残骸相撞,导致卫星寿命终结。根据模型预测,未来40年,将发生类似美俄卫星碰撞级别的8~9次大型碰撞事件。

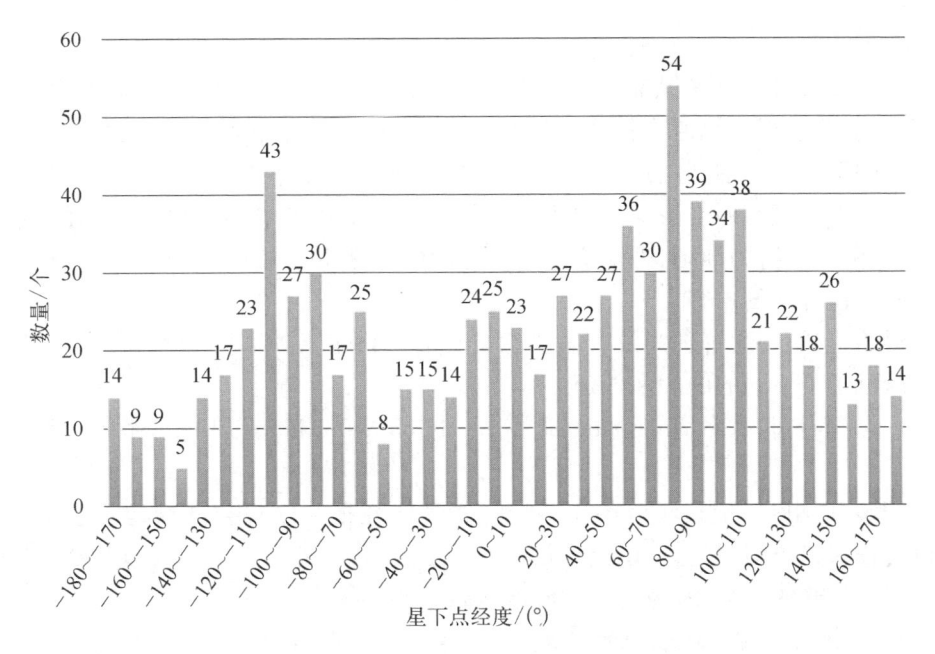

图 9-2 卫星轨位资源日益紧张

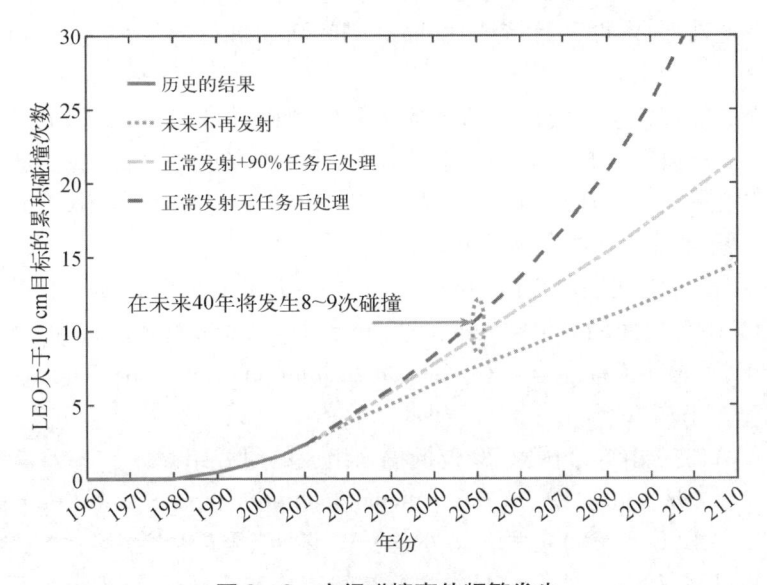

图 9-3 空间碰撞事件频繁发生

针对典型轨道卫星密集,轨道和频率资源紧张、小卫星和大型星座迅速发展、空间碎片持续增加,碰撞频繁发生的现状和趋势,联合国"空间千年:维也纳空间与人类发展宣言"决议指出,空间科学和技术及其应用可对经济、社会和文化发展和福祉做出重大贡献,未来卫星数量仍将持续增长,外空活动的长期可持续性是发展的关键。

空间交通管理是确保空间安全的基本手段。按照协商一致的原则制定统一的空间活动规范,提升轨道飞行器的运行安全,实现文明有序的空间交通,对空间活动及空间资产的长期利用过程进行管理,是外空活动长期可持续的关键。目前,空间交通管理已经和外空法律法规密不可分,空间碎片减缓指南,透明度与建立信任措施,国际外空行为准则,外空活动长期可持续性等外空国际规则软法中都包含促进空间交通管理的内容。

目前,空间交通管理尚没有法律意义上的严格定义。不同国家和国际组织对其概念赋予了不同的内涵和外延。

1. 国际宇航学会(International Academy of Astronautics,IAA)对交通管理的定义

2006年国际宇航科学院的空间交通管理研究报告中将空间交通管理定义为一整套技术和条例规定,用以提升在进入外层空间、在外层空间运行以及从外层空间返回地球时的安全性,免遭物质的或电磁波的干扰。

2. 美国政府对交通管理的定义

2018年美国国家空间交通管理政策中将空间交通管理定义为提高空间环境中操作的安全性、稳定性和可持续性,而对空间活动进行的规划、协调和在轨同步工作。

空间交通管理概念从提出到目前成为外空规则领域热点,实际上经历了三十多年的历程。从研究界提出名词到会议研讨形成研究报告,再到提交通过成为联合国的正式议题甚至工作组,其中不仅有科学家们国际合作的努力,有外空外交政治的影响,也是航天发展的需求和诉求。

1982年,国际空间法研究所(International Institution Space Law,IISL)的Lubos Perek在论文中首次使用名词空间交通管理(Space Traffic Management,STM)[83]。

1999年,美国航天航空学会(American Institute of Aeronautics and Astronautics,AIAA)举行专门研讨会。

2001,IAA成立由8个国家20位撰稿人组成的研究组。

2002年,欧洲空间法中心(International Institution Space Law/European Centre for Space Law,IISL/ECSL)在联合国外空委法律小组委员会上组织讨论会。

2005年,IAA和IAC联合在日本举行空间碎片和空间交通管理会议。

2006年,IAA研究组发表空间交通管理研究报告。

2008年,联合国外空委报告提出:空间碎片减缓指南是综合解决空间交通安全问题的第一个重要步骤,期望进一步讨论这一问题。

2014年11月,首届空间交通管理会议在美国召开,涉及法律和技术。

2015年5月,首届空间交会评估会议在法国举行,与会代表来自20多个国家,

军民商共 100 多人。

2015 年 4 月，联合国外空委法律小组委员会决定将 STM 和小卫星作为下届会议的议题。外空司长 Di Pippo 评价：就像国际电信联盟（International Telecommunication Union，ITU）和国际民用航空组织（International Civil Aviation Organization，ICAO）一样，"将有助于推动空间操作安全保障，有利于所有外空活动参与者"。

9.2 国际空间交通管理相关法律规则

从国际外空规则制定来看，目前多个组织积极推动国际规则立法，都部分涉及空间交通管理相关内容，对空间碎片规则的制定逐步深入。与空间交通管理有着密切关系的国际法规主要有：《联合国外空委空间碎片减缓指南》包含空间碎片减缓的技术规则与规范，外层空间活动中的透明度和建立信任措施主要包含一些基本原则和方针，外空活动长期可持续性则开始讨论一些空间交通管理的实施相关内容，以及其他一些空间交通管理相关的国际规则研究。

9.2.1 外空活动长期可持续性准则

外空活动长期可持续性议题（Long Term Sustainability of outer space activities，LTS）是在法国的推动下于 2010 年 2 月正式列入联合国外空委科技小组委员会议程，并设立了外层空间活动的长期可持续性工作组。该工作组的目标是确定与空间活动长期可持续性相关的领域，并提出可以提高空间可持续利用的措施[84]。这些措施建立在自愿的基础上，不具约束力。为了准备其建议，设立了四个专家组分别审议以下议题：① 可持续空间利用支持地球上的可持续发展；② 空间碎片、空间操作和支持协同空间态势感知的工具；③ 空间天气；④ 在空间领域的行动者的监管制度和指导方针。

2013 年 11 月发布的第一份报告草案中提出了一套分别包含指导方针、解决政策、监管机制、国际合作和管理问题等 33 条组成的一系列措施。该政策方针包括采取相应措施，以确保空间活动的信息和专业知识更便于交流，还有通过政府和非政府机构的研究和开发以促进长期可持续的空间活动。在监管机制方面，指导方针本质上要求通过采纳监管框架和促进预定的自愿措施来增强空间活动安全和可持续性。

目前 LTS 工作组的各国成员现已就其中准则前言和 21 条准则达成一致意见，并于 2019 年 6 月正式作为联合国外空委文件向全球发布，相关条款可作为各国开展相关工作的基础。已通过的 21 条准则分为四个部分，具体如下。

A. 空间活动的政策和监管框架

准则 A.1　视必要情况通过、修正并修改外层空间活动国家监管框架

准则 A.2　视必要情况制定、修正或修改外层空间活动国家监管框架所应考虑的若干要素

准则 A.3　监督国家空间活动

准则 A.4　确保公平、合理、有效利用卫星所用无线电频率频谱及各个轨道区域

准则 A.5　加强空间物体登记实践

B. 空间业务安全

准则 B.1　提供最新联系信息并分享关于空间物体和轨道事件的信息

准则 B.2　改进空间物体轨道数据的准确度并加强空间物体轨道数据分享实践和效用

准则 B.3　推动收集、分享和传播空间碎片监测信息

准则 B.4　在受控飞行所有各轨道阶段期间进行交会评估

准则 B.5　拟订发射前交会评估务实做法

准则 B.6　分享业务所用型空间天气数据和预报结果

准则 B.7　开发空间天气模型和工具并收集减轻空间天气影响的既有实践

准则 B.8　不考虑其物理和操作特点的对空间物体的设计和操作

准则 B.9　采取措施以应对化解空间物体失控再入大气层相关风险的措施

准则 B.10　在使用穿越外层空间的激光束光源时遵守防范措施

C. 国际合作、能力建设和认识

准则 C.1　促进并便利开展支持外层空间活动长期可持续性的国际合作

准则 C.2　分享外层空间活动长期可持续性的相关经验并酌情拟订有关信息交流的新程序

准则 C.3　促进和支持能力建设

准则 C.4　提高对空间活动的认识

D. 科学和技术研究与开发

准则 D.1　推动并支持关于对外层空间进行可持续探索和利用的方法的研究与开发

准则 D.2　从长远角度研究和考虑管理空间碎片群的新措施

LTS 准则包括最佳实践、行为规范、发射前风险评估、在轨避碰服务、主动碎片清除和返回安全评估等重要组成部分，覆盖空间交通的全部阶段。LTS 准则是软法，并未涉及具体的技术准则和安全标准，可作为制定空间交通技术准则和安全标准的基础。LTS 的落实和实施从技术上离不开空间态势感知的支持。

9.2.2　外空透明度与建立信任措施

联合国是外空活动透明度与建立信任措施（Transparency and Confidence

Building Measures, TCBM)进程的主要推动者。联大决议中强调了增强外空活动透明度的必要性, 肯定了建立信任措施的重要性。2010 年, 根据联大决议的要求, 联合国秘书长设立了政府专家组, 对"外空透明与建立信任措施"进行研究, 并于 2013 年向第 68 届联大提交了最终报告, 俄罗斯、中国、美国等主要空间国家均支持并积极参与该进程。联合国和平利用外层空间委员会确定了那些能够改进来提高空间操作安全和利于空间活动长期可持续性的建议。

TCBM 报告指出, 要通过双边、区域和多边机制进行信息共享, 并就可预见的危险情况作出通报以降低风险。此类通报可使具体的空间活动更为透明。对航天活动的共同了解可促进全球航天安全并有助于防止事故、误解和怀疑。具体措施包括:

(1) 就空间物体轨道参数和潜在的轨道交会交换信息, 有助于提高追踪空间物体时的准确;

(2) 在切实可行的范围内向受影响国家的政府和私营部门航天器运营者通报潜在的航天器轨道交会情况;

(3) 应按照《登记公约》(1975 年) 和"关于加强国家和国际政府间组织登记空间物体的做法的建议"的第 62/101 号决议, 尽快向联合国提供登记信息;

(4) 向公众提供查看国家空间物体登记册的机会;

(5) 各国如发现包括月球和其他天体在内的外层空间中有可能对航天员生命或健康或对人类航天活动构成威胁的任何现象, 应立即通知其他国家或联合国秘书长;

(6) 各国应就航天器发射和运载火箭任务提供发射前通报;

(7) 通报可能危及其他空间物体飞行安全的排定调整动作;

(8) 各国应尽最大可能及时向可能受影响的国家通报可能会危及其他国家空间物体飞行安全的排定调整动作;

(9) 通报预计发生的高风险再入事件, 即再入大气层的空间物体或其残留物可能造成重大损害或放射性污染的事件;

(10) 当出现与自然或人为威胁空间物体飞行安全有关的事件时, 各国应及时并尽最大可能通知所有可能受影响的国家, 包括空间物体出现运行故障或失控造成的风险, 因为它们将大幅提高发生高风险再入事件或空间物体相撞的可能性;

(11) 应避免故意摧毁在轨航天器或运载火箭轨道级, 或进行其他可产生长期碎片的有害活动, 如有确定必要进行故意解体, 则有关国家应通知可能受其计划影响的国家, 包括为确保在足够低的高空进行故意解体将采取的措施, 以限制所产生碎片的轨道寿命。

所有行动都应按照《联合国空间碎片减缓指南》开展。

9.2.3 外空委空间交通管理新议程

在2015年4月的会议上,外空委法律小组委员会同意了两个与空间交通管理(STM)有关的新议程项目:

(1) 就空间交通管理的法律方面进行一般性意见交换;

(2) 就小型卫星活动适用国际法的一般性意见交换。

法律小组委员会最初同意开展为期一年的讨论,但在2016年4月会议同意继续讨论。该会议的报告(A/AC.105/1113)详述了讨论情况和所表达的一般意见。关于STM问题,报告提出如下意见。

(1) 对STM概念的审议对所有国家都越来越重要。由于外层空间物体数量不断增加,行动者多样化以及空间活动增加,空间环境日益拥挤和复杂,所有这些都使确保安全和可持续的空间作业更加困难,而且STM需要利用多边机制来解决。

(2) 在国家和国际层面正在开展一系列的措施,以提高太空飞行的安全性和可持续性,例如:通过空间态势感知进行关键信息和服务的交换,以避免在外空发生碰撞。该小组委员会一致认为一个持续的与空间业务管理相关的最佳实践和标准的信息交流是必不可少的。

(3) 存在与小卫星活动相关的法律挑战,包括现有的和新兴的实践和监管框架。各国和国际组织在开发和使用小型卫星方面的方案,为了确保在未来安全和负责任地使用外太空,应在国际和国家的监管框架下开展包括小卫星在内的飞行任务。

9.2.4 美国国家空间交通管理政策

2018年6月18日,美国总统特朗普签署了3号航天政策令,发布了国家空间交通管理政策,如图9-4所示。

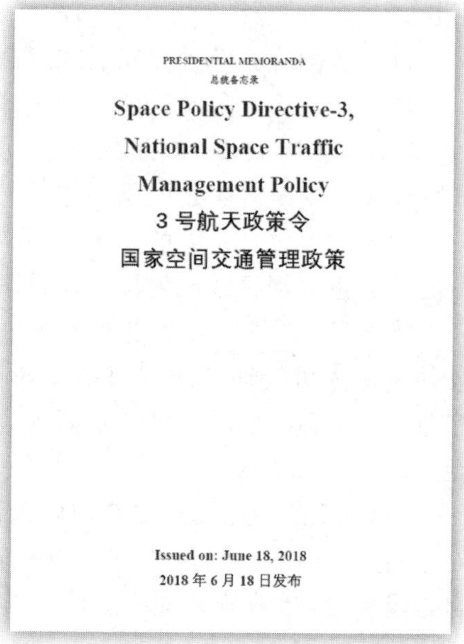
PRESIDENTIAL MEMORANDA
总统备忘录
Space Policy Directive-3,
National Space Traffic
Management Policy
3号航天政策令
国家空间交通管理政策

Issued on: June 18, 2018
2018年6月18日发布

图9-4 美国国家空间交通管理政策

该航天政策令提出四大原则:① 安全、稳定和空间操作的可持续性,是商业、民用和国家安全空间活动的基础;② 及时、可用的空间态势感知数据和空间交通管理服务对空间活动至关重要;③ 轨道碎片对空间活动构成越来越大的威胁,空间交通管理框架对于保护空间运行环境至关重要;④ 空间交通管理框架应由最佳实践、技术准则、安全标准、行为规范、发射前风险评估和在轨避碰服务组成。美国3号航天政策令的目标与分工如表9-1所示。

表 9-1 美国 3 号航天政策令的目标与分工

序号	目标	（美国）责任部门
1	促进空间态势感知和空间交通管理技术发展	国家航天委员会、商业界、学术界
2	减缓在轨碎片对空间活动的影响	国家航空航天局、国务院、国防部、商务部、交通部、国家情报总监、联邦通信委员会
3	支持和提升美国在科技、空间态势感知和空间交通管理领域的商业领导力	商务部、国防部、交通部、国家航空航天局
4	向公众提供来源于美国政府的空间态势感知基础数据和空间交通管理基本服务	国防部、商务部、国务院、交通部、国家航空航天局、国家情报总监、商业界、学术界
5	提高空间态势感知数据互操作性，并实现更大程度的空间态势感知数据共享	商务部、国务院、国防部、交通部、国家航空航天局、国家情报总监、工业界、学术界
6	制定空间交通管理标准和最佳实践	国防部、商务部、交通部、国务院、国家航空航天局、国家情报总监、联邦通信委员会
7	防止非故意的射频（radio frequency，RF）干扰	商务部、交通部、国务院、国防部、国家航空航天局、国家情报总监、联邦通信委员会
8	改进美国国内空间物体登记制度	国务院、国防部、商务部、交通部、国家航空航天局、国家情报总监、联邦通信委员会
9	制定未来美国在轨操作的政策和法规	国防部、商务部、交通部、国务院、国家航空航天局、国家情报总监

9.3 空间交通管理技术措施和规则

9.3.1 针对各阶段的空间交通管理

空间交通管理是通过对空间相关飞行器的发射、在轨和返回阶段操作实施全球公认的标准和"交通规则"来实现空间活动安全的目标，如果按照空间交通管理的阶段划分，其主要包括三部分：发射阶段空间交通管理、在轨阶段空间交通管理和返回阶段空间交通管理。

1. 发射阶段

发射阶段的空间交通管理是确保航天器发射安全、高效，并避免对相关方造成不利影响，或对其他在轨物体造成干扰或碰撞的重要措施，包括以下几点。

1）轨道规划与协调

根据任务需求和现有太空环境，为发射的航天器规划合适的轨道。避免与已在轨的卫星、空间站等航天器的轨道冲突，同时考虑到未来可能的太空活动，预留一定的轨道资源和安全空间。例如，在发射通信卫星时，要与其他同频段通信卫星的轨道保持适当间隔,防止信号干扰和轨道交叉风险。

2)发射窗口选择

综合考虑多种因素来确定最佳发射窗口。包括太空天气状况,如太阳活动、地磁活动等对航天器发射和运行的影响;还要考虑与其他航天器的相对位置关系,尽量选择在空间交通相对"空闲"的时段发射,以降低碰撞风险。例如,太阳风暴期间可能会干扰航天器的电子设备和通信系统,一般会避免在此时段发射。

3)发射许可与监管

对发射活动进行严格的许可审批。发射方需要向相关管理机构提交详细的发射计划、技术参数、轨道设计、安全措施等资料,经审核通过后才能获得发射许可。在发射过程中,监管机构会对发射活动进行实时监测和监督,确保发射操作符合相关规定和标准。

4)发射信息通报

将发射信息及时通报给相关方,以确保发射活动不对相关方活动造成影响,相关方包括但不限于地方当局、国际民航组织、国际海事组织、国际电信联盟等。

2. 在轨阶段[85]

在轨阶段的空间交通管理措施主要包括:轨道监测和信息交换;碰撞预警和轨道机动、姿态调整;限制碎片产生和任务后处置。

1)轨道监测与预警

建立空间监测网络:构建全方位、多层次、多手段的空间监测网络,利用光学望远镜、雷达等设备对在轨航天器和太空碎片进行跟踪监测,实现对目标的高精度定位和轨道参数测量。

2)轨道数据动态更新

利用监测网络获取的观测数据,实时更新在轨航天器的轨道信息,包括位置、速度、轨道倾角等参数。通过精确的轨道计算和预测模型,及时掌握航天器的运行状态和未来轨迹,为空间交通管理提供准确的数据支持。

3)碰撞预警系统

建立碰撞预警系统,基于实时轨道数据,对所有已知轨道物体的轨迹进行分析和预测,计算它们之间的碰撞概率。当发现有潜在碰撞风险时,及时向相关航天器和地面控制中心发出预警信息,以便采取相应的规避措施。

4)轨道控制与机动

主动轨道控制:航天器具备主动轨道控制能力,可根据空间交通管理的要求和碰撞预警信息,主动调整自身轨道。通过启动航天器上的发动机或其他推进系统,产生推力来改变航天器的速度和轨道参数,实现轨道机动,以避免与其他物体发生碰撞。

协同轨道机动:对于多航天器系统或星座任务,需要进行协同轨道机动。通过各航天器之间的通信和协调,按照统一的计划和策略进行轨道调整,确保整个系统的安全运行,同时避免对其他在轨航天器造成影响。

预留轨道机动能力：在航天器设计和任务规划阶段，预留一定的轨道机动能力和燃料储备，以应对突发的空间交通状况或紧急情况。这样可以在需要时及时进行轨道调整，提高航天器的安全性和适应性。

5）航天器运行管理

任务规划与协调：在航天器在轨运行期间，根据实际情况对任务进行调整和优化，确保其与其他在轨航天器交会风险最小。

飞行姿态控制：通过姿态控制系统，精确控制航天器的指向和姿态，避免其姿态异常对其他航天器造成干扰或碰撞风险。并合理设计航天器的姿态，减少其在在轨飞行迎风面积，降低与太空碎片碰撞的概率。

6）寿命末期处理

在航天器寿命即将结束时，对其进行妥善处理。如采取主动离轨措施，将航天器引导至大气层烧毁或转移到废弃轨道，避免其成为太空垃圾。对于一些有回收价值的航天器或部件，可考虑进行回收再利用，以减少太空垃圾的产生。

3. 返回阶段[86-88]

返回阶段的空间交通管理主要涉及返回轨道规划与控制、再入过程监测与预警、着陆区域管理以及国际合作与信息共享等方面，旨在确保航天器安全、准确地返回地球，同时避免对其他在轨航天器和地面设施造成危害。

1）返回轨道规划与控制

精确轨道设计：在返回任务规划阶段，根据航天器的当前轨道、任务要求以及空间交通状况，设计精确的返回轨道。考虑与其他在轨航天器的轨道分离，避免在返回过程中与它们发生碰撞。同时，结合大气环境模型和航天器的气动特性，优化再入角度和轨道，以确保航天器能够安全穿过大气层并准确到达预定着陆区域。

2）轨道调整与机动

在返回前和返回过程中，根据实时的航天器和其他空间物体实际状态，进行必要的轨道调整和机动。利用航天器上的推进系统，精确控制速度和姿态，以修正轨道偏差，避开可能存在的危险物体，确保返回轨道的安全性和准确性。例如，当监测到有太空垃圾接近返回航天器的轨道时，可提前进行轨道机动，改变飞行路径，避免碰撞。

3）再入过程监测与预警

实时状态监测：通过地面雷达、光学观测设备以及航天器自身携带的传感器等多种手段对航天器再入过程进行实时监测，尽可能完整测量航天器的位置、速度、姿态、热防护系统状态等关键参数，及时掌握航天器再入的实时情况，以便发现异常情况时能够迅速采取应对措施。

5）碰撞预警与规避

持续跟踪返回航天器周围的空间环境，特别是关注可能与返回路径交叉的其他在轨物体。通过精确的轨道预测和碰撞风险评估模型，提前预警潜在的碰撞危险。一旦发现有碰撞可能,及时向返回航天器发出指令,进行轨道机动或姿态调整,以规避碰撞风险。

6）气象条件监测

气象条件的变化可能会影响航天器的再入轨迹和着陆精度,应根据气象数据,对返回轨道和着陆计划进行必要的调整,确保航天器能够在适宜的气象条件下安全返回。返回过程中,同样应密切监测返回路径和着陆区域的气象条件,包括大气温度、压力、风速、风向等参数,保障返回任务的安全。

7）着陆区域管理

着陆场选择与准备:根据航天器的返回方式和任务要求,选择合适的着陆场。着陆场应具备足够的面积、平坦的地形、良好的气象条件以及便利的交通和通信设施,以确保航天器能够安全着陆,并便于后续的回收和救援工作。

8）着陆区域管控

在航天器返回着陆期间,对着陆区域进行严格的管控。划定禁飞区和安全警戒区域,禁止无关飞行器进入,防止对返回航天器造成干扰。同时,组织地面人员进行安全巡逻和警戒,确保着陆区域的安全,避免无关人员和车辆进入危险区域。

9）应急救援与处置

制定完善的应急救援预案,针对返回过程中可能出现的各种意外情况,如航天器偏离预定着陆点、着陆姿态异常、出现故障等,组织专业的救援队伍,配备相应的救援设备和物资。一旦发生紧急情况,能够迅速响应,开展救援工作,保障航天员的生命安全和航天器的回收。

10）国际合作与信息共享

跨国协调与合作:对于涉及跨国的返回任务或可能影响到其他国家空间设施和地面区域的返回行动,加强国际间的协调与合作。提前与相关国家进行沟通和协商,通报返回任务的计划和相关信息,征求意见和建议,共同确保返回过程的安全和顺利。在必要时,开展跨国的联合监测、救援等合作行动,提高应对突发情况的能力。

联合观测和信息共享:积极参与国际信息共享机制,与其他国家和国际组织共享返回任务的相关信息,包括返回轨道参数、预计着陆时间和地点等。同时,获取全球相关实时数据和信息,以便更好地进行返回任务的规划和管理。通过信息共享,提高返回任务的安全性和成功率。

9.3.2 针对轨道分区的空间交通管理

1. 载人航天轨道管理

现阶段,国际普遍规定 500 km 以下的圆形轨道保留给载人航天器使用,民间的、商业性的非载人航天器除特殊情况,不能使用该区域的轨道。在这一区域,主要的碰撞的威胁来自碎片,在此轨道区域内的国际空间站就不止一次地发生有碎片碰撞的预警之后,宇航员全部进入逃生舱躲避的情况,因为一旦预测发生高风险碰撞,宇航员需要通过逃生舱脱离空间站。

对载人飞行轨道的管理有研究建议参考以下几条规则:

(1) 在此轨道区域的非载人航天的寿命不能超过 5 年,并且需要具有机动能力,对于那些太小以至于很难跟踪的卫星需要能准确确定它们的位置;

(2) 任何载人航天器发射飞行之前,运营商要提前 48 小时向空间交通管理系统提交飞行详情,内容包括:运载器类型、载人数量、发射的日期、时间和轨位、发射轨道和运行轨道、在发射段飞行时间和在轨运行时间、返回的日期、时间和位置等,并且经过风险评估后符合 STM 标准;

(3) 所有载人航天器的在轨机动需要提前 48 小时用(2)中提到的方法向空间交通管理系统提供(2)中同样的信息。

2. 太阳同步轨道管理

太阳同步轨道(Sun-synchronous orbit, SSO)是轨道高度 500~1 000 km 的高度区域。该轨道卫星有许多重要功能,主要在地球侦察和气象领域。高度、倾角和赤经等轨道参数使太阳同步轨道具有独特的效用,但也将这些卫星限制在一个非常特定的空间区域,导致目前该区域内的大多数太阳同步卫星具有非常相似的倾角和高度,造成太阳同步轨道的空间物体的密集分布,这使得太阳同步轨道成为空间碰撞事件的高发区域,造成了在极地交叉点交会的可能性,以及一个严重的安全问题,可能危及太阳同步轨道的长期可持续性。

有研究建议,通过在高度、赤经和时间上划分特定的轨道分区(槽位),将太阳同步卫星分开,旨在允许太阳同步轨道继续发挥效用并安全运行,同时大大降低轨道交叉点碰撞的可能性。这是 SSO 实现 STM 的一个可能的办法。该建议主要通过三维分离设定轨道分区:

(1) 高度:设定最小 5 km 间隔,避免纵向重叠;

(2) 赤经:划分为 36 个 10°扇区,不同扇区卫星过极时间错开≥5 min,减少交叉点同时出现概率;

(3) 周期:筛选离散地面轨迹重访时间轨道,确保同高度卫星在轨道周期上匹配,长期维持空间分离。

该方法需要需建立类似 ITU 的 GSO 槽位分配机制,通过国际协调机制来实施。

3. 地球同步轨道管理

在地球同步轨道上,机构间空间碎片协调委员会(IADC)提议设置上下 40 km 为机动区,其中-40~40 km 为浮动带,用来进行轨道维持,其东西方向的预警区为 0.1°,南北方向为±37 km,这样可以保证东西、南北方向的距离足够卫星用来抵抗摄动力影响。地球同步轨道上下区域 41~200 km 是留给卫星进行变换位置机动用的,使得卫星能够每天至少向西漂移 0.524°,向东漂移 0.525°。另外,设置地球同步轨道向外 235 km 的地方为坟墓轨道,让卫星在留有一些燃料的时候机动至坟墓轨道,让出地球同步轨道宝贵的空间资源。

其他关于地球同步轨道的规则如下:

(1) 所有地球同步轨道航天器所有者/经营者应定期向空间交通管理系统提供位置数据,以便进行交会评估,此数据不会分发到空间交通管理系统外部;

(2) 所有地球同步轨道航天器所有者/经营者应在进行轨道变化、轨道维持和轨道机动之前 48 小时向空间交通管理系统提供相应的信息;

(3) 鼓励所有地球同步轨道航天器所有者/经营者同意把自己的卫星位置数据信息,通过空间交通管理系统分享给该卫星附近的其他卫星运营商,用以共同优化卫星在轨维持计划;

(4) 空间交通管理系统应向所有可能受到地球同步轨道卫星机动操作影响的航天器运营者提供机动操作信息,地球同步轨道以上和以下 41~200 km 的高度范围保留用于轨道维持和机动操作。

9.4 空间交通管理规则框架

9.4.1 现有可参考框架

空间交通管理可以参考其他领域的现有的国际框架构建。如 ICAO 的全球航空交通管制框架、国际海事组织(International Maritime Organization, IMO)的国际海运条例以及 ITU 的国际电信规则。尤其是地面和航空交通管理的框架非常具有可参考性,表 9-2 列出了地面和航空交通管理框架的主要构成,可作为空间交通管理框架组成部分的参考。

表 9-2 地面和航空交通管理框架

	法规	管理机构	实施机构	技术措施	基础设施	服务系统	技术支撑
地面交通管理	道路交通安全法,交通安全法实施条例	交通运输部,交通管理局	公安部,交通警察	流量监控速度监控	相机 雷达 红绿灯 全球定位系统 (Global Positioning System, GPS)	实时路况图 交通台 故障台	地图 交通图 天气预报
空中交通管理	国际民用航空公约,民用航空法,空管法规,出发许可	ICAO,中国民用航空局 (Civil Aviation Administration of China, CAAC)	空军,空管	雷达管制 场面管制 无线电管制 程序管制	雷达 塔台 通信设备	碰撞警示、最低安全高度警示 区域进入警示	航路图 航线图 标准 天气预报 流量通报

9.4.2 空间交通管理框架基本构成

构建空间交通管理系统，必要要素包括：基于空间态势感知信息进行碰撞规避；通信和数据共享网络；标准框架；与现有的机构交叉协作；国家层面上支持立法；在定义、分类和立法问题上的共识；公众、商业、政府在 STM 讨论中的主动性以及需要合理的资金筹措结构。空间交通管理框架建议如图 9-5 所示。

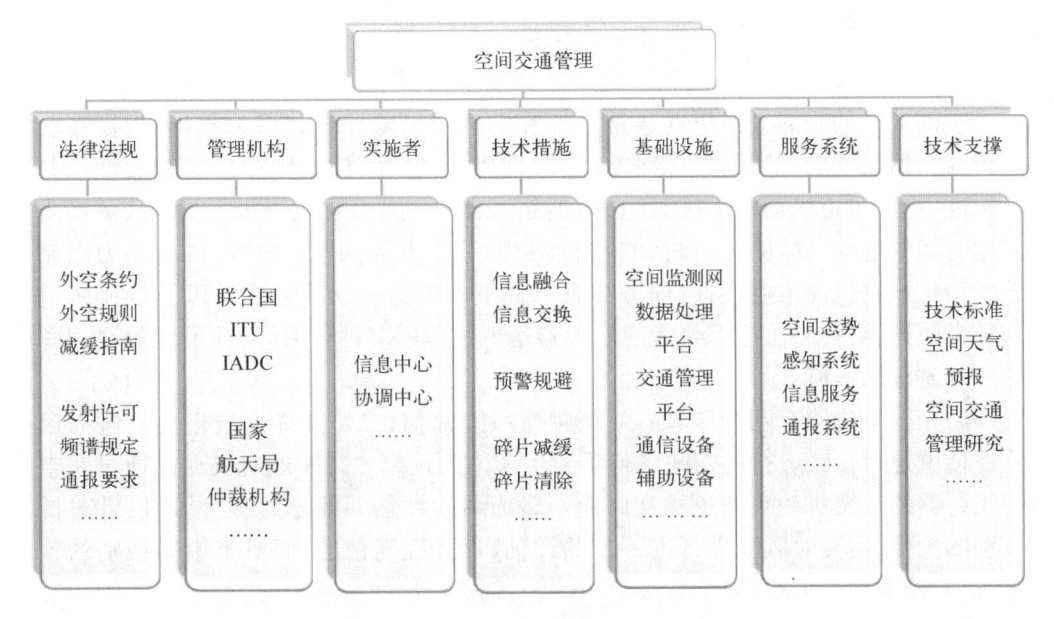

图 9-5 空间交通管理框架建议

如图 9-5 所示，空间交通管理体系应该由七大部分组成，包括法律法规、管理机构、实施者、技术措施、基础设施、服务系统、技术支撑等。

其中，法律法规从上而下，由联合国层面的外空条约、外空规则、减缓指南作为指导性文件，国家监管层面，需要在发射许可、频谱规定、通报要求等具体有落地的管理法规。

管理机构相应也包括国际组织，如联合国、ITU、IADC 等机构，或者其他可以起到磋商平台作用的机构，或者承担相关仲裁责任的机构；在国家层面，必须由航天行业主管部门担任该角色，例如国家航天局等。

实施者是具体承担空间交通管理职责的实体化部门，例如国际授权的信息中心、协调中心等。

技术措施是能够实施空间交通管理的技术措施基础，包括信息融合、信息交换、预警规避、碎片减缓、碎片清除等技术手段。

基础设施是空间交通管理实施所必需的基本设施，包括可以获取空间态势感知信息的空间监测网、数据处理平台、交通管理平台、通信设备以及其他辅助设备。

服务系统包括可被保障持续运行的空间态势感知系统、信息服务通报系统等。

技术支撑是指为实现空间交通管理所需要的辅助性技术支撑能力，如一系列技术标准、空间天气预报、可促进空间交通管理的相关研究成果等。

9.4.3　空间交通管理主要技术措施

1. 碰撞规避

空间碎片的碰撞规避机动通常以碎片的碰撞风险评估结果为基础，根据在轨运行航天器与空间碎片的碰撞概率，给出规避机动的实施准则和机动有效性的判断标准，给出轨道机动的实施策略，包括航天器机动采用推力大小、方向以及推力作用时间的选择。碰撞规避机动策略涉及如下三方面问题：燃料、机动能力限制下的最优规避机动策略设计；任务约束条件下的轨道机动方案设计以及规避机动与日常轨道维持结合，应综合考虑航天器运行过程的多种约束，设计最优的空间碎片的规避机动策略。

防止卫星碰撞有两个步骤：一是碰撞风险评估，二是碰撞规避机动。碰撞风险评估就是对在轨运行的空间飞行器发生碰撞的预判。碰撞规避机动是通过对空间飞行器的在轨机动来避免相互碰撞。碰撞风险评估一般分为多个级别，针对低级别的预警，需要对风险进行进一步的评估，逐步提高精度；而对于中等级别的预警，需要确定规避策略；对于高级别的预警，则需要执行规避策略。

碰撞风险评估主要计算碰撞概率、相对速度和相对距离等，一般以碰撞概率作为风险判定的依据。例如，当碰撞概率超过 1/10 000 时，向运营商提供碰撞规避机动的建议；当碰撞概率小于 1/1 000 时，运营商可以选择是否进行碰撞规避、何时进行碰撞规避以及怎样进行碰撞规避；当碰撞概率大于 1/1 000 时，运营商需要采取规避行动。

2. 信息交换

卫星操作者和碰撞预警服务提供者可以利用标准格式来共享轨道数据。目前一些操作方与服务提供者已经开展了数据交换，数据交换国际标准也已经开发，例如 ISO 26900:2024《空间数据和信息传输系统轨道数据报文》。同时卫星机动规避、在轨操作以及轨道处置、交会风险评估方法以及其他 STM 信息，都必须设置相应的标准，才能开展协调。

3. 空间态势感知

空间态势感知（SSA）：空间态势是太空中包括人为环境和自然环境在内的各种因素构成的，可能对空间活动产生影响的一切因素的统称。空间态势感知是通过各种探测手段探知这些因素的状态或变化，并利用各种方法综合分析或推测其未来变化趋势,为空间活动提供支持。狭义的 SSA 是指"探测、跟踪、识别和编目外层空间物体的技术能力,以及观测空间天气、监测航天器和有效载荷开展机动和发生其他事件的能力"。

空间交通管理的实施在很大程度上依赖于在全球范围内可靠地探测、跟踪、识别和编目空间物体的能力,以及在空间工程和操作中权威地应用规则和标准的能力。SSA 依赖于复杂的基础设施,包括传感器、数据采集和管理。联合国外空委制定了一系列准则,以促进数据共享,提高轨道数据准确性和联合评估方法,并制定标准和提供注册信息。但目前尚未建立有效的空间态势感知国际合作机制,这也成为 STM 难以实施的一个主要原因。

9.5 空间交通管理的有益尝试——空间可持续评级

9.5.1 SSR 背景情况

世界经济论坛(the World Economic Forum,WEF)又称达沃斯论坛,在其 2021 年会议上,提出了一个可促进 STM 实施的概念"空间可持续性评级(space sustainability rating,SSR)",通过发布公认的评级制度,鼓励航天参与者设计与可持续性运行兼容的任务,并避免对轨道环境和其他运营商的潜在危害[89]。

SSR 将面向所有各类航天任务(包括载人航天)。评级系统设四个认证等级,将从任务设计的各个方面进行评判,包括轨道选择、防撞措施和离轨处理方案等。根据评级系统,申请参与评级方将能够因为采取加装有助于在任务后支持主动清除的特殊装置(如磁板或抓手)等措施,而获得加分。

SSR 将采取完全自愿申请的原则。有评论认为,SSR 可影响所有航天行为者的行为,尤其是商业实体,可更好地促进它们在可持续性方面展开竞争,使得要求的可持续最佳实践得到普遍采纳,形成良好局面。该评级制度得到了多个商业公司的支持,他们希望通过拿到好的认证结果,为其公司带来其他好处,比如降低保险费用或改善在投资者中间的口碑。

SSR 评估系统旨在鼓励有利于航天活动长期可持续的太空行为。该评级由世界经济论坛(WEF)、欧空局(ESA)和麻省理工学院媒体实验室联合制定,将由瑞士洛桑联邦理工学院(École Polytechnique Fédérale de Lausanne,EPFL)航天中心 eSpace 监督实施。

9.5.2 SSR 形成过程

SSR 最初是由 WEF 的全球未来空间技术委员会(Global Future Council on Space Technologies)提出来的。WEF 是一家非营利性基金会,总部位于瑞士日内瓦。该组织邀请重要的政治、商业、文化以及其他社会领袖来制定全球、区域和行业议程。

WEF的全球未来理事会网络是世界上最重要的多方利益相关者和跨学科知识网络,致力于促进创新思维以塑造更具弹性、包容性和可持续发展的未来。该网络汇集了来自学术界、政府、国际组织、商界和民间社团千余名最相关和知识最渊博的思想领袖,组成以专业知识为基础的专题委员会。通过识别和监测具有改变社会、行业和地区的巨大潜力的最新趋势、科学研究和前沿技术,分享关键经验并开发创新理念,提高公众对与重大突破相关的潜在利益和风险的认识等手段,为企业和政府决策者提供战略见解、科学证据、前瞻性指导,为世界经济论坛的战略举措提供信息。

全球未来空间技术委员会是全球未来理事会的一个分支,是由全球专家组成的一个多方利益相关者小组,每年召开一次会议对行业挑战和机遇进行更广泛的讨论。全球未来委员会认为,由于新的公共和私营部门参与者支持的商业发射和太空旅游、提供连接性和更精确地球观测的大型星座以及月球探索等发展,太空领域正在经历重要转变,该行业面临关键挑战,需要提出新的治理框架,如STM,同时更好地了解该行业的社会经济影响,如环境和气候监测以及太空探索的未来。

空间碎片问题是理事会2016~2018年任期内的主要议题,为鼓励太空活动参与者采取有利空间碎片减缓的外空行为,提出了对轨道上不同实体的行为进行评级的概念。这个概念的主要想法是建立一个自愿机制,以避免对社区施加任何影响。在两年的任期内,组织了两次实体研讨会,参与者不仅有理事会成员,还有该领域的专家嘉宾。2018年夏天,WEF收到了对该概念的积极反馈,应理事会和主要利益相关方的要求,决定创建一个正式项目来建立该评级。2018年9月,为选择具有技术和系统专业知识的适当合作伙伴,发布了提案请求。在收到大量的合作提案后,SSR咨询委员会选择ESA和MIT的提案,用于与WEF一起开发SSR,并于2019年5月公开宣布该合作。项目合作伙伴是一个多元化的专家组,他们拥有专业知识和网络,为该部门创建一个有意义和有影响力的机制。

在2019~2021年,WEF未来空间技术委员会在定义SSR的技术要素和运营方面一直与国际跨学科研究团队合作,该研究团队包括ESA和麻省理工学院媒体实验室内的空间使能研究小组、得克萨斯大学奥斯汀分校及布莱斯科技(BryceTech)。经过甄选,位于洛桑的瑞士洛桑联邦理工学院(EPFL)的EPFL航天中心(eSpace)被选为领导和运营SSR系统。

2019年10月,SSR研究团队组织参与者联合在第20届国际宇航联大会发表论文 *Space sustainability rating: Towards an assessment tool to assuring the long-term sustainability of the space environment*[84],论文根据不同利益相关者(例如政府、监管机构、航天机构、行业贸易协会等)的意见,提出了设计SSR技术指标和参数的潜

在步骤。从制造商和保险公司到发射供应商和运营商以及最终客户的角度,探讨了 SSR 对空间价值链要素产生积极影响的可行性。

2021 年 12 月,SSR 召开咨询小组会议,共有包含澳大利亚航天局、ESA、JAXA、UKSA、WEF 和空客公司、洛克希德·马丁公司等企业、商业、大学国际组织共 23 家机构参与,在会上,SSR 的计划获得积极反馈,空间运营商确认了参与的兴趣,下一步将创建 SSR 非营利组织。

2022 年 2 月,联合国外空委科技小组会议上,eSpace 在题为"空间可持续性评价:一项旨在激励运营商实现空间可持续性行为的自愿活动"的报告中对空间可持续性评级进行了全面介绍,并对其管理机制设想和与 LTS 规则的关系进行了详细解读。

在 SSR 两年发展期间,太空探索行业的众多运营商已经参与到评级系统的演变中,并且已经对这一新工具产生了广泛的兴趣。包括空客公司、Astroscale、AXA XL、Elseco、洛克希德·马丁公司、Planet、美国太空探索技术公司和 Voyager Space Holdings 在内的几家公司都积极支持 SSR 概念,并表示有兴趣在公开发布后参与其中。

SSR 已经在包括美国太空探索技术公司、Planet、CHESS 和 Astrocast 在内的领先太空运营商的参与下进行了审查和测试。计划由安全世界基金会(SWF)和 UKSA 在英国伦敦举办的第四届空间可持续性峰会上亮相并投入使用。2023 年起,计划每年进行 20 次评级,同时开发新模块,提升对空间可持续的进一步认识。SSR 的形成过程如图 9-6 所示。

- 2016~2021 年 5 月:
- ✔ 发展评级
- ✔ 移交

- 2021 年 5 月 ~2022 年:
- Beta 测试
- 平台开发
- 建立伙伴关系

- 从2022 年初开始:
- 实施SSR,平台运行,执行10 次评级
- 设置SSR 关联
- 沟通计划和活动

- 长期(2022+):
- SSR 运营(2023 年进行20 次评级)
- 开发新模块和服务
- 继续提高对空间可持续性的认识

图 9-6　SSR 形成过程

9.5.3　SSR 主要内容

1. SSR 的概念

SSR 是基于数据共享、验证信息能力、轨道选择、碰撞规避措施、任务后离轨计划,以及探测识别能力等因素,计算得出的一个与空间碎片减缓和国际准则相一致、代表空间任务可持续性的分数。除了以上基本因素,发射服务提供商的选择和特征、任务符合国际规则的程度及可选元素(如离轨装置)等也会对分数产生影响。在不披露任何任务敏感或专有信息的前提下,SSR 分数不仅反映了其透明度以及采取碎片减缓的程度,还能起到以不同分数影响保险成本或融资条件的作用,积极引导激励利益相关者改善太空行为。

建立 SSR 的目的是,希望空间运营商将其作为其卫星任务正常评定和发射过程的一部分,鼓励所有空间运营商(国家、商业、学术和非营利)在卫星全寿命周期(设计与材料选择、轨道选择、运行以及处置的每个阶段)考虑可持续性的设计选择。通过提高其碎片减缓工作的透明度,鼓励太空中负责任的行为,以创新的方式来应对轨道空间拥挤等挑战。

SSR 利用评估数学模型对通过问卷得到的任务数据及获得的其他外部数据实现评估,为自愿参与评级的航天器运营商、发射服务提供商和卫星制造商提供一个第三方客观评价,以描述其任务的可持续性水平。SSR 的评级结果将以"铜""银""金"或"白金"评级徽章发给空间运营商(图 9-7)。运营商可公开评级结果,让利益相关者了解他们的任务的可持续性。

| 青铜认证 | 白银认证 | 黄金认证 | 白金认证 |

图 9-7　SSR 评级

2. 主要框架

空间可持续评级包含七个模块,涵盖任务设计的各个方面,如图 9-8 所示。

任务指数:基于任务设计和规划操作(包括任务后处置)量化有害物理干扰的水平。

避碰过程:审查对碎片和活动航天器的避碰能力,以及团队协调避碰的能力。

数据共享:评估运营商共享的相关信息的数量以及这些信息对太空飞行安全

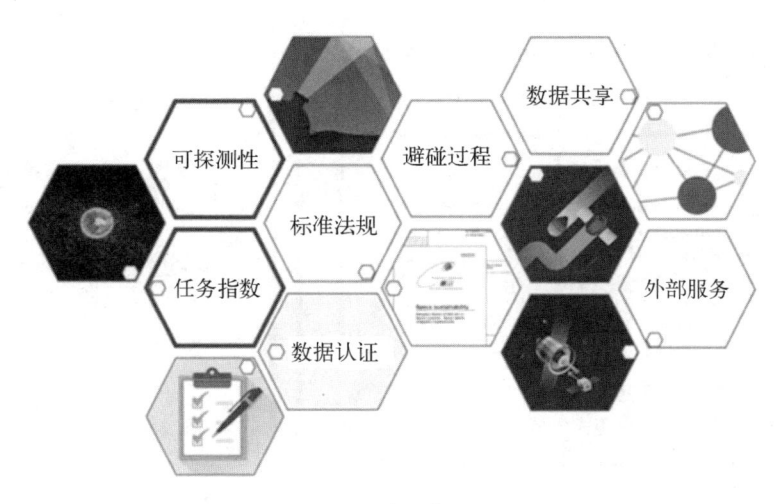

图 9-8 主要框架图

有何帮助。

数据认证：确认相关数据。

可探测性：量化航天器的物理结构和设计及其任务操作如何支持其地面探测、识别和跟踪。

标准法规：评估是否符合适用的国际标准。

外部服务：识别空间运营商为使其任务更易于接受外部服务或增加外部服务成功率而采取的一系列活动和行动。

完成评级后，SSR 将提出量身定制、具有可操作性的建议，帮助空间运营商能够提高任务的可持续性水平，并最大限度地发挥长期积极影响。

3. 运行机制

SSR 组织架构包括管理实体、咨询小组、正式会员和认证运营商，如图 9-9 所示。其中，管理实体由 eSpace 和指导委员会组成，eSpace 负责运行评级系统并颁发认证，指导委员会制定评级、反馈和批准。咨询小组包含创始成员，类似工作组，主要反馈和参与 SSR 演进提案，构成考虑到组织类型和地域多样性，限定在为项目提供早期财务支持的组织的 5~10 名成员。正式会员是 SSR 社区的成员，围绕空间可持续性提供反馈并从 SSR 网络中受益。认证的运营商是获得 SSR 评级证书（SSR 认证、SSR 银、SSR 金、SSR 白金）并为该服务付费的客户。

SSR 评级系统的长期管理方案：由于 SSR 的自我性质，SSR 建立后，将完全移交给适合且可信的第三方管理，将 SSR 融入活动中并发展成普遍接受的行业资源工具。在选择第三方管理时，必须保持公正，建立开发和维护机制，用于记录过去的评级与数据，防止重复工作，做好保密及保留在长期空间可持续指南投入所取得的进展成果等。

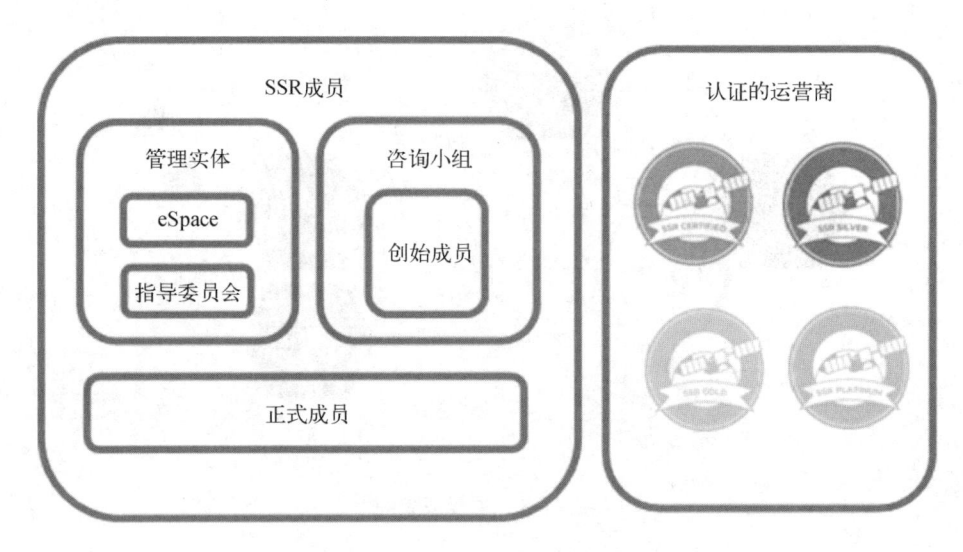

图 9-9 运行机制示意图

从长远来看，SSR 可以通过两种方式实现财务可持续性。首先，航天器的商业运营商和国家运营商可以支付评级费用（按浮动比例计算，以降低低收入国家成本）。其次，主办 SSR 的组织还可以筹集资金，并定期生产基于研究的产品，以提供有关空间可持续性状况的教育经验和报告。

目前，eSpace 是 SSR 的选定执行实体。eSpace 由瑞士洛桑理工学院（EPFL）和罗格航天公司（RUAG Aerospace）于 2003 年共同建立，次年瑞士航天局加入成为第三大创始成员。eSpace 在洛桑理工学院开展与空间相关的研发、技术和应用，通过教育、基础研究、创新发展项目三个关键领域实现其使命。eSpace 目前专注于协调空间可持续性研究计划，其中包括清除空间碎片，其最新发展是，eSpace 的商业衍生公司 ClearSpace SA 将在 2025 年实施 ESA 首个空间碎片清除任务 ClearSpace-1。

9.5.4 SSR 与 LTS 的关系

2019 年联合国和平利用外层空间委员会（United Nations Committee on the Peaceful Uses of Outer Space，UNCOPUOS）公布了《外层空间活动长期可持续性指南》，旨在为外层空间活动的长期可持续性建立一个框架。外层空间活动的长期可持续性定义为："以实现公平享有为和平目的的探索和利用外层空间惠益的目标的方式保证一直到未来均可无限期开展空间活动的能力，目的是满足目前一代的需要，同时也为今后世代保护好外层空间环境"。SSR 遵循了指南中的一些准则，表 9-3 概述了 SSR 与 LTS 指南的比较。

表 9-3　SSR 与 LTS 指南的比较

外层空间活动长期可持续性指南(LTS)	空间可持续性评级(SSR)
空间活动的政策和监管框架	
A.4 确保公平、合理、有效利用卫星所用无线电频率频谱及各个轨道区域	部分适用,SSR 的数字风险指标相对空间碎片是公平、合理和有效利用轨道区域→任务指数模块
A.5 加强空间物体登记实践	作为 SSR 综合指标的一部分→标准法规模块
空间业务安全	
B.1 提供最新联系信息并分享关于空间物体和轨道事件的信息	作为 SSR 综合指标的一部分,SSR 本身就是遵循该指南的一个例子→避碰过程和数据共享模块
B.2 改进空间物体轨道数据的准确度并加强空间物体轨道数据分享实践和效用	作为 SSR 综合指标的一部分→避碰过程和数据共享模块
B.4 在受控飞行所有各轨道阶段期间进行交会评估	作为 SSR 数字风险指标的一部分→避碰过程模块
B.8 不考虑其物理和操作特点的对空间物体的设计和操作	在设计标准和监管框架方面,作为综合指标的一部分,尽管指南的精神是避免限制对某些类别物体的某些考虑,但需要指出的是,在 SSR 的数字风险指标中,考虑到物体产生空间碎片的可能性,这取决于物理和操作特点
国际合作、能力建设和认识	
C.1 促进并便利开展支持外层空间活动长期可持续性的国际合作	SSR 本身就是遵循该指南的一个例子
C.2 分享外层空间活动长期可持续性的相关经验并酌情拟订有关信息交流的新程序	SSR 本身就是遵循该指南的一个例子
科学和技术研究与开发	
D.1 推动并支持关于对外层空间进行可持续探索和利用的方法的研究与开发	不适用,因为属于民族国家领域,然而,SSR 的目标是促进和支持外空可持续性领域的研究
D.2 从长远角度研究和考虑管理空间碎片群的新措施	不适用于 SSR 针对的个别运营商或制造商,然而,SSR 本身遵循指南,将会提出评级方法的迭代

9.5.5　SSR 的影响分析

空间碎片问题已在政治层面上引发了更多的关注,成为联合国一项优先工作。为确保空间未来的可持续利用,LTS 工作组历经近十年的谈判历程,各国都对空间碎片对外空活动的长期可持续影响有了基本共识。LTS 已经发布的 21 条规则中的联系信息和事件信息分享、轨道数据准确性、空间物体的设计和运行(可探测可追踪性)、交会风险评估等,都已经成为技术提升的目标。各个国家的官方航天机构、各个新兴的商业航天力量也开始逐渐加入 LTS 的实施中。在这样的背景下,以国际组织发起、美欧学术界、工业界和政府部门协作提出的 SSR 确实有利于 LTS 的执行。SSR 的开放执行对该领域将会产生多方面的影响,主要表现在以下四个方面。

(1) SSR 有助于促进空间碎片和可持续领域国际规则落地,可能会被作为 LTS 执行标尺。

空间可持续评级 SSR 不是凭空提出的。提出 SSR 是基于前期很多技术性工作,也是基于国际社会对外空活动可持续已经达成共识并需要付诸实施的普遍诉求。空间碎片减缓指南和 LTS 规则是非强制执行的软法,需要在各国制定的法律或不同层级的监管制度下才能落地。国家不同,技术水平和国情不同,对规则落地执行的程度也有很大的差异。SSR 为 LTS 的执行程度建立了一套评价标准,可以说为促进外空活动长期可持续规则提供了有效工具。SSR 在考虑评级因素时,首先利用问卷调查方式尽可能大范围地调查各个航天国家和航天新兴参与者的相关诉求和基本条件,希望建立一套国际业界和管理部门普遍认可的评级方法和标准,目的是以普遍认可的量化标准来评价对国际软法的执行程度,也是企图通过量化 LTS 的规则执行,用一把标尺,起到监督执行和鼓励外空长期可持续的行为。

(2) SSR 可能成为评价航天企业信誉的一项客观的国际化标准。

根据目前 SSR 所考虑的几个要素,充分遵守空间规则的航天企业会得到较高的 SSR 评级。鉴于 SSR 的普遍国际认可度,有了 SSR 的评估结果,再加上一些加分因素的考虑,遵守外空可持续规则、在空间碎片减缓方面采用好的技术创新手段的公司就会在世界航天领域有比较好的口碑,而在此方面相对消极或者技术水平不高的公司则会得到较低的评分。由此衍生的结果是,前者可能会被公认航天器或活动有更高的安全可靠性,也更有未来发展的优势和前景,因此可能会带来的好处是,有更高的信誉度,保险费率更低,而且会更易受到投资市场青睐。从商业发展来看,SSR 也可能会成为外空领域的国际商业竞标的重要参考要素。

(3) 政府管理部门需要类似的评判工具来进行航天发射许可和在轨安全飞行管理。

从目前的参与 SSR 讨论的部门看,除了最初发起设想并利用国际论坛讨论的美国学术界和非政府组织,美国商务部、欧洲航天局、新兴大型商业航天公司都已成为 SSR 的参与者甚至是积极拥护者。机构间空间碎片协调委员会 IADC 也从两年前开始,已经由 ESA 发起提议,正式把"空间环境指数"(SSR 评级的先决条件因素)作为委员会指导认证的行动计划,有明确的目标和时间期限完成分析和模型构建。IADC 的欧美成员代表都不遗余力在国际各大技术和规则平台力推该指数,也作为 SSR 的主要技术力量、创始成员和组织者协同推动 SSR 评级模型的建立。可以预测,未来美商务部、欧空局等航天管理机构也很有可能将 SSR 作为本国商业航天公司的执行标准,以强化对实施空间碎片减缓措施的管理和监督作用。美国商务部和 FCC 很有可能在未来航天发射许可管理和安全飞行管理制度实施审查时参考 SSR 的评级结果。

（4）开放自愿加入的评级制度如能运行,可能会成为新的国际标准和规则。

SSR 的评级成员是采用自愿加入方式,并已有多家有国际影响的商业航天公司已明确表示将会参与评级,并开始评级试点。预计正式开始评级运行后,会有越来越多的航天企业包括新兴商业航天公司加入。因为评级要素涉及航天制造和在轨运行,这股潮流也会逐渐影响到航天器的制造部门、运行部门,参与成员的范围会逐步扩大,评级制度可能会成为国际标准,不仅会对各国政府管理部门的监管程序产生一定影响力,甚至成为新的国际规则。

复习思考题

1. 什么是空间交通管理？
2. 什么是空间态势感知？
3. 请指出几条与空间交通管理相关的 ISO 标准。

第 10 章
流星体

10.1 流星体的概念

10.1.1 流星和流星体

在晴朗的夜晚,经常看到一道天然的亮光划破天空,这就是流星。它是由于地球之外的尘粒或小物体以高速闯入地球大气,与大气摩擦而产生的发光现象。产生流星现象的尘粒或小物体就是流星体。流星体和小行星和彗星一样,都是太阳系中围绕太阳运行的天体。流星体在整个太阳系中极为常见,常常有流星体远道而来,闯入地球大气层,使人们能够有很多机会能够目睹绚烂的流星现象。图 10-1 是 2013 年 8 月 1 日,美国田纳西州、亚拉巴马州和密西西比州的观星者目睹一个闪亮的流星照亮了天空。

图 10-1 流星和流星体

10.1.2 偶现流星体

一般流星常常是单个、零星地出现,彼此无关,出现的时间和方位也不一定,这种流星称为偶发流星。形成偶发流星的是一些运行轨道是随机分布的个别流星体,称为偶现流星体。

10.1.3 流星雨

大量流星如同焰火般刹那间从星空某点迸发出来,构成一幅绚丽天象,就是"流星雨"。流星开始出现的区域,称为辐射点。流星雨以辐射点所在星座来命名,如狮子座流星雨,即辐射点在狮子座方位的流星雨。

形成流星雨的流星体轨道是相近的。当地球绕太阳公转时,穿过这些流星体的聚集区,在地球上就可以观测到流星雨现象。

10.1.4 流星体群

导致流星雨现象发生的、在相同或相近轨道上运行的聚集在一起的流星体称为"流星体群"。流星体群的轨道一般是彗星轨道,与地球轨道交叉区域很小,只有在每年的固定日期里(几天或几个月),当地球通过交叉区域,遇到同一流星体群时,产生流星雨。

10.2 流星体的来源

流星体来源于宇宙各星系,是在星际空间高速运转着的固体颗粒,属于天然环境。

流星体由小行星和彗星演变而来,具有各种不规则的外形,在太阳引力场作用下沿椭圆轨道运动,相对于地球的速度为 11~72 km/s,平均密度为 0.5 g/cm^3,平均速度约 20 km/s。

流星体中质量级小的粒子占大多数,是彗星物质扩散到轨道上形成的。其余小质量的流星体多是来自小行星带的流星尘和从太阳方向喷射来的粒子。

10.3 流星体的危害

流星体以超高速运动,如果在运动过程中遇到目标,超高速碰撞可瞬间汽化碰撞目标上的一些物质,形成羽状等离子体流,对飞行器表面造成充电效应,对飞行器内计算机或其他电路系统造成损害,导致卫星故障[1,32]。

碰撞瞬时的高压产生的强激波会使航天器表面材料物质熔化或蒸发,形成弹坑或小洞,使舱窗模糊不清,改变其光学性能,或穿透舱窗,致使航天器密封舱内气体泄漏,舱内压力骤然降低;若打穿太阳能电池防护层,可造成电池阵短路或损坏电池阵。

1993年当英仙座流星群(Perseid)爆发时,ESA的奥林巴斯(Olympus)卫星被流星体撞击形成的等离子体流引起电子元件短路,航天器一度失去控制,后来虽恢复控制,飞行任务不得不在短期后终止。

表10-1为当流星体撞击航天器不同部件时,航天器不同部件所受到的损伤类型。

表10-1 不同部件的损伤类型

故障	压力舱	舱体	天线	舷窗	电子元件	特殊表面
灾难性的破裂	☆	☆		☆		
剥落分离	☆	☆	☆		☆	
次级破裂			☆		☆	
渗漏(leakage)	☆	☆	☆			
冲击波(shock pulse)	☆			☆	☆	
汽化闪光(vaporific flash)	☆					
爆燃(deflagration)		☆				
变形(deformation)			☆		☆	
残余疲劳强度的减少(reduced redial strengh)	☆	☆	☆	☆		
流体污染(fluid contamination)		☆	☆			
热绝缘层损坏(thermal insulation damage)	☆	☆				
模糊不清(obscuration)				☆		
腐蚀(erosion)				☆	☆	☆

10.4 流星体的分布

流星体在空间的分布是不均匀的。流星体和流星群不规则的空间分布,造成了在地球附近的流星体通量随时间发生变化。由于地球重力的汇聚作用,地球附近的流星体通量要大于远离地球的空间中的流星体通量;航天器在运行过程中碰到的流星体也会受到一些空间中存在的大物体的遮蔽作用,使得该物体附近的通量小于空间中的流星体通量。

目前,已经从统计规律上掌握了偶现流星体背景以及流星雨活动水平。"流星体环境模式"是根据地面观测和在轨直接探测得到的流星数据得出的流星体通量的分布模式。通常,年平均的流星体环境可以认为是静态的,流星体通量随高度变化不大。在一年中,流星群是季节性的且是周期变化的。

10.5 流星暴

在晴朗、黑暗的天空观测时,每小时从天顶产生的流星数(zenithal hourly rate, ZHR)作为流星体群强度的度量。

通常流星雨的 ZHR 的峰值约为 100 个/h,当观测到的流星雨的 ZHR 超过 1 000 个/h 的情况,可以认为发生了流星暴。流星暴是指流星雨的 ZHR 在短时间内突然异常增加的现象,它也反映了流星体通量在短时间的突然增加。

现在使用的流星体模式考虑的是正常情况下的偶现流星体及流星雨,不频繁发生的流星暴是作为个例来考虑的,并未纳入统计模式之中。流星暴(图 10-2)模式需要专门具体考虑。

以我们熟悉的狮子座流星雨为例,每年 11 月 14 日至 21 日,都有一些流星从狮子座方向迸发出来,狮子座流星雨既得名于此。形成狮子座流星雨的母体彗星是 1866 年发现的坦普尔·塔特尔彗星,其 33 年回归近日点一次。历史上,坦普尔·塔特尔彗星回归暴发狮子座流星雨时,其 ZHR 常常会超过 1 000,是非常典型的流星暴。

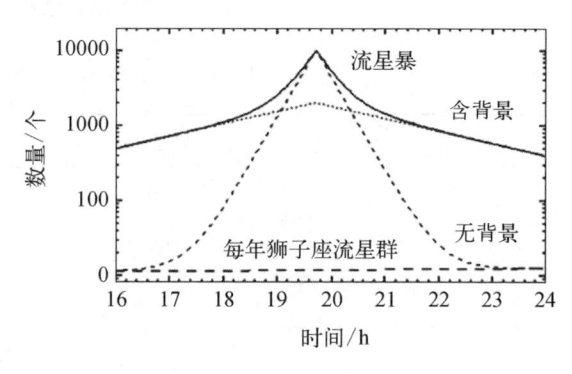

图 10-2 流星暴

902 年,中国天文学家第一次记录到狮子座流星暴(中国古代天象记录);1799 年,德国著名科学家洪堡在委内瑞拉记录到这一天象;1833 年,北美洲出现了罕见的流星暴,估计在 9 h 内有 24 万颗流星划破天空。1966 年,在美国的中西部又一次出现了壮观的"流星暴",估计高峰时达每小时有 10 万颗流星自天而降,如图 10-3 所示。

在流星暴条件下,流星体与飞行器或空间站的碰撞概率将会大大增加,可由背景流星体条件下的 0.01% 增至 1% 以上,这种情况下,表面积仅 10 m^2 的飞行器就有可能遭遇到流星体袭击。正常情况与流星暴情况对比如表 10-2 所示。

图 10-3　1966 年拍摄到的狮子座流星雨

表 10-2　正常情况与流星暴情况对比

	粒子直径	通量/($hr^{-1} \cdot m^{-2}$)		
正常情况	>20 μm	0.006		
	>100 μm	2.05×10^{-4}		
	>1 mm	1.94×10^{-7}		
	粒子直径	1998、2000 年	1999 年	最糟情形
狮子座流星暴	>20 μm	0.4	2	59
	>100 μm	0.014	0.068	2
	>1 mm	1.3×10^{-5}	6.5×10^{-5}	1.9×10^{-3}

流星暴航天活动构成的威胁显而易见。针对此可采用的防护对策包括：

(1) 推迟发射：NASA 航天飞机因为预测流星暴的发生而推迟发射；我国的 1999 年 11 月发射的神舟一号 A0 船也因为当年的狮子座流星暴而推迟发射 48 h；

(2) 关闭灵敏的设备；

(3) 将航天器最小截面或最不敏感的表面对着流星体入射方向：哈勃望远镜将以背面朝向入射方向；

(4) 卫星进入安全运行模式；

(5) 注意可能出现的等离子体云诱发的故障。

复习思考题

1. 什么是狮子座流星雨?
2. 流星体对在轨航天器有什么危害?
3. 在流星暴条件下为什么要推迟航天器的发射?

第 11 章
近地天体预警防御

11.1 基本概念

11.1.1 定义

近地天体(NEO)指的是轨道近日点在 1.3 AU 以内的太阳系小天体,包含近地小行星(near Earth asteroid, NEA)和近地彗星(near Earth comet, NEC)两类天体。其中近地小行星占绝大多数。与地球轨道的最近距离在 0.05 AU 以内且绝对星等在 22 等以内(相当于直径大于 140 m)的近地小行星被定义为潜在威胁小行星(potentially hazardous asteroid, PHA),是对地球威胁性较高的一类近地天体[89,90]。

11.1.2 轨道分类

近地小行星按照轨道大小分为如下四种类型,轨道定义如下(其中的阈值 0.017 为地球轨道偏心率的近似值)(图 11-1):

(1) 阿莫尔(Amor)型:近日距在 1.017 AU 和 1.3 AU 之间且轨道半长轴大于 1 AU;

(2) 阿波罗(Apollo)型:近日距小于 1.017 AU 且半长轴大于 1 AU;

(3) 阿登(Aten)型:半长轴小于 1 AU 且远日距大于 0.983 AU;

(4) 阿提拉(Atira)型:远日距小于 0.983 AU。

Amors型: $a > 1.0$ AU, $1.017\text{ AU} < q < 1.3\text{ AU}$

Apollos型: $a > 1.0$ AU, $q < 1.017$ AU

Atens型: $a < 1.0$ AU, $Q > 0.983$ AU

Atiras型: $a < 1.0$ AU, $Q < 0.983$ AU

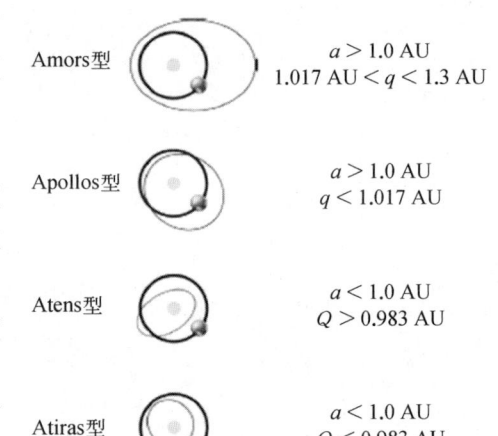

图 11-1 四类近地小天体的轨道示意图

其中 Apollo 型和 Aten 型近地小行星的轨道会穿过地球轨道,存在和地球近距离交会甚至撞击的风险,Amor 型和 Atira 型近地天体的轨道分别在地球轨道之外和之内,但在各类摄动力的作用下未来有可能演化为穿越地球轨道的类型。

11.1.3 材质分类

小天体物质成分等特征参量的获取,对风险分析和防御效果评估的准确性至关重要。根据光谱测量及反照率分布可以研究近地天体的物质组成。目前的分类研究把小行星分为 S、C、X 三大类以及一些次要的异常类型。S 型小行星的表面主要成分为硅酸盐与金属铁;C 型富含碳质和有机质成分,类似于碳质球粒陨石;X 型小行星主要由金属小行星组成。

11.2 近地天体的威胁

11.2.1 近地天体撞击危害

近地天体对地球构成潜在撞击威胁。第一,近地天体的运行轨道与地球轨道接近,的确存在与地球发生碰撞的可能;第二,近地天体与地球的相对速度高达几十千米每秒,一旦碰撞会产生巨大的撞击能量,易造成重大灾难;第三,目前绝大部分近地天体尚未被发现和记录,潜在撞击风险较高。

近地天体撞击事件危害大,可能对人类文明或生命财产安全造成灾难性破坏。据估计,一颗直径 1 km 的小行星撞击地球可产生 8 万兆吨 TNT 的撞击能量,并引发全球性灾难,可能导致地球文明的毁灭;一颗直径 100 m 量级的小行星撞击地球可产生 80 兆吨 TNT 的撞击能量,爆炸威力强于最强氢弹,可造成区域毁灭性的灾害;即便 30 m 大小的小行星,撞击能量亦可达 2 兆吨 TNT,而 1945 年广岛核弹的爆炸能量仅约 0.02 兆吨 TNT 的威力。此外,近地天体尺寸越小,数量则越多,撞击概率亦越高。

未知目标的潜在撞击风险高。根据 NASA 公布的报告估计,百米量级的近地天体目前已发现数量仍不足理论预测数目的 20%,因此构成很高潜在撞击风险。图 11-2

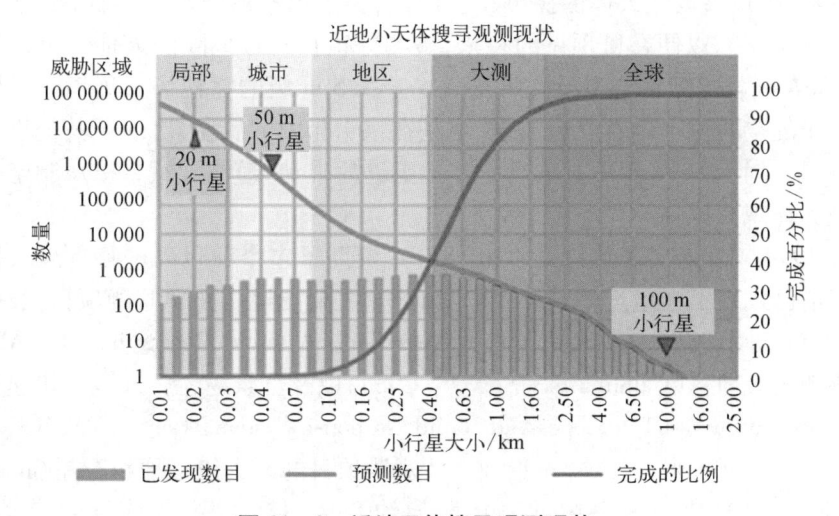

图 11-2 近地天体搜寻观测现状

为不同尺寸近地天体的已发现数目(绿色,左轴)、理论预测数目(红色,左轴)及相应的搜寻完成比例(蓝色,右轴),同时用颜色标示了不同尺寸小行星撞击地球的威胁区域大小。

11.2.2 历史撞击和危险交会事件

近地天体撞击事件真实存在。1994年彗木相撞以及月球和火星上观测到新陨石坑,均说明太阳系内小天体撞击事件的发生并非个例。6 500万年前的生物大灭绝很可能是由近地天体撞击造成。1908年6月30日发生的通古斯事件据研究很有可能是一颗近地天体撞击造成;2013年2月15日发生的车里雅宾斯克事件确是小行星撞击,造成约1 600多人受伤,数千栋建筑受损。危险交会事件是指近地小天体接近地球的事件,据国际小行星预警网(International Asteroid Warning Network,IAWN)发布的信息,自2016年6月起至今近地天体与地球的近距离交会(地月距离之内)事件已超过100次,平均每个月将近四次,事实表明近地天体撞击风险始终随时存在。

为提高人类对小行星威胁的认识,促进全球合作防御小行星危害,联合国和平利用外空委员会将每年6月30日被定为"国际小行星日",并将2029年定为小行星防御年。

11.3 近地天体监测预警

11.3.1 近地天体监测

1. 主要的近地天体监测项目

20世纪90年代初,应美国国会要求,NASA进行了一项初步研究,以确定一项计划,以大幅提高近地天体的探测率。因此,美国国家航空航天局提议开展"国际空间卫士调查",以便在可预见的将来,检测并执行对最危险的近地天体的后续观测。NASA报告呼吁在现有设施中安装6个2.5 m级的宽视场望远镜。虽然该报告中设想的空间卫士调查没有实现,但是在该十年内的后期,出现了其他近地天体巡天项目。加上1994年7月的彗木相撞事件的推动,最终导致NASA制定了正式的近地天体观测计划。

自1998年开始实施该计划以来,NASA资助了多个项目以进行近地天体的搜索。目前已发现了大量近地天体,均是由三个主要的地基光学监测项目发现的,包括林肯近地小行星研究项目(Lincoln Near-Earth Asteroid Research,LINEAR)[90]、卡特琳娜巡天项目(Catalina Sky Survey,CSS),以及全景巡天望远镜和快速反应系统(Panoramic Survey Telescope And Rapid Response System,Pan-STARRS,亦称泛星计划)[91]。近年来,对NASA近地天体观测项目的改进使近地小行星(near earth asteroids,NEAs)的发现率在近三年增加约83%。自1998年该计划启动以来,

NASA 资助的监测项目发现了目前已知的 20 000 个近地天体数量的 98% 以上。

美国国会在搜寻近地天体方面为 NASA 前后制定了两项指令。第一个是在 1998 年,要求 NASA 在 10 年内(到 2010 年底)发现直径 1 km 及以上的所有近地天体的 90%(该尺寸近地天体如果撞击地球将会产生全球性的灾难性后果);第二个是 2005 年的 NASA 授权法案,为制定和实施近地天体调查计划提供了更为详细的指导,对直径不小于 140 m 的近地天体进行搜索发现、跟踪监测、编目和物理特征获取,以评估此类天体对地球的威胁,目标是尽快发现 90% 以上的直径不小于 140 m 的近地天体。

1) 林肯近地小行星研究(LINEAR)

林肯近地小行星研究是麻省理工学院林肯实验室的项目,1998~2013 年期间在新墨西哥州索科罗的实验测试场地运行两台 1 m 望远镜,2014 年起转变为位于白沙导弹发射场的 3.5 m 空间监视望远镜(Space Surveillance Telescope, SST),如图 11-3 所示。2016 年 10 月,美国国防部高等研究计划局(Defense Advanced Research Projects Agency, DARPA)正式将 SST 的运营转移到美国空军太空司令部,并在 2020 年搬移到西澳大利亚的 Holt 海军通信站运行,提供南半球的天空覆盖。

LINEAR 通过分析近地天体的数量、轨道特性、反照率特性、大小和撞击危险,为近地天体的科学特征做出了贡献[90,92]。在 2002 年 12 月至 2008 年 3 月期间获得的所有 LINEAR 图像数据总计超过 600 万张图像。LINEAR 系统已被证明是发现近地天体、彗星、不寻常小行星和主带小行星的可靠探测设备,也是发现大型近地天体的关键贡献者。

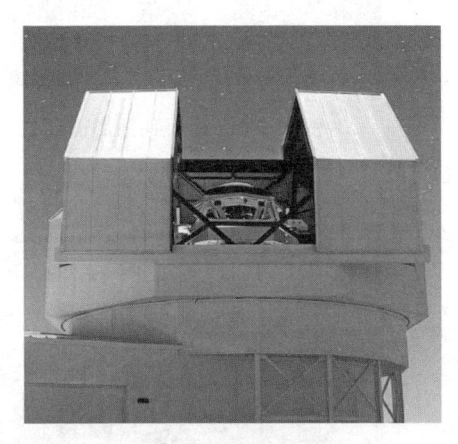

图 11-3 SST 望远镜在 2011 的第一个观测夜(SST 被设计用于暗弱目标探测)

2) 卡特琳娜巡天(CSS)

卡特琳娜巡天项目是 NASA 资助的项目,由行星防御协调办公室(Planetary Defense Coordination Office, PDCO)下的近地天体观测(Near-Earth Object Observations, NEOO)计划支持。望远镜位于亚利桑那州图森市东北部的卡塔利娜山脉,于 1998 年 4 月开始运营,由三台望远镜组成,一台 0.7 m 施密特望远镜,一台 1.5 m 窄视场望远镜,以及一台用于跟踪的 1 m 窄视场卡塞格林望远镜。

CSS 专门用于近地天体搜寻,每个月观测 24 晚。0.7 m 望远镜具有 8.2 平方度的视场,可以覆盖整个天空(偏向黄道),极限探测星等(V_{lim})约 19.7。1.5 m 望远镜具有 1.2 平方度的视场,极限探测星等约 21.3。1 m 望远镜视场为 0.3 平方度,极限探测星等约 22,每晚能观测到 40~80 颗目标近地天体(图 11-4~图 11-6)。

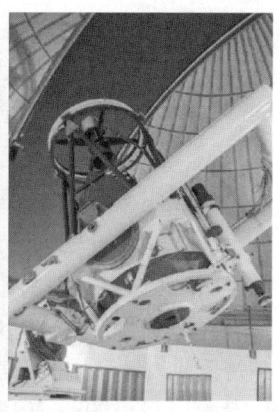

图 11-4 位于莱蒙山山顶的 1.5 m 反射望远镜(左)和望远镜外观(右)

图 11-5 1 m 望远镜的 CSS 操作中心(左)和望远镜外观(右)

图 11-6 比格洛山观测站 0.7 m 施密特望远镜(左)和望远镜外观(右)

3) 泛星计划(Pan-STARRS)

泛星计划由两台相同的望远镜组成,位于夏威夷毛伊岛,如图 11-7 所示。望远镜口径 1.8 m,配备一个千兆像素的相机,具有 7°视场,极限星等约 24。2014 年 4 月开始专用于近地天体搜索。利用两台望远镜的高精度、高效广域巡天能力,Pan-STARRS 发现了大量 100 m 以上的近地天体。

图 11-7　泛星望远镜 PS2(左)和 PS1(右)

4) 小行星陆地撞击最后警报系统(ATLAS)

小行星陆地撞击最后警报系统(Asteroid Terrestrial-impact Last Alert System,ATLAS)[92]由 4 台施密特望远镜组成,分布于夏威夷(2 台)、智利、南非,覆盖南北半球。2015~2017 年,夏威夷两台望远镜(ATLAS-1、ATLAS-2)率先建成。2022 年初,南非和智利的 ATLAS-3、ATLAS-4 望远镜全面投入运行。通过全球四台望远镜组网,实现对近地小行星的高频次扫描与实时预警,成为 NASA 行星防御的关键地基观测网络。ATLAS 可快速搜索接近地球的小行星,已发现近 1 200 颗小行星,其中 108 颗为潜在危险小行星(PHA)。

ATLAS 望远镜拥有 50 cm 口径和 7.4°的大视场,其相机使用一个 1.1 亿像素的 CCD 阵列,如图 11-8 所示。极限探测星等 20。每台望远镜每晚可以扫描 25%的天空四次。可以每晚两次扫描整个天空。

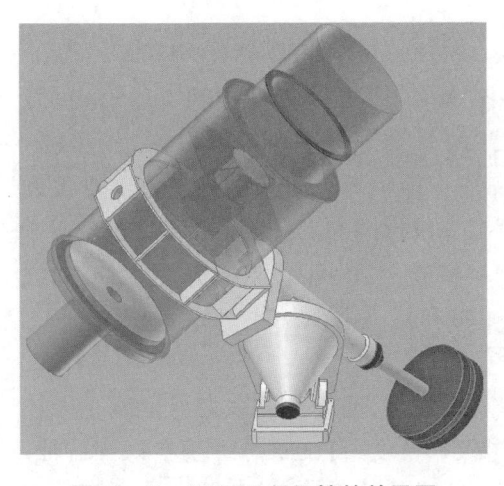

图 11-8　ATLAS 望远镜的效果图

5) 天基宽视场红外望远镜(NEOWISE)

天基宽视场红外望远镜(Wide-field Infrared Survey Explorer, WISE)用于天体物理学研究。2009年12月14日发射,运行在太阳同步轨道。望远镜口径为40 cm,视场为47弧分,主要任务期间以四种红外波长进行巡天观测:3.4 μm、4.6 μm、12 μm 和 22 μm,并以这种模式运行至2010年9月(当其冷冻氢制冷剂耗尽时)。之后从2010年10月起更名为NEOWISE,并使用两个最短波长的探测器开始观测近地天体,持续四个月于2011年2月开始休眠,如图11-9所示。在此期间NEOWISE识别出大而暗的700个近地天体(其中135个是新发现)和160个彗星(其中21个是新发现),其中包括第一个被发现的日地特洛伊型小行星2010 TK7。NEOWISE于2013年底退出休眠状态,于2013年12月23日恢复工作状态。

图 11-9　NEOWISE 望远镜效果图　　图 11-10　夏威夷大岛莫纳克亚天文台

6) 地基红外望远镜设施(Infrared Telescope Facility, IRTF)

地基红外望远镜设施[93]是一个3.0 m红外望远镜,位于海拔约4 125 m的夏威夷岛莫纳克亚山顶附近,建成于1979年,用于支持行星科学观测任务,如图11-10所示。IRTF拥有灵活的设施仪器SpeX,是一种中等分辨率的近红外光谱仪和成像仪,覆盖0.8~5.3 μm波长范围。在更高分辨率的交叉分散模式中,SpeX用于研究行星大气和彗星。SpeX还提供低分辨率棱镜模式,可记录0.8~2.5 μm的波长范围作为单一光谱,非常适合近地天体、主带和特洛伊小行星的成分研究。

7) 地基行星雷达

雷达技术的快速发展使其可应用于行星天文学,通过检测来自行星或小天体的雷达回波,可以更好地理解天体的形状、姿态、密度、自旋状态等基本物理特征。时延和多普勒测量可以精确地确定小行星或彗星的轨道,与仅利用光学观测数据相比,可显著降低不确定性。用于行星观测的典型雷达设施是金石(Goldstone)雷达和阿雷西博(Arecibo)射电望远镜,如图 11-11 和图 11-12 所示。

图 11-11　Goldstone 雷达站点图　　　　图 11-12　Arecibo 射电望远镜站点图

两种设施均以不同模式运行。在单基地模式中,Arecibo 既发射又接收反射信号。在双基地模式中,一个设备发送,而另一个设备接收。在双基地模式下可达到优于 4 m 的空间分辨率。

2. 发展趋势

目前直径 1 km 以上近地天体的发现比例已达近 90%,但百米级以上近地天体的发现比例仍然很低,而百米级的近地天体目前已发现和编目的比例尚不足 20%。近地天体探测目前以地基望远镜为主,面临的难点主要在于:

(1) 近地天体大多时间距离地球很远,且尺寸越小所占比例越高,故多数亮度很低难以探测;

(2) 地基望远镜受天光背景影响只能在晚上观测,故无法观测从昼半球方向靠近的天体,尤其对于地球轨道内的天体,因始终在昼半球而难以探测。

因此,近地天体监测的发展趋势主要在两个方向:一是建造探测能力更强的地基望远镜,实现对更远更小目标的探测;二是发射天基望远镜以实现对昼半球方向目标的探测覆盖。

11.3.2　近地天体预警流程

为有效应对近地天体的撞击威胁,尽量避免或减缓此类撞击事件造成的危害,国际上针对近地天体撞击,设定了近地天体预警应对整体流程(图 11-13)。首先需对近地天体进行搜索和跟踪监测,获得其轨道测量和特征测量数据;其次基于对监测数据的处理,实现对近地天体的编目管理,然后利用编目轨道数据和特征数据对近地天体的撞击风险进行评估,对危险事件发出预警,最后再对危险事件进行主

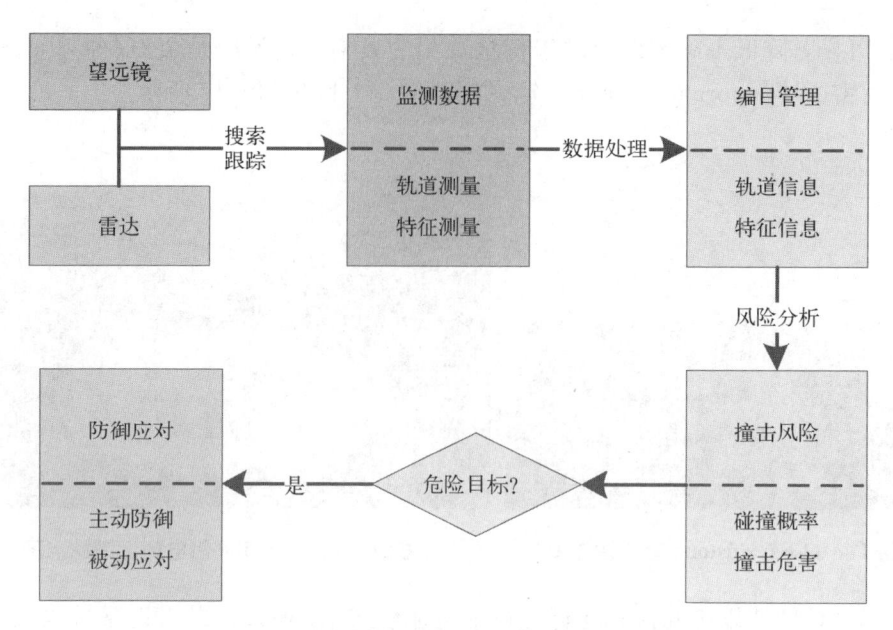

图 11-13 近地天体碰撞预警应对流程示意图

动防御或被动应对。

目前,国际上主要由小行星中心(Minor Planet Center,MPC)和美国喷气动力学实验室(Jet Propulsion Laboratory,JPL)联合负责小天体观测数据的处理及预警分析,如图 11-14 所示,包括观测数据的关联、定轨,编目库的维护与管理,新目标的发现,危险目标的甄别,预警信息的发布以及小天体的观测引导等工作。首先,观测系统(各天文观测台站以及天文爱好者)按照统一格式向小行星中心上传自己的小天体观测数据;然后,小行星中心负责监测数据的识别、匹配关联、轨道确定等数

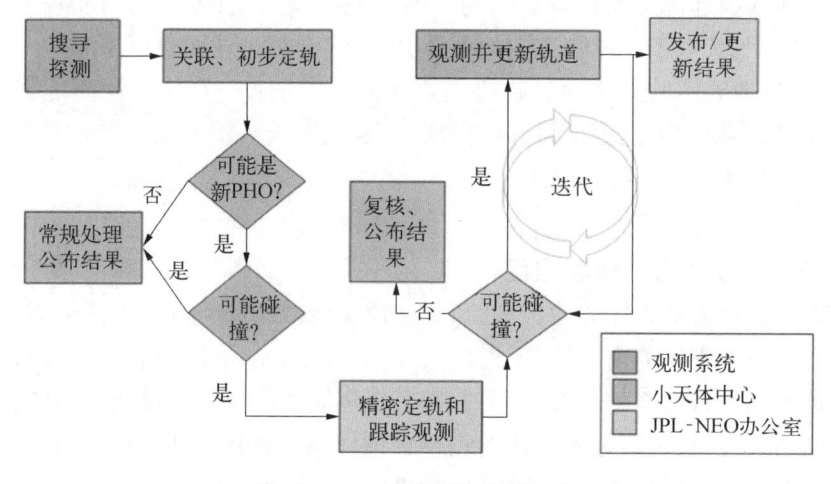

图 11-14 近地天体预警流程

据处理,之后初步判断小天体的危险程度并采取相应措施;若小行星中心认为某小天体已达到一定的危险程度,则会通知 JPL 的近地天体办公室,由其进行精密分析,包括精密轨道确定和风险评估,若精密计算的结果仍然是比较危险,则通知观测系统,由各观测设备对危险目标进行持续的跟踪监测,同时 JPL 不断地根据最新的监测数据持续更新轨道并发布观测引导数据,如此迭代,直至风险解除或碰撞发生。

11.4 防御应对

11.4.1 防御策略

近地天体防御的难度与其尺寸、质量、轨道状态及预警时长等因素密切相关。对于预警时间较短的情况,例如车里雅宾斯克事件中突然出现的危险天体,目前只能基于地基设备进行近地空间防御。对于预警时间较长(如几年或几十年)的事件,则近地天体防御策略的实施可分为两个阶段:一是行星际轨道转移,即发射航天器从地球到达近地天体附近的过程;二是具体防御技术的实现。近地天体防御技术又可分为两种:一是轨道偏转,即改变危险天体的轨道使其避开地球;二是碎裂,即使得危险天体分裂成碎片,充分降低或完全消除危险天体撞击地球的危害。行星际轨道转移技术相对而言已较为成熟,美国、欧空局、日本、俄罗斯(苏联)等国家或组织均已成功开展过深空探测项目,中国亦有嫦娥二号曾飞跃探测图塔蒂斯小行星。防御技术包括核爆、动能撞击、引力牵引、改变太阳光压、激光剥蚀等多种技术手段,其中仅动能撞击技术成熟度相对较高。

11.4.2 近地天体应对国际组织

1995 年,由联合国外层空间事务办公室(United Nations Office for Outer Space Affairs, UNOOSA)组织,在纽约联合国总部举行了第一次近地天体国际会议,会议明确提出近地天体对地球的潜在威胁,并提议增强现有的近地天体监测能力以搜索并跟踪近地天体,此外还提出需要评估大中型近地天体撞击的可能性。1999 年,近地天体撞击威胁问题在第三次联合国探索与和平利用外层空间会议上得到进一步关注。该次会议形成的"维也纳空间与人类发展宣言"(维也纳宣言)包含 33 项具体建议,其中一项建议是增强与近地天体有关行动的国际合作与协调。此后,为执行维也纳宣言中有关近地天体的建议,联合国外空委于 2001 年设立了近地天体行动小组(AT-14),该行动小组负责协调关于近地天体撞击威胁的国际减缓应对的行动,后于 2015 年被认为已成功完成协调近地天体威胁的国际减缓应对的任务并正式解散。

在 2013 年发生车里雅宾斯克事件后,在当年 12 月联合国外空委成立了国际小行星预警网（IAWN）和空间任务规划建议组（Space Missions Planning Advisory Group，SMPAG）。其中 IAWN 负责近地天体的发现、跟踪、编目、特征分析等工作，SMPAG 负责近地天体防御应对相关的工作。中国于 2018 年 1 月正式加入了 IAWN 和 SMPAG。

SMPAG 的具体职责包括[94]：

（1）掌握各国航天局和组织的相关活动；

（2）确定今后工作中需要重视的行星防御空间飞行任务相关的技术和科学活动；

（3）制定/更新未来任务的国际战略和支持行星防御任务研究与开发的工作；

（4）分析和报告国际合作的有效性，并资助行星减缓活动。

为了有效地开展并促进近地天体防御相关的技术研究，SMPAG 组织将涉及的工作划分为 11 项工作计划，并为各项计划确定牵头单位以推进相关研究，并要求研究单位在 SMPAG 会议（大约每年两次）中汇报各自的研究进展。这 11 项工作计划基本涵盖了近地防御流程中可能涉及的所有环节，具体如表 11-1 所列。

表 11-1　SMPAG 的 11 项工作计划

序　号	工作计划名称
1	撞击响应行动的标准和阈值
2	要考虑的减缓任务类型和技术
3	威胁场景及其对应任务类型
4	不同近地天体威胁场景的参考任务
5	存在可信威胁时的行动计划
6	存在可信威胁时的通信协调指南
7	行星防御未来工作路线图
8	近地天体减缓任务的后果，含失败情况
9	近地天体轨道偏转的标准
10	核能选项的研究
11	载荷特征分析工具箱

11.4.3　防御技术研究进展

1. 核爆

利用核装置直接炸碎危险天体，或利用核爆产生的推力改变危险天体的轨道，避免其与地球相撞。核爆可分为非接触式爆炸和接触式爆炸,具体方式的选择主要由危险天体的尺寸和组成决定。非接触式爆炸是指核装置在危险天体上空引爆,并不与其接触,爆炸释放的能量在星体表面产生高温,星体表面物质被高温蒸发并被喷射出来,基于动量守恒原理,危险天体将会被推向喷射物运动的反方向,偏离原有的轨道。接触式爆炸是指核装置在近地天体的表面或内部引爆,如此可使危险天体碎裂。接触式爆炸的能量使用率高,但同时难度也高:一是引爆条件要求高,需要提前撞击危险天体或着陆后打洞,准确安置核装置后再依计划引爆;二是爆炸后的碎裂效果难以控制,爆炸产生的碎片撞击地球同样有可能造成危害。利用核爆防御威胁近地小行星虽然技术上易于实现,但由于核爆在空间的使用在现行国际法上仍有空白或者存在争议,因此目前尚不能作为一种小行星防御手段在实践中应用。

2. 动能撞击

动能撞击是通过使用一颗或多颗航天器以很高的相对速度直接撞击危险天体以改变其运行轨道,使其不再与地球相撞。动能撞击是目前可行性最高的方案之一,其优点在于:① 技术成熟度高,在美国的"深度撞击"任务中已有初步验证;② 灵活性好,在深空或近地空间均可开展,可适用于不同的预警时长,甚至在紧急情况下亦有望实施。动能撞击亦存在技术难点:撞击效果与目标天体的物质组成、形状、结构等特征参量密切相关,由于这些特征参量通常难以精确获知(尤其是预警期较短的天体),因此实际撞击效果难以精确估计和控制,存在部分撞击碎片撞向地球的风险。

3. 引力牵引

引力牵引是将航天器驻留在距离目标天体一定距离的轨道上,如图 11-15 所示,通过万有引力缓慢改变其轨道[95]。此方法的优点是只要知道近地天体质量即

图 11-15 引力牵引机示意图

可,不需要考虑其物质组成、结构、自转等其他特征信息;其挑战在于需要进行长期可靠的轨道控制。此外,引力大小主要取决于航天器和目标天体的质量,若增大航天器质量则会急剧增加发射成本。

此外还有"增强型引力牵引"方案,即让航天器在引力牵引的同时从目标天体收集物质以增强自身的引力场,但这需要掌握从近地天体成功收集物质且避免航天器被碎石砸坏的新技术,并且需满足更高的轨道控制要求。

4. 改变太阳光压

太阳光压是近地天体轨道变化的摄动源之一,通过改变目标天体所受光压作用力的大小同样可以改变其运行轨道。太阳光压大小与目标天体的反照率、光照面积和太阳光辐射强度均成正比,因此利用太阳光压改变目标天体轨道的具体方法包括:

(1) 在目标天体喷涂特定的涂层以改变其反照率;
(2) 在目标天体放置太阳帆以增大光照面积;
(3) 在空间部署一个或多个反射器以增加作用在目标天体的太阳光辐射。

由于太阳光压作用力通常很小,用于改变目标天体轨道需要很长时间,故该技术只适用于有很长预警时间的危险近地天体。

5. 激光剥蚀

激光剥蚀技术是采用一个大功率激光系统照射近地天体表面,利用表面烧蚀产生的等离子体喷射所带来的反作用力改变目标天体的轨道,如图 11-16 所示。载有激光系统的航天器可以部署在月球或绕地轨道,小型的激光系统亦可发射至近地天体轨道附近,在引力牵引的同时对目标天体施加更大的作用力。激光剥蚀的作用力主要取决于激光发射功率的大小,对于近地天体防御所需的大功率激光系统,目前研究的技术成熟度仍然很低。

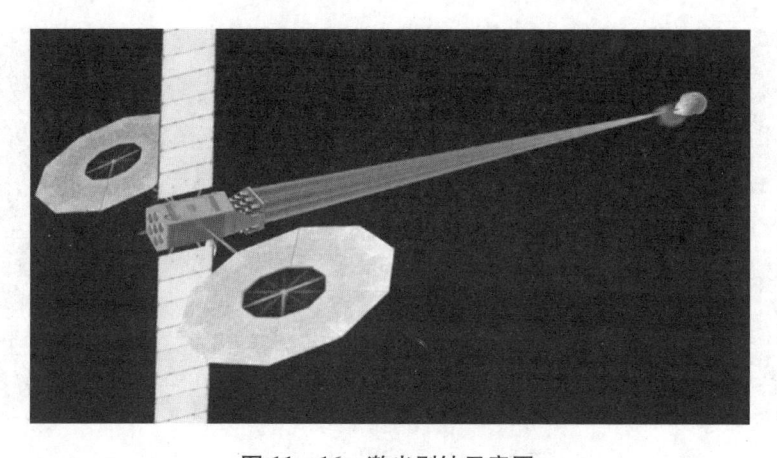

图 11-16 激光剥蚀示意图

11.4.4 近地天体防御相关航天任务

深空探测对于提高近地天体防御能力意义重大,一是增强对近地天体物理特征的测量和认知,提高对目标天体风险估计和防御效果评估的精确度;二是检验与航天器深空轨道转移及小天体绕飞甚至着陆相关的轨道测量与控制技术,验证具体防御手段可达到的实际效果等。

1. "深度撞击"(Deep Impact)[96]

2005 年 NASA 实施的"深度撞击"(Deep Impact)任务中,撞击器以 10.2 km/s 的相对速度撞击了尺寸约 7.6 km×4.9 km 的坦普尔 1 号彗星(Tempel 1)。在 2011 年的"Stardust-NexT"任务中,"星尘"号航天器飞跃探测坦普尔 1 号彗星并拍摄到深度撞击任务产生的撞击坑。据研究本次撞击释放动能相当于 4.8 吨 TNT 当量,撞击坑直径达 150 m,深度 28 m。本次"深度撞击"任务使近地天体防御中的动能撞击技术得到一定程度的验证。图 11-17 是"深度撞击"任务中坦普尔 1 号彗星被撞击后 67 s 的图像。

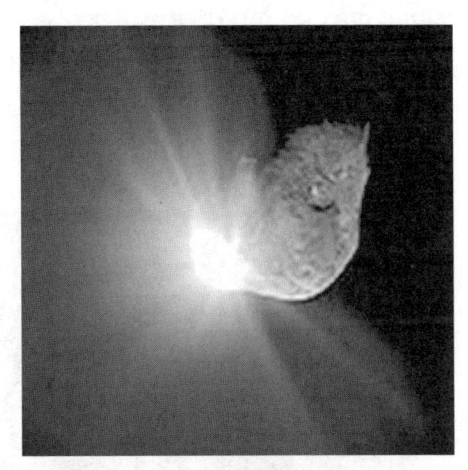

图 11-17 坦普尔 1 号彗星撞击 67 s 后图像

2. 隼鸟号系列任务[97]

2003 年 5 月 9 日,隼鸟号(Hayabusa)发射升空经过为期 2 年多的飞行于 2005 年 11 月登陆小行星 25154(Itokawa,糸川),如图 11-18 所示,但由于先前的设备故障错失了返回时间窗口,延期三年后于 2007 年 4 月开始返航,最终于 2010 年 6 月 14 日返回地球。

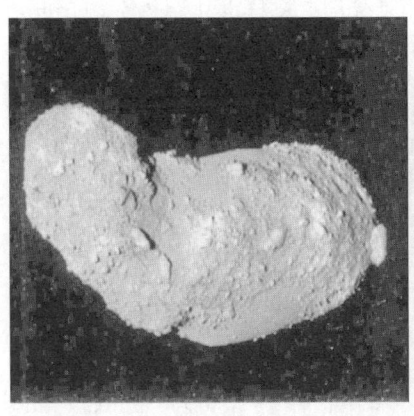

图 11-18 小行星 25154(左)和隼鸟号登陆示意图(右)

2014年12月3日,由JAXA负责,德国、法国等国参与的隼鸟2号(Hayabusa2)发射升空。该任务目的是从直径约750 m的近地小行星162173(Ryugu,龙宫)采样并返回,如图11-19所示。有效载荷包括一个小型铜弹,设计以约2 km/s的速度冲击小行星表面,以及一个小型摄像机来记录事件,观察实时产生的弹坑,并回收产生的尘埃,此外一个名为MASCOT的小型着陆器将进行现场成分测量。隼鸟2号于2018年6月成功实现绕飞小行星162173,并于9月21日成功释放出漫游者着陆器开始星表探测。该任务将提供与偏转研究直接相关的数据。分别于2019年的2月及11月完成2次采样后开始返回地球,经过1年的飞行后于2020年12月返回地球。

图11-19 隼鸟2号和小行星162173

3. 小行星采样返回任务(OSIRIS-REx)[98]

由美国NASA负责,加拿大和法国参与的小行星采样返回任务(Origins Spectral Interpretation Resource Identification Security Regolith Explorer,OSIRIS-REx,即源光谱释义资源安全风化层辨认探测器)于2016年9月8日发射,目标是探测并采样直径约450 m的近地小行星贝努(Bennu),计划收集60 g到几公斤的小行星样品,重量取决于探测目标小行星贝努的表面性质,如图11-20所示。该航天器已于2018年12月到达贝努小行星附近并开始星表探测。OSIRIS-REx将提供关于潜在危险小行星有用的特征数据,以及在太空中在相对较小的小行星附近的近距离操控方面的信息和经验。

4. 小行星撞击和偏转评估(AIDA)[99]

此外,由美欧联合开展的"小行星撞击和偏转评估"(Asteroid Impact and Deflection Assessment,AIDA)任务正在研制阶段。该项目的目标是研究和验证动

图 11-20　OSIRIS 和 Bennu

能撞击的效果,测试航天器撞击能否成功使小行星轨道偏转以消除撞地威胁。该任务本来由两个独立的组成部分:美国负责研制用以撞击小行星狄迪莫斯(Didymos)的卫星迪莫弗斯(Dimorphos)的航天器"双小行星重定向测试"(Double Asteroid Redirection Test,DART)和欧空局主导的用于监测撞击事件的航天器"小行星撞击任务"(Asteroid Impact Mission,AIM)。

2021 年 11 月 24 日,DART 航天器(图 11-21)由 SpaceX 猎鹰 9 号成功发射送入太空,经过为期 10 个月的飞行,2022 年 9 月 26 日北京时间 20 时 14 分,DART 任务航天器在距离地球 1 140 万千米处成功撞击了小行星迪莫弗斯[100]。通过分析撞击前后该双星系统的光变曲线得知,在 DART 撞击后,迪莫弗斯围绕狄迪莫斯的公转周期缩短了 32 min(周期减少为 11 h 23 min)。

图 11-21　DART 任务示意图

AIM 原计划于 2020 年发射，但项目因资金问题在 2016 年被 ESA 取消，之后于 2018 年 ESA 提出发射航天器赫拉(Hera)的项目，计划于 2024 年 10 月发射并将在 2026 年与小行星狄迪莫斯交会并进行绕飞探测，如图 11-22 所示。

图 11-22　赫拉抵近狄迪莫斯示意图

复习思考题

1. 什么是近地天体？
2. 近地天体的危害是什么？
3. 请列举几台近地天体的监测设备。
4. 请列举几种近地天体撞击的防御手段。

参考文献

[1] 都亨,张文祥,庞宝君,等. 空间碎片[M]. 北京:中国宇航出版社,2007.

[2] 刘林,胡松杰,曹建峰,等. 航天器定轨理论与应用[M]. 北京:电子工业出版社,2015.

[3] 黄珹,刘林. 参考坐标系及航天应用[M]. 北京:电子工业出版社,2015.

[4] IADC Steering Group and Working Group 4. IADC Space Debris Mitigation Guidelines [S]. IADC, 2021.

[5] Pardini C. Survey of past on-orbit fragmentation events [J]. Acta Astronautica, 2005, 56(3): 379 – 389.

[6] Anz-Meador P, Opiela J, Liou J C, et al. History of on-orbit satellite fragmentations, 16th edition [M]. Houston: Johnson Space Center Houston, National Aeronautics and Space Administration, 2022.

[7] Montenbruck O, Gill E. Satellite orbits: Models, methods and applications [M]. Berlin: Springer, 2000.

[8] 杨帅. 威胁航天器安全的空间碎片[OL]. (2012 – 06 – 06)[2024 – 09 – 19]. https://www.cmse.gov.cn/zhuanti/Shenzhou9/show.php@itemid=8.htm.

[9] NASA Orbital Debris Program Office. Satellite collision leaves significant debris clouds [EB/OL]. [2016 – 10 – 15]. https://orbitaldebris.jsc.nasa.gov/quarterly-news/newsletter.html.

[10] NASA. High-speed particle impacts suspected in two spacecraft anomalies [J]. Orbital Debris Quarterly News, 2013, 17(3): 1 – 2.

[11] NASA. Two breakup events reported [J]. Orbital Debris Quarterly News, 2019, 23(3): 1 – 2.

[12] 丁鹭飞,耿富录,陈建春. 雷达原理[M]. 北京:电子工业出版社,2014.

[13] 吴连大. 空间目标的天基探测[M]. 北京:科学出版社,2017.

[14] Viktor V, Igor M, Mikhail Z, et al. Recent developments of the KIAM space debris database for space situation awareness and conjunction analysis [C].

Bremen：69th International Astronautical Congress（IAC），2018.

[15] 刘林,汤靖师.卫星轨道理论与应用[M].北京：电子工业出版社,2015.

[16] Kozai Y. The motion of a close earth satellite [J]. Astronomical Journal, 1959, 64(9)：367 - 377.

[17] Brouwer D. Solution of the problem of artificial satellite theory without drag [J]. Astronomical Journal, 1959, 64(1274)：378.

[18] Brouwer D, Hori G I. Theoretical evaluation of atmospheric drag effects in the motion of an artificial satellite [J]. Astronomical Journal, 1961, 66(1290)：193 - 225.

[19] Hoots F R, Roehrich R L. Spacetrack report No. 3：Models for propagation of NORAD elements sets [R]. Alexandria：Aerospace Defense Center, Peterson Air Force Base, 1980.

[20] 程昊文.航天器轨道理论在空间目标管理中的应用[D].南京：南京大学,2012.

[21] 唐匀龙,许厚棣,钮俊清,等.空间态势感知能力发展启示[J].舰船电子对抗,2018(2)：61 - 64.

[22] 刘静,甘庆波,杨志涛,等.空间物体轨道数据规范：GB/T 43223—2023[S].北京：中国标准出版社,2023.

[23] Michael M, Timothy R. Joint Space Operations Center (JSpOC) Mission System (JMS) [C]. Maui：Advanced Maui Optical and Space Surveillance Technology Conference, 2011.

[24] Flohrer T, Krag H. Space surveillance and tracking [C]. Darmstadt：7th European Conference on Space Debris, 2017.

[25] Hoots F R, Crawford L L, Roehrich R L. An analytic method to determine future close approaches between satellites [J]. Celestial Mechanics and Dynamical Astronomy, 1984, 33：143 - 158.

[26] Haynes M. NASA Johnson Space Center mission operations directorate [Z]. Internal Note, June 1989.

[27] Jr. Foster J L, Estes H S. A parametric analysis of orbital debris collision probability and maneuver rate for space vehicles [R]. NASA/JSC - 25898, 1992.

[28] Chan K. Improved analytical expressions for computing spacecraft collision probabilities [J]. Advances in the Astronautical Sciences, 2003, 114(Ⅱ)：1197 - 1216.

[29] Patera R P. General method for calculating satellite collision probability [J].

Journal of Guidance Control and Dynamics,2001,24(4):716-722.

[30] Alfano S. A numerical implementation of spherical object collision probability [J]. The Journal of the Astronautical Sciences,2005,53(1):103-109.

[31] Alfano S. Review of conjunction probability methods for short-term encounters [J]. Spaceflight Mechanics,2007,127:719-746.

[32] 杨旭.空间碎片碰撞概率及其敏感度分析研究[D].北京:中国科学院空间科学与应用研究中心,2010.

[33] 沈丹.空间碎片碰撞预警和环境长期演化预测中的不确定性研究[D].北京:中国科学院大学,2020.

[34] 刘静,王荣兰,张宏博,等.空间碎片碰撞预警研究[J].空间科学学报,2004,24(6):462-469.

[35] 张耀,杨旭,刘静,等.卫星规避方案量化分析方法研究[J].空间科学学报,2013,33(4):448-452.

[36] Klinkrad H. Space debris:Models and risk analysis [M]. Berlin:Springer,2006.

[37] Hoots F, Sorge M. Satellite breakup parameter determination [J]. The Journal of the Astronautical Science,2012,59:120-140.

[38] International Organization for Standardization. Space systems—Estimation of orbit lifetime:ISO 27852:2010 [S]. Geneva:ISO Copyright Office,2010.

[39] 肖业伦,陈绍龙.一种计算卫星轨道寿命的高效率方法[J].中国空间科学技术,2002,22(2):44-48.

[40] Vallado D A. Fundamentals of astrodynamics and applications [M]. 3rd ed. Hawthome:Microcosm Press,2007.

[41] 刘林,汤靖师.关于 HEO 空间飞行体的轨道寿命问题[J].空间科学学报,2007,27(4):327-335.

[42] 汤锡生,陈贻迎,朱民才.载人飞船轨道确定和返回控制[M].北京:国防工业出版社,2002.

[43] Linares R, Jah M K, Crassidis J L. Space object area-to-mass ratio estimation using multiple model approaches [J]. Advances in the Astronautical Sciences,2012(144):55-72.

[44] 张耀,苍中亚,孙健,等.低轨近圆轨道空间碎片轨道寿命估计影响因素研究[C].黔南布依族苗族自治州:第九届全国空间碎片学术交流会,2017.

[45] 张耀,吴相彬,李大卫,等.获取大椭圆轨道空间物体剩余轨道寿命的方法、系统及设备:201710515497.4 [P]. 2020-06-12.

[46] Jr. Schumacher P W. NAVSPASUR orbital processing for satellite break-up

events [C]. Wshington D. C.: Fourth Annual Workshop on Space Operations Applications and Research, 1991.

[47] Cefola P J, Weeden B, Levit C. Open source software suite for space situational and space object catalog work [R]. Madrid: European Space Astronomy Centre, 2010.

[48] 张耀,刘静. 美国空间态势感知体系发展与建议[R]. 威海: 第十届全国空间碎片学术交流会,2019.

[49] Gondelach D J, Armellin R, Lidtke A A. Ballistic coefficient estimation for reentry prediction of rocket bodies in eccentric orbits based on TLE data [J]. Mathematical Problems in Engineering, 2017(1): 7309637.1–7309637.13.

[50] Noelia S O, Sandra N, David J. The EC H2020 project SWAMI: Space Weather Atmosphere Model and Indices [C]. Darmstadt: Programme of the 4th International Space Debris Re-entry Workshop. Germany, 2018.

[51] Kessler D J, Cour-Palais B G. Collision frequency of artificial satellites: The creation of a debris belt [J]. Journal of Geophysical Research: Space Physics, 1978, 83(A6): 2637–2646.

[52] Öpik, E. J. Collision probabilities with the planets and the distribution of interplanetary matter [J]. Proceedings of the Royal Irish Academy. Section A: Mathematical and Physical Sciences, 1951, 54: 165–199.

[53] Wetherill G W. Collisions in the asteroid belt [J]. Journal of Geophysical Research, 1967, 72(9): 2429–2444.

[54] Kessler D J. Derivation of the collision probability between orbiting objects: The lifetimes of Jupiter's outer moons [J]. Icarus, 1981, 48(1): 39–48.

[55] Liou J C, Hall D T, Krisko P H, et al. LEGEND—A three-dimensional LEO-to-GEO debris evolutionary model [J]. Advances in Space Research, 2004, 34(5): 981–986.

[56] Lewis H G, Swinerd G, Williams N, et al. DAMAGE: A dedicated GEO debris model framework [C]. Darmstadt: Proceedings of the 3rd European Conference on Space Debris, 2001.

[57] Dolado-Perez J C, Di C R, Revelin B. Introducing MEDEE—A new orbital debris evolutionary model [C]. Darmstadt: Proceedings of the 6th European Conference on Space Debris, 2013.

[58] Rossi A, Anselmo L, Pardini C, et al. The new Space Debris Mitigation (SDM 4.0) long term evolution code [C]. Darmstadt: Proceedings of the 5th European Conference on Space Debris, 2009.

[59] Radtke J, Mueller S, Schaus Volker, et al. LUCA2—An enhanced long-term utility for collision analysis[C]. Darmstadt：Proceedings of the 7th European Conference on Space Debris, 2017.

[60] 王晓伟,刘静,崔双星,等.基于SOLEM模型的碎片减缓和清除策略影响分析[C].黔南布依族苗族自治州：第九届全国空间碎片学术交流会,2017.

[61] 程昊文,汤靖师,刘静,等.大面质比空间碎片在太阳光压和引力作用下的轨道演化[J].空间科学学报,2023,33(2)：182-187.

[62] 沈丹,刘静.卫星发射对空间碎片环境影响分析[J].空间科学报,2020,40(3)：349-356.

[63] Liou J C, Johnson N L. Risks in space from orbiting debris[J]. Science, 2006, 311(5759)：340-341.

[64] Liou J C. Collision activities in the future orbital debris environment[J]. Advances in Space Research, 2006, 38(9)：2102-2106.

[65] 谭福利,莫建军,袁红.Whipple防护结构6—11 km/s超高速碰撞弹道性能测试[C].北京：第八届全国空间碎片学术交流会,2015.

[66] IADC Steering Group and Working Group 4. IADC statement on large constellations of satellites in low Earth orbit[S]. IADC, 2021.

[67] Colombo C, Gkolias I. Analysis of orbit stability in the geosynchronous region for end-of-life disposal[C]. Darmstadt：Proceedings of the 7th European Conference on Space Debris, 2017.

[68] 文肯,马兆侠,焦德志,等.8 km/s以上超高速撞击碎片云数值模拟研究[C].海南：第十一届全国空间碎片学术交流会,2022.

[69] 玛振凯,迟润强,庞宝君.空间碎片环境中航天器生存力评估软件S3DE[C].黔南布依族苗族自治州：第九届全国空间碎片学术交流会,2017.

[70] 龚自正,韩增尧,庞宝君.空间碎片防护研究现状与国内发展建议[J].航天器环境工程,2010,27(1)：24-31.

[71] Cowardin H M. ISS maneuvers twice in a week's span to avoid potential collisions[J]. Orbital Debris Quarterly News, 2023, 27(2)：1.

[72] Stokes H, Bondarenko A, Destefanis R, et al. Status of the ISO space debris mitigation standards (2017)[C]. Darmstadt：7th European Conference on Space Debris, 2017.

[73] 安妮特·弗勒利希.空间碎片主动移除的法律规制[M].雷亮,王英华,陈超,等译.北京：中国宇航出版社,2022.

[74] International Organization for Standardization. Space systems—Disposal of orbital launch stages：ISO 16699：2015[S]. Geneva：ISO Copyright Office, 2015.

[75] International Organization for Standardization. Space systems—Unmanned spacecraft—Estimating the mass of remaining usable propellant：ISO 23339：2010 [S]. Geneva：ISO Copyright Office, 2010.

[76] International Organization for Standardization. Space systems—Estimation of orbit lifetime：ISO 27852：2024 [S]. Geneva：ISO Copyright Office, 2024.

[77] International Organization for Standardization. Space systems—Assessment of survivability of unmanned spacecraft against space debris and meteoroid impacts to ensure successful post-mission disposal：ISO 16126：2024 [S]. Geneva：ISO Copyright Office, 2024.

[78] International Organization for Standardization. Space environment (natural and artificial)—Guide to process-based implementation of meteoroid and debris environmental models (orbital altitudes below GEO+2 000 km)：ISO 14200：2021 [S]. Geneva：ISO Copyright Office, 2021.

[79] International Organization for Standardization. Space systems—Test procedure to evaluate spacecraft material ejecta upon hypervelocity impact：ISO 11227：2012 [S]. Geneva：ISO Copyright Office, 2012.

[80] 联合国外层空间事务厅. 和平利用外层空间委员会外层空间活动长期可持续性准则[S]. 维也纳：联合国,2021.

[81] Phipps C R, Albrecht G, Friedman H, et al. ORION：Clearing near-Earth space debris using a 20-kW, 530-nm, Earth-based, repetitively pulsed laser [J]. Laser and Particle Beams, 1996, 14(1)：1-44.

[82] Phipps C R. A laser-optical system to re-enter or lower low Earth orbit space debris [J]. Acta Astronautica, 2014, 93：418-429.

[83] Verspieren Q. Historical evolution of the concept of space traffic management since 1932：The need for a change of terminology [J]. Space Policy, 2021, 56：101412.

[84] Rathnasabapathy M, Wood D, Jah M, et al. Space sustainability rating：Towards an assessment tool to assuring the long-term sustainability of the space environment [C]. Washington D.C.：70th International Astronautical Congress, 2019.

[85] International Organization for Standardization. Space systems—Prevention of break-up of unmanned spacecraft：ISO 16127：2014 [S]. Geneva：ISO Copyright Office, 2014.

[86] International Organization for Standardization. Space systems—Disposal of satellites operating in or crossing Low Earth Orbit：ISO 16164：2015 [S].

Geneva: ISO Copyright Office, 2015.

[87] International Organization for Standardization. Space systems—Disposal of satellites operating at geosynchronous altitude: ISO 26872:2019 [S]. Geneva: ISO Copyright Office, 2019.

[88] International Organization for Standardization. Space systems—Re-entry risk management for unmanned spacecraft and launch vehicle orbital stages: ISO 27875:2019 [S]. Geneva: ISO Copyright Office, 2019.

[89] Belton M J S, Morgan T H, Samarasinha N H, et al. Mitigation of hazardous comets and asteroids [M]. Cambridge: Cambridge University Press, 2004.

[90] Lincoln Laboratory. History of LINEAR [OL]. [2023-11-11]. https://archive.ll.mit.edu/mission/space/linear/history.html.

[91] Chambers K C. Pan-STARRS: The PS1 & PS2 wide area survey for NEOs [C]. Maui: 19th Advanced Maui Optical and Space Surveillance Technologies Conference, 2018.

[92] The ATLAS Project. Atlas: How it works [OL]. [2023-11-11]. https://fallingstar.com/how_atlas_works.php.

[93] Institute for Astronomy, University of Hawaii. About IRTF [OL]. [2023-11-11]. http://irtfweb.ifa.hawaii.edu/information/about.php.

[94] Harris A W, Johnson L. Space Mission Planning Advisory Group (SMPAG) [OL]. [2023-11-11]. https://www.cosmos.esa.int/documents/336356/336472/SMPAG-RP-001_4_0_Roadmap_2023-03-02.pdf/7a95c347-f749-1615-2b5f-5a89ef57f242?t=1692603843886.

[95] Thomas C A, Naidu S P, Scheirich P, et al. Orbital period change of Dimorphos due to the DART kinetic impact [J]. Nature, 2023, 616: 448-451.

[96] Extrasolar planet observation and Deep Impact extended investigation [OL]. [2024-09-19]. https://science.nasa.gov/mission/deep-impact-epoxi/.

[97] About Asteroid explorer "Hayabusa2" [OL]. [2024-09-19]. https://global.jaxa.jp/projects/sas/hayabusa2/index.html.

[98] OSIRIS-Rex: Origins, Spectral Interpretation, Resource Identification, and Security—Regolith Explorer [OL]. [2024-09-19]. https://science.nasa.gov/mission/osiris-rex/.

[99] DART: Double Asteroid Redirection Test [OL]. [2024-09-19]. https://dart.jhuapl.edu/Mission/index.php.

[100] 张祖稷,金林,束咸荣.雷达天线技术[M].北京:电子工业出版社,2005.